教育部高等学校电子信息类专业教学指导委员会规划教材
高等学校电子信息类专业系列教材

无线传感器网络简明教程

（第3版）

崔逊学 左从菊 编著

清華大學出版社
北京

内容简介

本书根据网络工程本科专业的发展方向和教学需要，结合无线网络和传感器技术的最新发展及其应用现状编写而成。本书主要介绍无线传感器网络的基本概念，常见的微型传感器，传感器网络的通信技术、支撑技术、应用开发基础，传感器网络协议的技术标准，5G无线网络以及无线传感器网络实验。另外提供传感器网络应用方面的实例。本书的特色在于内容简单明了、浅显易懂，侧重基本概念和基础技术，强调基本原理，力求概念准确、图文并茂。

本书可作为普通高校计算机、自动化、探测与控制类、精密仪器专业等无线传感器网络课程的本科生教材或硕士生、博士生的入门辅导书，也可作为工程技术开发人员的参考书。

图书在版编目(CIP)数据

无线传感器网络简明教程/崔逊学，左从菊编著．—3版．—北京：清华大学出版社，2022.5（2025.1重印）
高等学校电子信息类专业系列教材
ISBN 978-7-302-60225-5

Ⅰ．①无…　Ⅱ．①崔…　②左…　Ⅲ．①无线电通信－传感器－高等学校－教材　Ⅳ．①TP212

中国版本图书馆CIP数据核字(2022)第033368号

责任编辑：曾　珊
封面设计：李召霞
责任校对：李建庄
责任印制：杨　艳

出版发行：清华大学出版社
网　　址：https://www.tup.com.cn，https://www.wqxuetang.com
地　　址：北京清华大学学研大厦A座　　**邮　　编**：100084
社 总 机：010-83470000　　**邮　　购**：010-62786544
投稿与读者服务：010-62776969，c-service@tup.tsinghua.edu.cn
质量反馈：010-62772015，zhiliang@tup.tsinghua.edu.cn
课件下载：https://www.tup.com.cn，010-83470236
印 装 者：三河市科茂嘉荣印务有限公司
经　　销：全国新华书店
开　　本：185mm×260mm　　**印　　张**：15.5　　**字　　数**：376千字
版　　次：2009年7月第1版　2022年5月第3版　　**印　　次**：2025年1月第4次印刷
印　　数：5501～7000
定　　价：59.00元

产品编号：088547-01

第3版前言

当前5G通信网络已成为全球科技研发和应用的焦点，逐渐深入人们的日常生活。5G区别于前几代通信系统的最大特色在于“万物互联”，其中的天线可视作电磁波检测的一类特定传感器。

本书在前两版的基础上，考虑无线传感器网络的发展现状，新增“5G无线网络”相关内容，主要包括5G基础知识、多天线技术、毫米波通信和面向5G的车联网技术。任课教师可根据各校课程的实际情况，进行相关章节的选取与组合，构成不同深度内容和学时的授课方案。

本书配有教学课件；作者左从菊负责解答读者在书籍使用过程中的问题；书中思考题都不难，在教材内容中可找到相应的答案，作者不再单独提供。

作　者

2022年2月

第2版前言

本书第1版于2009年出版以来，已先后印刷7次。承蒙广大读者厚爱，在多所大学里被用作本科生教材或参考书。最近几年来，无线传感器网络在国内外得到了深入研究和广泛应用。出版社和作者都有修订出版的愿望，以使本书臻于完善，这也符合目前传感器网络的发展实际和社会需求。

作者曾在课堂教学中讲授过本书，并从事无线传感器网络的理论研究和工程实践，得到国家自然科学基金项目(No.61170252)的支持和资助。经验表明，学生在有限的学时内要做到深刻掌握无线传感器网络的理论和工程设计方法是比较困难的，但如果能掌握其基本原理，熟悉应用开发的基本方法，并进行一些实验操作，那么通过本课程的学习就能让学生有所收获，为今后工作时能学以致用积累基本功。

本书的电子教学课件(PPT幻灯片文档)可与清华大学出版社联系下载，或者联系本书作者左从菊，由她负责解答书籍使用中的问题。本书课件仅供课堂教学使用，未经允许不得另作其他用途。

作　者

2015年5月

第1版前言

无线传感器网络是近几年来国内外研究和应用非常热门的领域，在国民经济建设和国防军事上具有十分重要的应用价值。综观计算机网络技术的发展史，应用需求始终是推动和左右全球网络技术进步的动力与源泉。早在1999年，《商业周刊》就将传感器网络列为21世纪最具影响的21项技术之一。2002年，美国橡树岭国家实验室提出"网络就是传感器"的论断。由于无线传感器网络在国际上被认为是继互联网之后的第二大网络，在2003年美国《技术评论》杂志评出对人类未来生活产生深远影响的十大新兴技术，传感器网络被列为第一。

在现代意义上的无线传感器网络研究及其应用方面，我国与发达国家几乎同步启动，它已经成为我国信息领域位居世界前列的少数方向之一。我国发布的《国家中长期科学与技术发展规划纲要(2006—2020年)》中，为信息技术确定了三个前沿方向，其中有两项就与传感器网络直接相关，这就是智能感知和自组网技术。目前传感器网络的发展几乎呈爆炸式的趋势。

本科教育是高等教育的主体和基础，抓好本科教学是提高整个高等教育质量的重点和关键。因此，给本科生介绍和学习传感器网络的基本内容和基础技术具有非常重要的意义。

根据中国人民解放军炮兵学院的学科规划，以及军队院校本科专业发展的内容体系，我们较早地在本科学员中开设了"无线传感器网络及军事应用"的课程。我们总结本课程的前两期教学经验，结合当前传感器网络工程开发所需要的知识点，确定了本书的题材与内容。

无线传感器网络是军用网络工程专业的一门重要课程，本书主要介绍无线传感器网络的基本概念、网络结构、网络协议和算法、设计基础和测试技术等内容，结合传感器探测功能介绍一些常用的传感器类型，阐述传感器网络的开发、调试与应用，以及相关的传感器网络系统建立和调试的实验等内容，另外提供传感器网络应用方面的实例。

本教材依据网络工程专业教学大纲而编写，课时数约为50学时。通过本课程的学习，主要使学生掌握传感器网络设计与开发的基本技术，为今后从事无线传感器网络系统和网络化探测设备的设计开发打下良好基础。

为了便于学习，本书在编写过程中尽量做到结合实际，着重介绍物理概念，以图文结合的方式来阐述问题，文字力求通俗易懂。为了适合教学需要，各章后面均附有习题，书后附有丰富的参考文献。

本书作者的工作得到了国家自然科学基金项目(No. 60773129)和安

徽省优秀青年科技基金项目(No. 08040106808)等的支持和资助，在此表示谢意！

感谢中国科学院电子学研究所方震博士为本书的撰写提供了素材。研究生刘綦、邢立军、胡成等为本书的完成也做出了贡献。

本书编写过程中参考了大量文献和资料，恕不一一列举，在此对原作者深表谢意。另外，互联网是本书成文的另一个重要参考来源。由于网上许多资料无法找到出处，所以书中如有内容涉及相关人士的知识产权，请给予谅解并及时与我们联系。

感谢读者选择使用本书，欢迎您对本书内容提出批评和修改建议，我们将不胜感激。

作　者

2009年5月于合肥

目录

第1章 概述……………………………………………………… 1

1.1 引言……………………………………………………… 1
1.2 传感器网络的体系结构………………………………… 3
1.2.1 传感器网络的应用系统架构 ……………………… 3
1.2.2 传感器网络结点的结构 …………………………… 6
1.2.3 网络体系结构 ……………………………………… 7
1.3 传感器网络的特征 ………………………………………… 11
1.3.1 与现有无线网络的区别………………………………… 11
1.3.2 与现场总线的区别……………………………………… 11
1.3.3 传感器结点的限制条件………………………………… 12
1.3.4 组网特点………………………………………………… 14
1.4 传感器网络的应用领域 …………………………………… 16
1.4.1 军事领域………………………………………………… 16
1.4.2 工业领域………………………………………………… 18
1.4.3 农业领域………………………………………………… 18
1.4.4 智能交通领域…………………………………………… 19
1.4.5 家庭与健康领域………………………………………… 20
1.4.6 环境保护领域…………………………………………… 20
1.4.7 其他领域………………………………………………… 21
1.5 传感器网络的发展历史 …………………………………… 22
1.5.1 计算设备的演化历史…………………………………… 22
1.5.2 无线传感器网络的发展过程…………………………… 22
1.5.3 我国的传感器网络发展情况…………………………… 24
思考题…………………………………………………………… 25

第2章 微型传感器的基本知识 ……………………………… 26

2.1 传感器概述 ………………………………………………… 26
2.1.1 传感器的定义和作用…………………………………… 26
2.1.2 传感器的组成…………………………………………… 27
2.1.3 传感器的分类…………………………………………… 28
2.2 常见传感器的类型介绍 …………………………………… 28
2.2.1 能量控制型传感器……………………………………… 28
2.2.2 能量转换型传感器……………………………………… 29

2.2.3 光敏传感器 …… 29
2.2.4 气、湿敏传感器 …… 30
2.2.5 集成与智能传感器 …… 30
2.3 传感器的一般特性和选型 …… 31
2.3.1 传感器的一般特性 …… 31
2.3.2 传感器选型的原则 …… 34
2.4 微型传感器应用示例 …… 35
2.4.1 磁阻传感器简介 …… 35
2.4.2 磁阻传感器用于车辆探测 …… 37
思考题 …… 45

第3章 传感器网络的通信与组网技术 …… 46

3.1 物理层 …… 46
3.1.1 物理层概述 …… 46
3.1.2 传感器网络物理层的设计 …… 50
3.2 MAC协议 …… 52
3.2.1 MAC协议概述 …… 52
3.2.2 IEEE 802.11 MAC协议 …… 53
3.2.3 典型MAC协议：S-MAC协议 …… 56
3.3 路由协议 …… 59
3.3.1 路由协议概述 …… 59
3.3.2 典型路由协议：定向扩散路由 …… 61
思考题 …… 62

第4章 传感器网络的支撑技术 …… 64

4.1 时间同步机制 …… 64
4.1.1 传感器网络的时间同步机制 …… 64
4.1.2 TPSN时间同步协议 …… 66
4.1.3 时间同步的应用示例 …… 68
4.2 定位技术 …… 69
4.2.1 传感器网络结点定位问题 …… 69
4.2.2 基于测距的定位技术 …… 72
4.2.3 无须测距的定位技术 …… 76
4.2.4 定位系统的典型应用 …… 78
4.3 数据融合 …… 79
4.3.1 多传感器数据融合概述 …… 79
4.3.2 传感器网络中数据融合的作用 …… 80
4.3.3 数据融合技术的分类 …… 83
4.3.4 数据融合的主要方法 …… 85

4.3.5 传感器网络应用层的数据融合示例 …… 88
4.4 能量管理 …… 90
4.4.1 能量管理的意义 …… 90
4.4.2 传感器网络的电源节能方法 …… 91
4.5 安全机制 …… 94
4.5.1 传感器网络的安全问题 …… 94
4.5.2 传感器网络的安全设计分析 …… 97
4.5.3 传感器网络安全框架协议：SPINS …… 100
4.5.4 SPINS 协议的实现问题与系统性能 …… 102
思考题 …… 105

第 5 章 传感器网络的应用开发基础 …… 107

5.1 仿真平台和工程测试床 …… 107
5.1.1 传感器网络的仿真技术概述 …… 107
5.1.2 常用网络仿真软件平台 …… 110
5.1.3 仿真平台的选择和设计 …… 119
5.1.4 传感器网络工程测试床 …… 120
5.2 网络结点的硬件开发 …… 123
5.2.1 硬件开发概述 …… 123
5.2.2 传感器结点的模块化设计 …… 124
5.2.3 传感器结点的开发实例 …… 131
5.3 操作系统和软件开发 …… 138
5.3.1 网络结点操作系统 …… 138
5.3.2 软件开发 …… 148
5.3.3 后台管理软件 …… 152
思考题 …… 156

第 6 章 传感器网络协议的技术标准 …… 158

6.1 技术标准的意义 …… 158
6.2 IEEE 1451 系列标准 …… 159
6.3 IEEE 802.15.4 标准 …… 163
6.3.1 IEEE 802.15.4 标准概述 …… 163
6.3.2 物理层 …… 164
6.3.3 MAC 子层 …… 166
6.3.4 符合 IEEE 802.15.4 标准的传感器网络实例 …… 168
6.4 ZigBee 协议标准 …… 171
6.4.1 ZigBee 概述 …… 171
6.4.2 网络层规范 …… 174
6.4.3 ZigBee 网络系统的设计开发 …… 175

6.4.4 符合 ZigBee 规范的传感器网络实例 …… 176
思考题 …… 178

第7章 5G 无线网络 …… 179

7.1 5G 基础知识 …… 179
7.2 多天线技术 …… 182
7.2.1 MIMO 系统 …… 182
7.2.2 大规模 MIMO 系统 …… 190
7.3 毫米波通信 …… 191
7.3.1 毫米波通信技术 …… 191
7.3.2 面向 5G 的毫米波通信 …… 193
7.4 面向 5G 的车联网技术 …… 195
7.4.1 车联网 …… 195
7.4.2 面向 5G 的 V2X 网络 …… 198
思考题 …… 199

第8章 传感器网络技术的军事应用 …… 201

8.1 战场感知的网络架构 …… 201
8.2 常见的地面战场微型传感器 …… 203
8.2.1 微震动传感器 …… 204
8.2.2 声响传感器 …… 205
8.2.3 磁性传感器 …… 205
8.2.4 红外传感器 …… 206
8.2.5 压力传感器 …… 206
8.2.6 超声波传感器 …… 206
8.3 美军沙地直线传感器网络项目介绍 …… 207
8.3.1 项目背景 …… 207
8.3.2 目标探测的传感器选型 …… 209
8.3.3 项目系统试验 …… 210
思考题 …… 213

第9章 无线传感器网络实验 …… 214

9.1 实验背景和设计 …… 214
9.2 实验内容和步骤 …… 216

附录A 英汉对照术语表 …… 224

附录B 传感器网络结点部署的概率特性 …… 227

参考文献 …… 229

第1章 概述

1.1 引言

不同学科之间的交叉和渗透是当代科学发展的一个显著特征。一个学科获得的成果、形成的思维方式和思路等均可能为其他学科的发展提供借鉴；同时，现实世界中的一些挑战性的问题往往难以用单一学科的知识和技术加以解决，需要不同学科的交叉和综合。这种方式不但有益于具体科学和技术问题的解决，而且往往催生新的学科门类。无线传感器网络集成了传感器、微机电系统和网络通信三大技术，是由多学科交叉的前沿领域。

随着通信技术、嵌入式计算技术与传感器技术的飞速发展和日益成熟，具有感知能力、计算能力和通信能力的微型传感器开始在世界范围内出现。由这些微型传感器构成的传感器网络引起了人们的极大关注。这种传感器网络综合了传感器技术、嵌入式计算技术、分布式信息处理技术和通信技术，能够通过协作实时监测、感知和采集网络分布区域内的各种环境或监测对象的信息，并对这些信息进行处理，获得详尽、准确的数据，传送给需要这些信息的用户。

传感器网络可以使人们在任何时间、任何地点和任何环境条件下，获取大量翔实、可靠的信息，真正实现"无处不在的计算"理念。这种网络系统可以广泛地应用于国防军事、国家安全、环境监测、交通管理、医疗卫生、制造业、反恐抗灾等领域。由于它经常采用无线方式实现网络通信，因而人们一般称其为无线传感器网络。

无线传感器网络是信息感知和采集的重要手段，将给人类的生活和生产带来深远影响。美国的《技术评论》曾将无线传感器网络列为未来新兴十大技术之首。无线传感器网络的使用是一种必然趋势，将为人类社会带来重大变革[1-2]。

无线传感器网络已引起了学术界和工业界的广泛关注。美国自然科学基金委员会在2003年制订了传感器网络研究计划，投资3400万美元，支持相关基础理论的研究。美国国防部和各军事部门都对传感器网络给予了高度重视，强调战场情报的感知能力、信息的综合能力和信息的利用能力，把传感器网络作为一个重要研究领域，纷纷设立了一系列军事传感器网络研究项目。美国Intel公司、微软公司等企业也开展了传感器网络方面的研究工作，竞相设立或启动相应的行动计划。日本、英国、意大利和巴西等国家也对传感器网络表现出极大的兴趣，大量展开该领域的研究工作。

我国也十分重视无线传感器网络的研究。在“中国未来20年技术预见研究”提出的157个技术课题中，有7项直接涉及无线传感器网络。2006年年初发布的《国家中长期科学与技术发展规划纲要》，为信息技术确定了3个前沿方向，其中两项与无线传感器网络研究直接相关。国家自然科学基金委员会在该领域设立了多个重点项目和面上项目[3]。

传感器网络作为一个全新的应用领域，在基础理论和工程技术两个层面向科技工作者提出了大量的挑战性研究课题。无线传感器网络已经成为一个十分重要和非常热烈的研究领域。近年来国内外开展了大量研究，取得了很多研究成果。我国科技工作者在无线传感器网络方面也取得了很好的成果，探索了无线传感器网络如何在我国人民的生活和国民经济建设中发挥作用，推动我国无线传感器网络的研究和工程应用，抢占国际新技术制高点，使我国在无线传感器研究领域进入世界先进行列[4]。

从技术发展的角度来看，更小、更廉价的低功耗计算设备代表的“后PC时代”冲破了传统台式计算机和高性能服务器的设计模式；普遍的网络化带来的计算处理能力是难以估量的；微机电系统（Micro-Electro-Mechanism System，MEMS）的迅速发展奠定了设计和实现片上系统（System on Chip，SoC）的基础。以上三方面的高度集成孕育出了许多新的信息获取和处理模式，传感器网络就是一例。

近年来无线通信、集成电路、传感器和微机电系统等技术得到飞速发展，从而使得低成本、低功耗和多功能的微型传感器的大量生产成为可能。这些传感器在微小体积内集成了信息采集、数据处理和无线通信等多种功能。无线传感器网络就是由部署在监测区域内大量的微型传感器结点，通过无线电通信形成的一个自组织网络系统。

在通信方式上，虽然可以采用有线、无线、红外和光等多种形式，但一般认为短距离的无线低功率通信技术最适合传感器网络使用，为明确起见，一般称作无线传感器网络。

由于微型传感器的体积小、重量轻，有的甚至可以像灰尘一样在空气中浮动，因而人们又称无线传感器网络为“智能尘埃”（Smart Dust），将它散布于四周以实时感知物理世界的变化。

从技术特征的方面来看，无线传感器网络是一种无中心结点的全分布系统。通过随机投放的方式，众多传感器结点被密集部署到监控区域。这些传感器结点集成了探测感知模块、数据处理模块和通信模块，它们通过无线信道相连，自组织地构成网络系统。

传感器结点借助于内置的多种传感器探测元器件，可以测量出所处周边环境中的热、红外、声呐、雷达和地震波信号，识别出诸如温度、湿度、噪声、光强度、压力、土壤成分、移动物体的大小、速度和方向等众多物理现象。传感器结点之间还可以具有良好的协作能力，通过局部的数据交换来完成全局任务。传感器网络通过网关还可以连接到现有的网络基础设施（如因特网、移动通信网络等），从而将采集到的信息回传给远程的终端用户使用。

如果说因特网构成了逻辑上的信息世界，改变了人与人之间的沟通方式，那么，无线传感器网络就是将逻辑上的信息世界与客观上的物理世界融合在一起，将改变人类与自然界的交互方式。未来的人们将通过遍布四周的传感器网络直接感知客观世界，从而极大地扩展网络的功能和人类认识世界、改造世界的能力。

1.2 传感器网络的体系结构

1.2.1 传感器网络的应用系统架构

目前无线网络可分为两种(如图 1.1 所示):一种是有基础设施的网络,需要固定基站,例如人们使用的手机属于无线蜂窝网的终端设备,它就需要高大的天线和大功率基站来支持,基站就是最重要的基础设施;另外,使用无线网卡上网的无线局域网,由于采用了接入点这种固定设备,也属于有基础设施网。另一种是无基础设施网,又称为无线 Ad Hoc 网络,结点是分布式的,没有专门的固定基站。

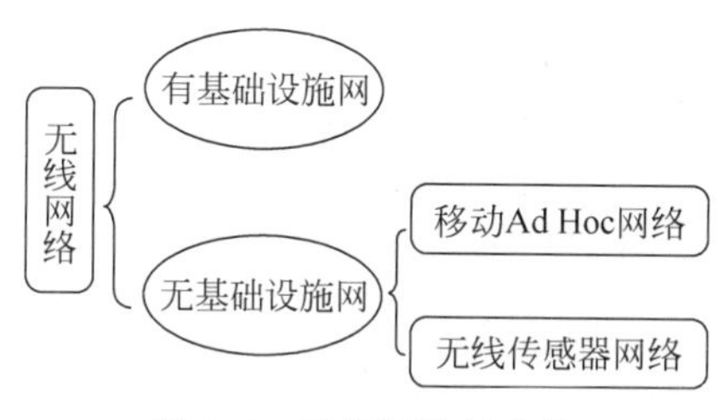

图 1.1 无线网络的分类

无线 Ad Hoc 网络又可分为两类:一类是移动 Ad Hoc 网络,它的终端是快速移动的。一个典型的例子是美军 101 空降师装备的 Ad Hoc 网络通信设备,保证在远程空投到一个陌生地点之后,在高度机动的装备车辆上仍然能够实现各种通信业务,而无须借助外部设施的支援。另一类就是无线传感器网络,它的结点是静止的或者移动很慢。

在移动自组织网络(Mobile Ad Hoc Network,MANET)出现之初,它指的是一种小型无线局域网,这种局域网的结点之间不需要经过基站或其他管理控制设备就可以直接实现点对点的无线通信,而且当两个通信结点之间由于功率或其他原因导致无法实现链路直接连接时,网内其他结点可以帮助中继信号,以实现网络内各结点的相互通信。由于无线结点是在随时移动的,因而这种网络的拓扑结构也是动态变化的[5]。

无线传感器网络的标准定义是这样的:

无线传感器网络是大量的静止或移动的传感器以自组织和多跳的方式构成的无线网络,目的是协作地探测、处理和传输网络覆盖区域内感知对象的监测信息,并报告给用户。它的英文是 Wireless Sensor Network,简称 WSN。

在这个定义中,传感器网络负责实现数据采集、处理和传输三种功能,而这正对应着现代信息技术的三大基础技术,即传感器技术、计算机技术和通信技术。它们分别构成了信息系统的“感官”“大脑”“神经”三部分。因此说,无线传感器网络正是这三种技术的结合,可以构成一个独立的现代信息系统(如图 1.2 所示)。

另外,从上述定义可以看出,传感器、感知对象和用户是传感器网络的三个基本要素。无线网络是传感器之间、传感器与用户之间最常用的通信方式,用于在传感器与用户之间建立通信路径。协作式的感知、采集、处理和发布感知信息是传感器网络的基本功能。

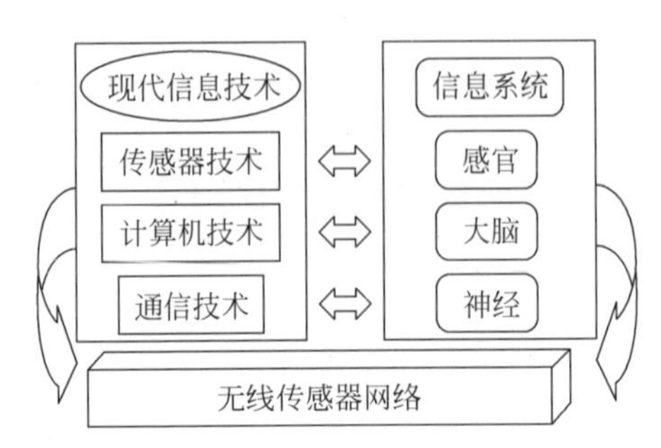

图 1.2 现代信息技术与无线传感器网络之间的关系

一组功能有限的传感器结点协作地完成大的感知任务，是传感器网络的重要特点。传感器网络中的部分或全部结点可以慢速移动，拓扑结构也会随着结点的移动而不断地动态变化。结点间以 Ad Hoc 方式进行通信，每个结点都可以充当路由器的角色，并且都具备动态搜索、定位和恢复连接的能力。

传感器结点由电源、感知部件、嵌入式处理器、存储器、通信部件和软件这几部分构成。电源为传感器提供正常工作所必需的能源。感知部件用于感知、获取外界的信息，并将其转换为数字信号。处理部件负责协调结点各部分的工作，如对感知部件获取的信息进行必要的处理、保存，控制感知部件和电源的工作模式等。通信部件负责与其他传感器或用户的通信。软件是为传感器提供必要的软件支持，如嵌入式操作系统、嵌入式数据库系统等。

传感器网络的用户是感知信息的接收者和使用者，可以是人也可以是计算机或其他设备。例如，军队指挥官可以是传感器网络的用户，一台由飞机携带的移动计算机也可以是传感器网络的用户。一个传感器网络可以有多个用户，一个用户也可以是多个传感器网络的使用者。用户可以主动地查询或收集传感器网络的感知信息，也可以被动地接收传感器网络发布的信息。用户对感知信息进行观察、分析、挖掘、制定决策，或对感知对象采取相应的行动。

感知对象是用户感兴趣的监测目标，也是传感器网络的目标对象，如坦克、军事人员、动物、有害气体等。感知对象一般通过表示物理现象、化学现象或其他现象的数字量来表征，如温度、湿度等。一个传感器网络可以感知网络分布区域内的多个对象，一个对象也可以被多个传感器网络所感知。

从用户的角度来看，无线传感器网络的宏观系统架构如图 1.3 所示，通常包括传感器结点（sensor node）、汇聚结点（sink node）和管理结点（manager node）。有时汇聚结点也称为网关结点或者信宿结点。

具有探测功能的大量传感器结点随机密布在整个观测区域，通过自组织的方式构成网络。传感器结点在对所探测到的信息进行初步处理之后，以多跳中继的方式传送给汇聚结点，然后经卫星、因特网或者移动通信网络等途径，到达最终用户所在的管理结点。终端用户也可以通过管理结点对传感器网络进行管理和配置，发布监测任务或者收集回传的数据。

从网络功能上看，每个传感器结点都具有信息采集和路由的双重功能，除了进行本地信息收集和数据处理外，还要存储、管理和融合其他结点转发过来的数据，同时与其他结点协作完成一些特定任务。

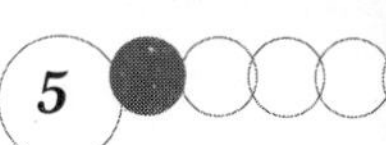

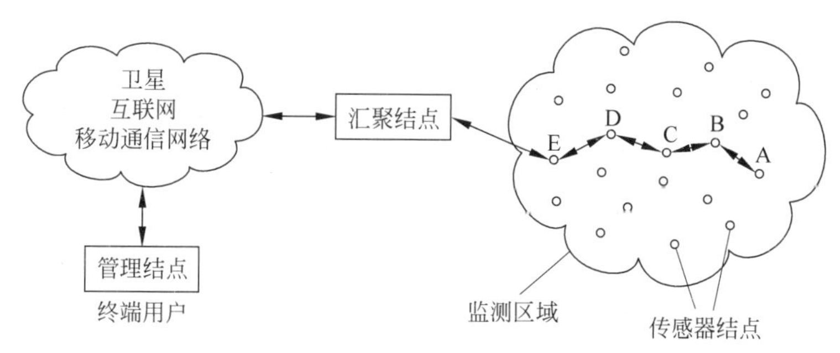

图 1.3 无线传感器网络的宏观系统架构

如果通信环境或者其他因素发生变化，导致传感器网络的某个或部分结点失效时，先前借助它们传输数据的其他结点则自动重新选择路由，保证在网络出现故障时能够实现自动愈合。

这种大量的传感器网络探测结点通常由 6 个功能模块组成(如图 1.4 所示)，即传感模块、计算模块、通信模块、存储模块、电源模块和嵌入式软件系统。

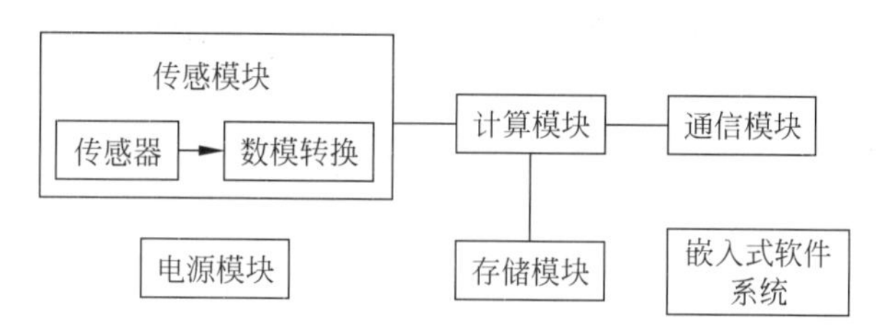

图 1.4 传感器网络结点的功能模块组成

传感模块负责探测目标的物理特征和现象，计算模块负责处理数据和系统管理，存储模块负责存放程序和数据，通信模块负责网络管理信息和所感知信息的发送和接收。另外，电源模块负责结点供电，结点由嵌入式软件系统支撑，运行网络的 5 层协议。

这 5 层协议包括物理层、数据链路层、网络层、传输层和应用层，如图 1.5 所示。

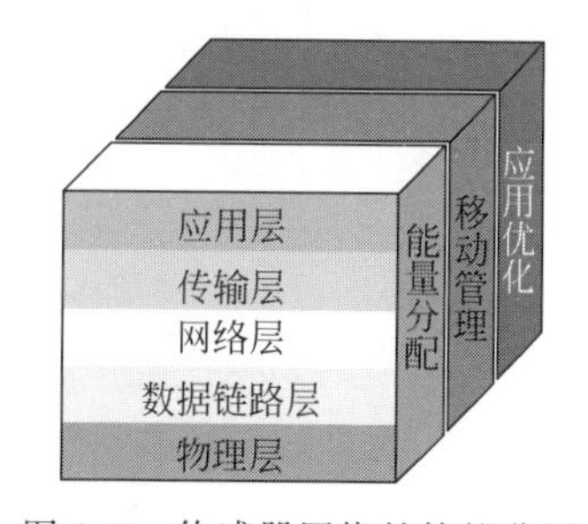

图 1.5 传感器网络的协议分层

物理层负责载波频率的产生、信号调制、解调，数据链路层负责媒体接入和差错控制，网络层负责路由发现与维护，传输层负责数据流的传输控制，应用层负责任务调度、数据分发等具体业务。

传感器网络的一个突出特色是采用了跨层设计技术，这一点与现有的 IP 网络不同。跨层设计包括能量分配、移动管理和应用优化。

能量分配是尽量延长网络的可用时间，移动管理是对结点移动进行检测和注册，应用优化是根据应用需求优化调度任务。

传感器探测结点通常是一个嵌入式系统，由于受到体积、价格和电源供给等因素的限制，它的处理能力、存储能力相对较弱，通信距离也有限，通常只与自身通信范围内的邻居结点交换数据。如果要访问单跳通信范围以外的结点，必须使用多跳路由。

传感器结点的处理器完成计算与控制功能，射频部分完成无线通信传输功能，传感器探头实现数据采集功能。整个结点通常由电池供电，封装成完整的低功耗的无线传感器网络终端。

网关汇聚结点只需要具有处理器模块和射频模块，通过无线方式接收探测终端发送来的数据信息，再传输给有线网络的PC或服务器。

汇聚结点通常具有较强的处理能力、存储能力和通信能力，它既可以是一个具有足够能量供给和更多内存资源与计算能力的增强型传感器结点，也可以是一个带有无线通信接口的特殊网关设备。汇聚结点连接传感器网络与外部网络，通过协议转换实现管理结点与传感器网络之间的通信，把收集到的数据信息转发到外部网络，同时发布管理结点提交的任务。

各种类型的低功耗网络终端结点可以构成星形拓扑结构，或者混合型的ZigBee拓扑结构，有的路由结点还可以采用电源供电方式。

1.2.2 传感器网络结点的结构

毫无疑问，传感器网络的终端探测结点是应用和研究的重点，需要给出详细介绍。在不同应用中，传感器网络结点的组成不尽相同，但一般都由上述介绍的6个模块组成。被监测物理信号的形式决定了传感器的类型。处理器通常选用嵌入式CPU，如Motorola的68HC16，ARM公司的ARM7和Intel的8086等。数据传输主要由低功耗、短距离的无线通信模块完成，比如RFM公司的TR1000等。因为需要进行较复杂的任务调度与管理，系统需要一个微型化的操作系统。图1.6描述了结点的结构，其中的实线箭头方向表示数据在结点中的流动方向[6]。

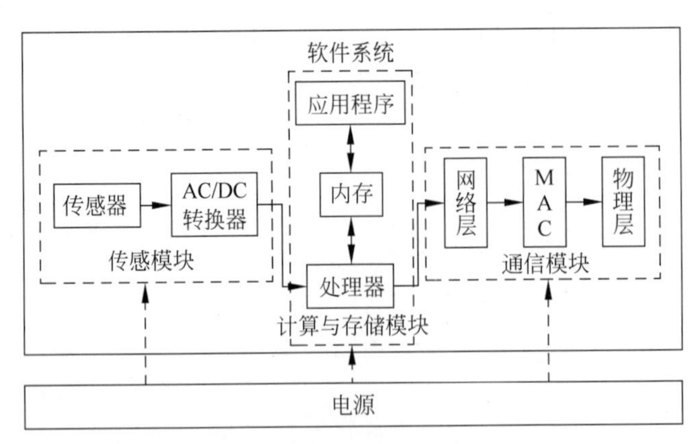

图1.6 传感器网络终端结点的结构

具体地说，传感模块用于感知、获取监测区域内的信息，并将其转换为数字信号，它由传感器和数/模转换模块组成。计算与存储模块负责控制和协调结点各部分的工作，存储和处理自身采集的数据和其他结点发来的数据，它由嵌入式系统构成，包括处理器、存储器等。无线收发通信模块负责与其他传感器结点进行通信，交换控制信息和收发采集的数据，它由无线通信模块组成。电源单元能够为传感器结点提供正常工作所必需的能源，通常采用微型电池。

另外，传感器结点还可以包括其他辅助单元，如移动系统、定位系统和自供电系统等。

由于需要进行比较复杂的任务调度与管理，处理器需要包含一个功能较为完善的微型化嵌入式操作系统，如美国加州大学伯克利分校开发的 TinyOS 操作系统。

由于传感器结点采用电池供电，一旦电能耗尽，结点就失去了工作能力。为了最大限度地节约电能，在硬件设计方面，要尽量采用低功耗器件，在没有通信任务的时候，切断射频部分的电源；在软件设计方面，各层通信协议都应该以节能为中心，必要时可以牺牲其他的一些网络性能指标，以获得更高的电源效率。

1.2.3 网络体系结构

1. 结点的体系组成

从无线联网的角度来看，传感器网络结点的体系由分层的网络通信协议、网络管理平台和应用支撑平台三个部分组成(如图 1.7 所示)[7]。

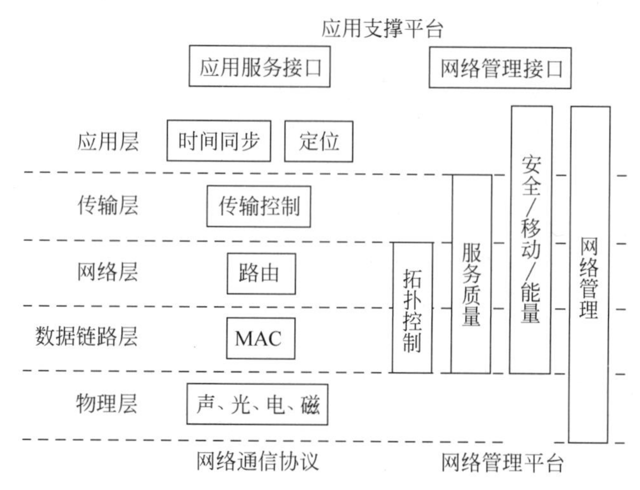

图 1.7 无线传感器网络结点的体系组成

(1) 网络通信协议

类似于传统因特网中的 TCP/IP 协议体系，无线传感器网络的网络通信协议由物理层、数据链路层、网络层、传输层和应用层组成，如图 1.8 所示。MAC 层和物理层协议采用的是国际电气电子工程师协会(The Institute of Electrical and Electronics Engineers，IEEE)制定的 IEEE 802.15.4 协议。

IEEE 802.15.4 协议是针对低速无线个域网(Low-Rate Wireless Personal Area Network，LR-WPAN)制定的标准。该标准把低能量消耗、低速率传输、低成本作为重点目标，旨在为个人或家庭范围内不同设备之间低速互连提供统一标准。IEEE 802.15.4 协议的网络特征与无线传感器网络存在很多相似之处，所以许多研究机构把它作为无线传感器网络的无线通信标准。

① 物理层。传感器网络的物理层负责信号的调制和数据的收发，所采用的传输介质主要有无线电、红外线、光波等。

② 数据链路层。传感器网络的数据链路层负责数据成帧、帧检测、介质访问和差错控

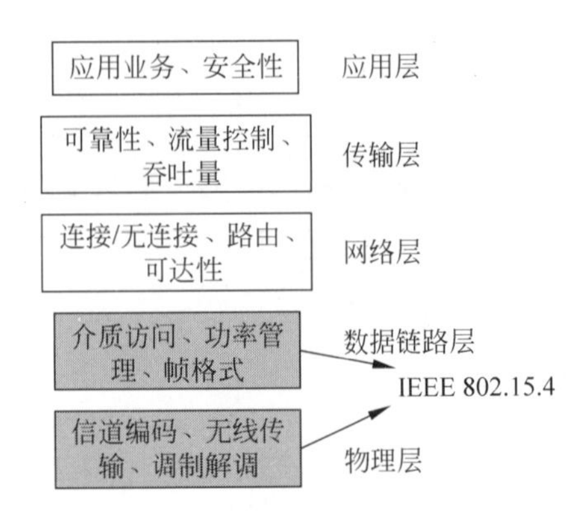

图 1.8　传感器网络通信协议的分层结构

制。介质访问协议保证可靠的点对点和点对多点通信，差错控制保证源结点发出的信息可以完整无误地到达目标结点。

③ 网络层。传感器网络的网络层负责路由发现和维护，通常大多数结点无法直接与网关通信，需要通过中间结点以多跳路由的方式将数据传送至汇聚结点。

④ 传输层。传感器网络的传输层负责数据流的传输控制，主要通过汇聚结点采集传感器网络内的数据，并使用卫星、移动通信网络、因特网或者其他的链路与外部网络通信，是保证通信服务质量的重要部分。

（2）网络管理平台

网络管理平台主要是对传感器结点自身的管理和用户对传感器网络的管理，包括拓扑控制、服务质量管理、能量管理、安全管理、移动管理、网络管理等。

网络管理平台主要包括如下内容：

① 拓扑控制。一些传感器结点为了节约能量会在某些时刻进入休眠状态，这导致网络的拓扑结构不断变化，因而需要通过拓扑控制技术管理各结点状态的转换，使网络保持畅通，数据能够有效传输。拓扑控制利用链路层、路由层完成拓扑生成，反过来又为它们提供基础信息支持，优化 MAC 协议和路由协议，降低能耗[8]。

② 服务质量管理。服务质量管理在各协议层设计队列管理、优先级机制或者带宽预留等机制，并对特定应用的数据给予特别处理。它是网络与用户之间以及网络上互相通信的用户之间关于信息传输与共享的质量约定。为了满足用户的要求，传感器网络必须能够为用户提供足够的资源，以用户可接受的性能指标工作。

③ 能量管理。在传感器网络中电源能量是各个结点最宝贵的资源。为了使传感器网络的使用时间尽可能长，需要合理、有效地控制结点对能量的使用。每个协议层次中都要增加能量控制代码，并提供给操作系统进行能量分配决策。

④ 安全管理。由于结点随机部署、网络拓扑的动态性和无线信道的不稳定，传统的安全机制无法在传感器网络中适用，因而需要设计新型的传感器网络安全机制，采用诸如扩频通信、接入认证/鉴权、数字水印和数据加密等技术。

⑤ 移动管理。在某些传感器网络的应用环境中，结点可以移动，移动管理用来监测和控制结点的移动，维护到汇聚结点的路由，还可以使传感器结点跟踪它的邻居。

⑥ 网络管理。网络管理是对传感器网络上的设备和传输系统进行有效监视、控制、诊断和测试所采用的技术和方法。它要求协议各层嵌入各种信息接口，并定时收集协议运行

状态和流量信息,协调控制网络中各个协议组件的运行。

(3) 应用支撑平台

应用支撑平台建立在网络通信协议和网络管理技术的基础之上,包括一系列基于监测任务的应用层软件,通过应用服务接口和网络管理接口来为终端用户提供各种具体应用的支持。

应用支撑平台包括如下内容:

① 时间同步。传感器网络的通信协议和应用要求各结点间的时钟必须保持同步,这样多个传感器结点才能相互配合工作。另外,结点的休眠和唤醒也要求时钟同步。

② 定位。结点定位是确定每个传感器结点的相对位置或绝对位置,结点定位在军事侦察、环境监测、紧急救援等应用中尤为重要。

③ 应用服务接口。传感器网络的应用是多种多样的,针对不同的应用环境,有各种应用层的协议,如任务安排、结点查询和数据分发协议等。

④ 网络管理接口。主要是传感器管理协议,用来将数据传输到应用层。

2. 传感器网络的结构

传感器网络由基站和大量的结点组成。例如,战场上布置的大量结点,结点上的传感器感知战场信息,微处理器对原始数据进行初步处理,由无线收发模块将数据发送给相邻结点。数据经传感器网络结点的逐级转发,最终发送给基站,由基站通过串口传给主机,从而实现对战场的监控。

在传感器网络中,结点任意部署在被监测区域内,这一过程是通过飞行器撒播、人工埋置和火箭弹射等方式完成的。结点以自组织形式构成网络。根据结点数目的多少,传感器网络的结构可以分为平面结构和分级结构。如果网络的规模较小,一般采用平面结构;如果网络规模很大,则必须采用分级网络结构。

(1) 平面结构

平面结构的网络比较简单,所有结点的地位平等,所以又可以称为对等式结构。源结点和目的结点之间一般存在多条路经,网络负荷由这些路径共同承担,一般情况下不存在瓶颈,网络比较健壮。图 1.9 是平面结构的示意图[9]。

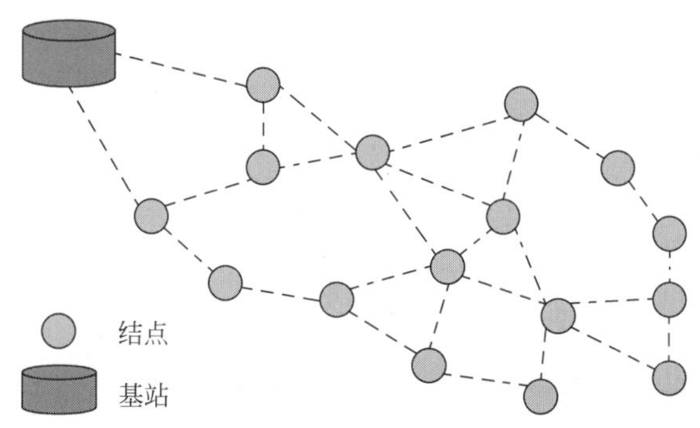

图 1.9　传感器网络的平面结构示意图

当然,在无线自组织传感器网络中,由于结点较多,且密度较大,平面型的网络结构在结点的组织、路由建立、控制与维持的报文开销上都存在问题,这些开销会占用很大的带宽,影响网络数据的传输速率,严重情况下甚至会造成整个网络的崩溃。

另外,报文作为网络中交换与传输的数据单元,结点在进行报文传输时,由于所有结点都起着路由器的作用,因而某个结点如果要发送报文,那么在这个结点和基站接收器之间会使得大量的结点参与存储转发工作,从而使整个系统在宏观上将损耗很大的能量。还有一个缺点就是可扩充性差,每一个结点都需要知道到达其他结点的路由,维护这些动态变化的路由信息需要大量的控制消息。

(2) 分级结构

在分级结构中,传感器网络被划分为多个簇(cluster)。每个簇由一个簇头(cluster head)和多个簇成员(cluster member)组成。这些簇头形成了高一级的网络。簇头结点负责簇间数据的转发,簇成员只负责数据的采集。这大大减少了网络中路由控制信息的数量,因此具有很好的可扩充性。

簇头可以预先指定,也可以由结点使用分簇算法自动选举产生。由于簇头可以随时选举产生,所以分级结构具有很强的抗毁性。图1.10是传感器网络的分级结构示意图。

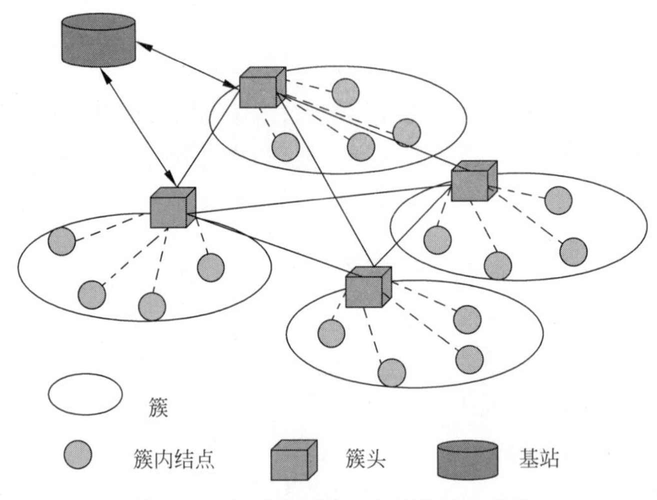

图1.10 传感器网络的分级结构示意图

分级网络结构存在的问题就是簇头的能量消耗问题,簇头发送和接收报文的频率要高出普通结点几倍至十几倍,它在发送、接收报文时会消耗很多的能量,而且很难进入休眠状态,因而要求可以在簇内运行簇头选择程序来更换簇头。

分级结构比平面结构复杂得多,它解决了平面结构中的网络堵塞问题,整体消耗能量较少,因而实用性更高。

无线传感器网络的部署可以通过飞行器空投或通过炮弹、火箭、导弹等进行发射。如图1.11所示,当飞机到达传感器部署区域时,将携带的传感器空投,结点随机地分布在感知区域。

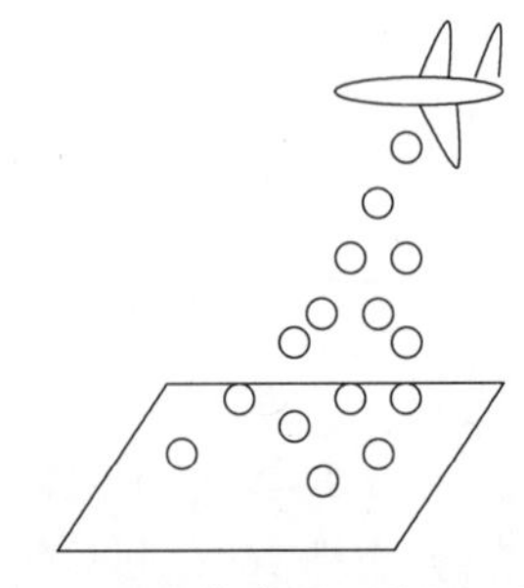

图1.11 无线传感器网络的空投部署

当传感器结点落地之后,这些结点进入自检启动的唤醒状态,搜寻相邻结点的信息,并建立路由表。每个结点都与周围的结点建立联系,形成一个自组织的无线传感器网络(如图1.12所示),实现感知所在区域的信息,并通过网络传输数据。

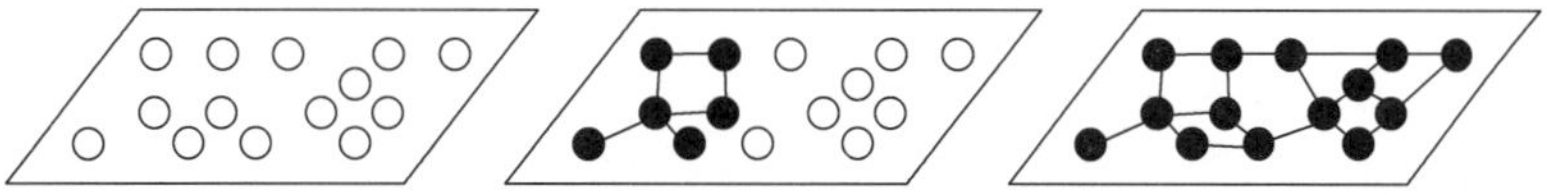

图 1.12　传感器自组网的过程

1.3　传感器网络的特征

1.3.1　与现有无线网络的区别

无线自组网(Ad Hoc Network)是由几十到上百个结点组成的、采用无线通信方式的、动态组网的、多跳的移动性对等网络,这种网络的用途在于通过动态路由和移动管理技术传输具有服务质量要求的信息流。

传感器网络虽然与无线自组网有相似之处,但同时也存在较大的差别。传感器网络是集成了监测、控制和无线通信的网络系统,结点数目更为庞大(上千甚至上万);它的结点分布更为密集;由于环境影响和能量耗尽,结点更容易出现故障;环境干扰和结点故障易造成网络拓扑结构的变化;通常情况下大多数传感器结点是固定不动的。

另外,传感器结点具有的能量、处理能力、存储能力和通信能力等都十分有限。传统无线网络的首要设计目标是提供高服务质量和高效带宽利用,其次才考虑节约能源;而传感器网络的重要设计目标是电能的高效使用,这也是传感器网络和传统网络的重要区别之一。

1.3.2　与现场总线的区别

在自动化领域现场总线控制系统(Fieldbus Control System,FCS)正在逐步取代一般的分布式控制系统(Distributed Control System,DCS),各种基于现场总线的智能传感器/执行器技术得到迅速发展。现场总线是应用在生产现场和微机化测量控制设备之间、实现双向串行多结点数字通信的系统,也被称为开放式、数字化、多点通信的底层控制网络。

现场总线技术将专用微处理器植入传统的测量控制仪表,使它们各自具有数字计算和数字通信能力,采用简单连接的双绞线等作为总线,把多个测量控制仪表连接成网络系统,并按公开、规范的通信协议,在位于现场的多个微机化测量控制设备之间和现场仪表与远程监控计算机之间实现数据传输与信息交换,形成各种适应实际需要的自动控制系统。

现场总线是20世纪80年代中期在国际上发展起来的。随着微处理器与计算机功能的不断增强和价格的降低,计算机与计算机网络系统得到迅速发展。现场总线可实现整个企业的信息集成,实施综合自动化,形成工厂底层网络,完成现场自动化设备之间的多点数字通信,实现底层现场设备之间和生产现场与外界的信息交换。

现场总线作为一种网络形式，是专门为实现在严格的实时约束条件下工作而特别设计的。目前市场上较为流行的现场总线如CAN（控制局域网络）、Lonworks（局部操作网络）、Profibus（过程现场总线）、HART（可寻址远程传感器数据通信）和FF（基金会现场总线）等。

由于严格的实时性要求，这些现场总线的网络构成通常是有线的。在开放式通信系统互联参考模型中，它利用的只有第一层（物理层）、第二层（链路层）和第七层（应用层），避开了多跳通信和中间结点的关联队列延迟。

由于现场总线通过报告传感数据从而控制物理环境，所以从某种程度上说它与传感器网络非常相似。我们甚至可以将无线传感器网络看作是无线现场总线的实例。但是两者的区别是明显的，无线传感器网络关注的焦点不是数十毫秒范围内的实时性，而是具体的业务应用，这些应用能够允许较长时间的延迟和抖动。另外，基于传感器网络的一些自适应协议在现场总线中并不需要，如多跳、自组织的特点，而且现场总线及其协议也不考虑节约电源问题[10]。

1.3.3 传感器结点的限制条件

无线传感器网络可以看成是由数据获取子网、数据分布子网和控制管理中心三部分组成。它的主要组成部分是集成了传感器、数据处理单元和通信模块的结点，各结点通过协议自组织成一个分布式网络，将采集来的数据通过优化后经无线电波传输给信息处理中心。传感器结点在实现各种网络协议和应用系统时，也存在一些限制和约束[11]。

1. 电源能量

传感器结点体积小，通常携带能量有限的电池。由于传感器结点个数多、成本要求低廉、分布区域广，而且部署区域环境复杂，有些区域甚至人员不能到达，所以传感器结点通过更换电池的方式来补充能源是不现实的。如何高效使用能量来最大化网络生命周期是传感器网络应用所必须考虑的问题。

传感器结点消耗能量的模块包括传感器模块、处理器模块和无线通信模块。随着集成电路工艺的进步，处理器和传感器模块的功耗变得很低，绝大部分能量主要消耗在无线通信模块上。

图1.13所示是研究人员的试验结果，表示了传感器结点各部分能量消耗的情况，从图中可知传感器结点的绝大部分能量消耗在无线通信模块。传感器结点传输信息要比执行计算更消耗电能，在100m距离上传输1b信息需要的能量大约相当于执行3000条计算指令所消耗的能量。

通常无线通信模块在空闲状态会一直侦听无线信道的使用情况，检查是否有数据发送给自己，而在睡眠状态则关闭通信模块。从图中可以看到，无线通信模块在发送状态的能量消耗最大，在空闲状态和接收状态的能量消耗接近，略少于发送状态的能量消耗，在睡眠状态的能量消耗最少。如何让网络通信更有效率，减少不必要的转发和接收，在不需要通信时尽快进入睡眠状态，是传感器网络协议设计需要重点考虑的问题。

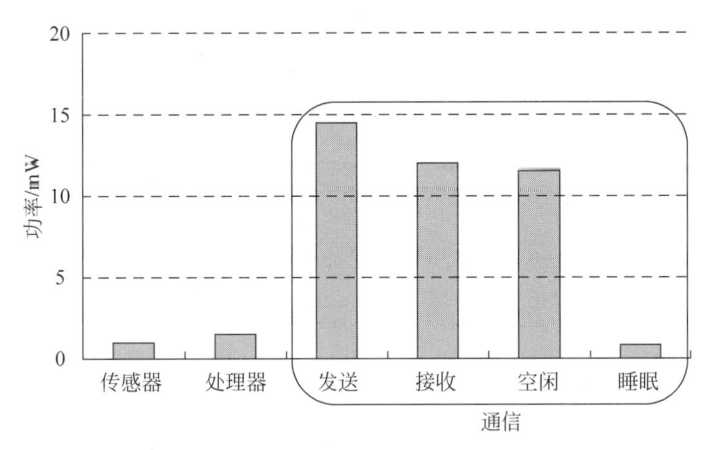

图 1.13 传感器结点的能量消耗情况

2. 通信能力

通常无线通信的能量消耗 E 与通信距离 d 的关系符合如下规律：

$$E = k \times d^n \tag{1.1}$$

其中 k 是系数，参数 n 满足关系 $2<n<4$。n 的取值与很多因素有关，例如传感器结点部署贴近地面时，障碍物多、干扰大，n 的取值就大；天线质量对信号发射质量的影响也很大。通常取 n 为 3，即假定通信能耗与距离的三次方成正比。

随着通信距离的增加，能耗会急剧增加。在满足通信连通性的前提下应尽量减少单跳的通信距离。一般而言，传感器结点的无线通信半径在 100m 以内比较合适。

考虑到传感器结点的能量限制和网络覆盖区域大，传感器网络宜采用多跳路由的传输机制。传感器结点的无线通信带宽有限，通常仅有几百千位每秒的速率。由于结点能量的变化，例如受高山、建筑物、障碍物等地势地貌以及风雨雷电等自然环境的影响，无线通信性能可能经常变化，频繁出现通信中断。在这样的通信环境和有限的结点通信能力情况下，如何设计网络通信机制以满足传感器网络的通信需求，是传感器网络应用所需要考虑的重点问题。

3. 计算和存储能力

传感器结点是一种微型嵌入式设备，要求它价格低、功耗小，这些限制必然导致其携带的处理器能力比较弱，存储器容量比较小。为了完成各种任务，传感器结点需要完成监测数据的采集和转换、数据的管理和处理、应答汇聚结点的任务请求和结点控制等多种工作。如何利用有限的计算和存储资源完成诸多协同任务，成为传感器网络设计所必须考虑的问题。

随着低功耗电路和系统设计技术的提高，目前已经开发出很多超低功耗的微处理器。除了降低处理器的绝对功耗以外，现代处理器还支持模块化供电和动态频率调节功能。利用处理器的这些特性，传感器结点的操作系统可以设计动态能量管理和动态电压调节模块，更有效地利用结点的各种资源。

动态能量管理是当结点周围没有感兴趣的事件发生时，部分模块处于空闲状态，把这些组件关掉或调到更低能耗的睡眠状态。动态电压调节是当计算负载较低时，通过降低微处理器的工作电压和频率来降低处理能力，从而节约微处理器的能耗，很多处理器如

StrongARM 都支持电压频率调节，充分考虑了节省能源问题。

1.3.4 组网特点

无线传感器网络是信息技术的前沿和交叉领域，集计算机、通信、网络、智能计算、传感器、嵌入式系统、微电子等多种技术于一身。它将大量的多种类型传感器结点组成自治的网络，实现对物理世界的动态智能协同感知。如果说移动通信连接的是人和人，传感器网络连接的则是物和物。

无线传感器网络除了具有 Ad Hoc 网络的移动性、断接性、电源能力局限性等共同特征以外，在组网方面具有一些鲜明的自身特点。它的主要特点包括自组织性、以数据为中心、应用相关性、动态性、网络规模大和需要高的可靠性等。

1. 自组织性

在传感器网络应用中，通常传感器结点放置在没有基础结构设施的地方。传感器结点的位置有时不能预先精确设定，结点之间的相互通信邻居关系预先也不知道，如通过飞机将传感器结点播撒到面积广阔的原始森林，或放置到人员不可到达或危险的区域。

由于传感器网络的所有结点的地位都是平等的，没有预先指定的中心，各结点通过分布式算法来相互协调。在无人值守的情况下，结点就能自动组织起一个探测网络。正因为没有控制中心，网络便不会因为单个结点的脱离而受到损害。

以上因素要求传感器结点具有自组织的能力，能够自动地进行配置和管理，通过拓扑控制机制和网络协议，自动形成转发监测数据的多跳无线网络系统。

在传感器网络的使用过程中，部分传感器结点由于能量耗尽或环境因素造成失效，也有一些结点为了弥补失效结点、增加监测精度而补充到网络中，这样在传感器网络中的结点个数就动态地增加或减少，从而使网络的拓扑结构随之动态变化。传感器网络的自组织性要适应这种网络拓扑结构的动态变化。

2. 以数据为中心

目前的互联网是先有计算机终端系统，然后再互联成为网络，终端系统可以脱离网络独立存在。在因特网中网络设备是用网络中唯一的 IP 地址来标识，资源定位和信息传输依赖于终端、路由器和服务器等网络设备的 IP 地址。如果希望访问因特网中的资源，首先要知道存放资源的服务器 IP 地址，可以说目前的因特网是一个以地址为中心的网络。

传感器网络是任务型的网络，脱离传感器网络谈论传感器结点是没有任何意义的。传感器网络中的结点采用结点编号标识，结点编号是否需要全网唯一，这取决于网络通信协议的设计。

由于传感器结点可能采用随机部署，构成的传感器网络与结点编号之间的关系是完全动态的，表现为结点编号与结点位置没有必然的联系。用户使用传感器网络查询事件时，直接将所关心的事件通告给网络，而不是通告给某个确定编号的结点。网络在获得指定事件的信息后汇报给用户。这种以数据本身作为查询或传输线索的思想，更接近于自然语言交流的习惯，因此说传感器网络是一个以数据为中心的网络。

例如，在目标跟踪的传感器网络中，跟踪目标可能出现在任何地方，对目标感兴趣的用户只关心目标出现的位置和时间，并不必关心哪个结点监测到目标。事实上，在目标移动的过程中，必然是由不同的结点提供目标的位置消息。

3. 应用相关性

传感器网络用来感知客观物理世界，获取物理世界的信息。客观世界的物理量多种多样，不同的传感器网络应用关心不同的物理量，因此对传感器网络的应用系统也有多种多样的要求。

不同的应用背景对传感器网络的要求不同，它们的硬件平台、软件系统和网络协议会有所差别。因此，传感器网络不可能像因特网那样，存在统一的通信协议平台。不同的传感器网络应用虽然存在一些共性问题，但在开发传感器网络应用系统时，人们更关心传感器网络的差异。只有让具体系统更贴近于应用，才能符合用户的需求和兴趣点。针对每一个具体应用来研究传感器网络技术，这是传感器网络设计不同于传统网络的显著特征。

4. 动态性

传感器网络的拓扑结构可能因为下列因素而改变：

① 环境因素或电能耗尽造成的传感器结点出现故障或失效；

② 环境条件变化可能造成无线通信链路带宽变化，甚至时断时通；

③ 传感器网络的传感器、感知对象和用户这三要素都可能具有移动性；

④ 新结点的加入。

由于传感器网络的结点是处于变化的环境，它的状态也在相应地发生变化，加之无线通信信道的不稳定性，网络拓扑也在不断地调整变化，而这种变化方式是不能准确预测出来的。这就要求传感器网络系统要能够适应这种变化，具有动态的系统可重构性[12]。

5. 网络规模大

为了获取精确信息，在监测区域通常部署大量的传感器结点，传感器结点数量可能达到成千上万。传感器网络的大规模性包括两方面含义：一方面是传感器结点分布在很大的地理区域内，例如在原始森林采用传感器网络进行森林防火和环境监测，需要部署大量的传感器结点；另一方面，传感器结点部署很密集，在一个不是很大的空间范围内，密集部署了大量的传感器结点，实现对目标的可靠探测、识别与跟踪。

传感器网络的大规模性具有如下优点：通过不同空间视角获得的信息具有更大的信噪比；分布式处理大量的采集信息，能够提高监测的精确度，降低对单个结点传感器的精度要求；大量冗余结点的存在，使得系统具有很强的容错性能；大量结点能增大覆盖的监测区域，减少探测遗漏地点或者盲区。

6. 可靠性

传感器网络特别适合部署在恶劣环境或人员不能到达的区域，传感器结点可能工作在露天环境中，遭受太阳的暴晒或风吹雨淋，甚至遭到无关人员或动物的破坏。传感器结点往往采用随机部署，如通过飞机撒播或发射炮弹到指定区域进行部署。这些都要求传感器结点非常坚固，不易损坏，适应各种恶劣环境条件。

无线传感器网络通过无线电波进行数据传输，虽然省去了布线的麻烦，但是相对于有线网络，低带宽则成为它的天生缺陷。同时，信号之间还存在相互干扰，信号自身也在不断地衰减，网络通信的可靠性也是不容忽视的。

另外，由于监测区域环境的限制以及传感器结点数目巨大，不可能人工"照顾"到每个结点，网络的维护可能比较困难甚至不可维护。传感器网络的通信保密性和安全性也十分重要，防止监测数据被盗取和收到伪造的监测信息。因此，传感器网络的软硬件必须具有鲁棒性和容错性。

1.4 传感器网络的应用领域

传感器探测技术和结点间的无线通信能力，为无线传感器网络赋予了广阔的应用前景。作为一种无处不在的感知技术，无线传感器网络广泛应用于各种行业领域，这里主要对前期成功应用的一些领域进行简略介绍。

1.4.1 军事领域

无线传感器网络的相关研究最早起源于军事领域。传感器网络在军事领域已经成为C^4ISRT(Command，Control，Communication，Computing，Intelligence，Surveillance，Reconnaissance and Targeting)系统不可或缺的一部分。C^4ISRT系统的目标是利用先进的高科技技术，为现代化战争设计一个集命令、控制、通信、计算、智能、监视、侦察和定位于一体的战场指挥系统，受到了军事发达国家的普遍重视。

将自组网的先进终端设备融入军事领域的战场态势感知系统，利用各类微型传感器的探测功能进行系统集成，及时获取战场目标和环境的信息，可以实现的军事应用价值十分明显。利用这些技术为监测机动目标提供位置和类别的信息，实现监控数据的远距离通信，使得部队指挥人员可以方便、快速地判断目标活动情况和战场态势，弥补航空航天战略侦察不能实施区域战术侦察的不足。相关技术也可以推广应用于公安警察部门的反恐侦查活动。

因为传感器网络是由密集型、低成本、随机分布的结点组成的，自组织性和容错能力使其不会因为某些结点在恶意攻击中的损坏而导致整个系统的崩溃，这一点是传统的传感器技术所无法比拟的。也正是由于这一点，传感器网络非常适合应用在恶劣的战场环境中，包括监控我军兵力、装备和物资，监视冲突区，侦察敌方地形和布防，定位攻击目标，评估损失，侦察和探测核、生物和化学攻击。

指挥员在战场上往往需要及时准确地了解部队、武器装备和军用物资供给的情况，铺设的传感器将采集相应的信息，并通过汇聚结点将数据送至指挥所，再转发到指挥部，最后融合来自各战场的数据，形成我军完备的战区态势图。

在战争中，对冲突区和军事要地的监视也是至关重要的，通过铺设传感器网络，以更隐蔽的方式近距离地观察敌方的布防。当然,也可以直接将传感器结点撒向敌方阵地,在敌方还未来得及反应的时间内迅速收集有利于我方作战的信息。

传感器网络也可以为火控和制导系统提供准确的目标信息。在生物和化学战中,利用传感器网络及时准确地探测“爆炸中心”将会为我军提供宝贵的反应时间,从而最大可能地减小伤亡。传感器网络也可避免核反应部队直接暴露在核辐射的环境中。

无线传感器网络在军事方面的应用例子很多。例如,在2003年联合国维和部队进入伊拉克,综合使用了商用间谍卫星和超微型感应的传感器网络,对伊拉克的空气、水和土壤进行连续不断的监测,以确定伊拉克有无违反国际公约的核武器和生化武器。

最近美军装备的枪声定位系统,用于打击恐怖分子和战场上的狙击手。部署在街道或道路两侧的声响传感器,检测轻武器射击时产生的枪口爆炸波以及子弹飞行时产生的震动冲击波,这些声波信号通过传感器网络传送给附近的计算机,计算出射手的坐标位置。它的实现过程如图1.14所示。图中传感器结点能够跟踪子弹产生的冲击波,在结点探测范围内测定出子弹发射时产生的各种声波信号,判定子弹的发射源。三维空间的定位精度可达1.5m,定位延迟达2s,甚至能判断出敌方射手采用的是跪姿还是站姿射击。

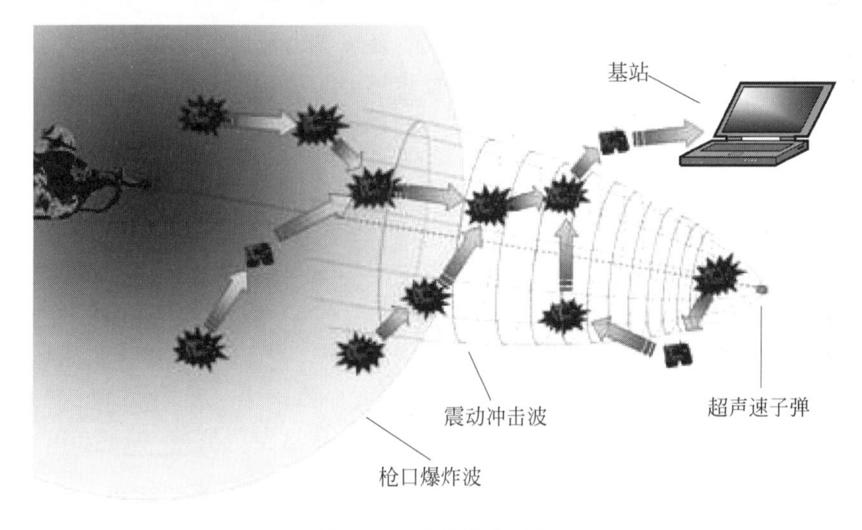

图1.14 枪声定位系统

美国空军F-22猛禽战斗机,在机体外侧也安装了传感器网络,能够提前发现敌机,通过与机载火控系统相结合,可以在没有任何事先征兆的情况下,超视距发射空对空导弹将敌机摧毁。2003年美军在俄亥俄州大规模试验了“沙地直线”项目系统,也就是地面战场无线传感器网络,能够检测出入侵的高金属含量目标。主要解决对地面战场目标的探测、分类和跟踪问题,它将机动目标分为徒手人员、武装人员和车辆三种类型。在美军的未来战斗系统中,布置在道路两侧的传感器网络探测出通行的车辆目标信号,传输给士兵的手持终端设备,实现战场警戒功能。美军研制成功的“狼群”地面传感器网络,声称是标志着电子战领域的突破。

在本书第8章,我们还将专门对传感器网络技术的军事应用内容进行较详细的介绍,重点阐述战场感知的网络架构、常见的地面战场微型传感器,并对美军沙地直线传感器网络项目进行系统介绍。

1.4.2 工业领域

自组织、微型化和对外部世界的感知能力，决定了传感器网络在工业领域大有作为。

在一些危险的工作环境，如煤矿、石油钻井、核电厂等，利用无线传感器网络可以探测工作现场有哪些员工、他们在做什么以及他们的安全保障等重要信息。

在机械故障诊断方面，Intel公司曾在芯片制造设备上安装过200个传感器结点，用来监控设备的振动情况，并在测量结果超出规定时提供监测报告，效果非常显著。美国最大的工程建筑公司贝克特营建集团公司也已在伦敦地铁系统采用传感器网络进行监测。

我国正处在基础设施建设的高峰期，各类大型工程的安全施工及监控是建筑设计单位长期关注的问题。采用无线传感器网络技术，可以让大楼、桥梁和其他建筑物能够自身感觉并意识到它们的状况，使得安装了传感器网络的智能建筑自动告诉管理部门关于它们的状态信息，从而可以让管理部门按照优先级进行定期的维修工作。

哈尔滨工业大学欧进萍院士的课题组应用无线传感器网络，针对超高层建筑的动态测试，开发了一种新型系统，应用到深圳地王大厦的环境噪声和加速度响应测试。地王大厦高81层，桅杆总高384m。在现场测试中，将无线传感器沿大厦竖向布置在结构的外表面，成功地测出了环境噪声沿建筑高度的分布和结构的振动参数。

另外，利用传感器网络可以实时监控电力高压线的应力和温度，在大雪覆盖时可以快速诊断出故障发生的地点。

1.4.3 农业领域

我国是农业大国，农作物的优质高产对国家的经济发展意义重大。在这些方面传感器网络有着卓越的优势，可以用于监视农作物灌溉情况、土壤空气变化、牲畜和家禽的环境状况以及大面积的地表检测等。

信息的获取、传输、处理、应用是数字农业研究的四大要素。先进传感技术和智能信息处理是保证正确地定量获取农业信息的重要手段。无线传感器网络为农业领域的信息采集与处理提供了新思路，弥补了以往传统数据监控的缺点，已经成为现代大农业的研究热点。

借助传感器网络可以实时向农业机构提供土壤、作物生理生态与生长的信息以及有害物、病虫害监测报警，帮助农民及时发现问题，真正实现无处不在的数字农业，因而在设施农业、节水灌溉、精准农业、畜牧业、林草业等方面具有广阔的应用前景。

最近新闻媒体报道了一些大型的传感器网络应用工程项目，例如韩国济州岛的智能渔场系统，主要是实现了自动收集渔场饲养环境的参数，确定投放饲料的数量。

北京市大兴区菊花生产基地使用无线传感器网络，采集日光温室和土壤的温湿度参数，提高了菊花生产的管理水平，使得生产成本至少下降了25%。他们采用克尔斯博公司提供的产品，这个公司是全球最大的传感器网络产品制造商。图1.15(a)为温室生产智能控制与管理系统，它以先进的平板计算机为核心，以无线数据采集控制模块为结点，实施数据的采集和设备的控制；图 1.15(b)为环境参数展示系统，显示不同温室的环境信息，在大屏幕上直观显示每间温室的温度和湿度[13]。

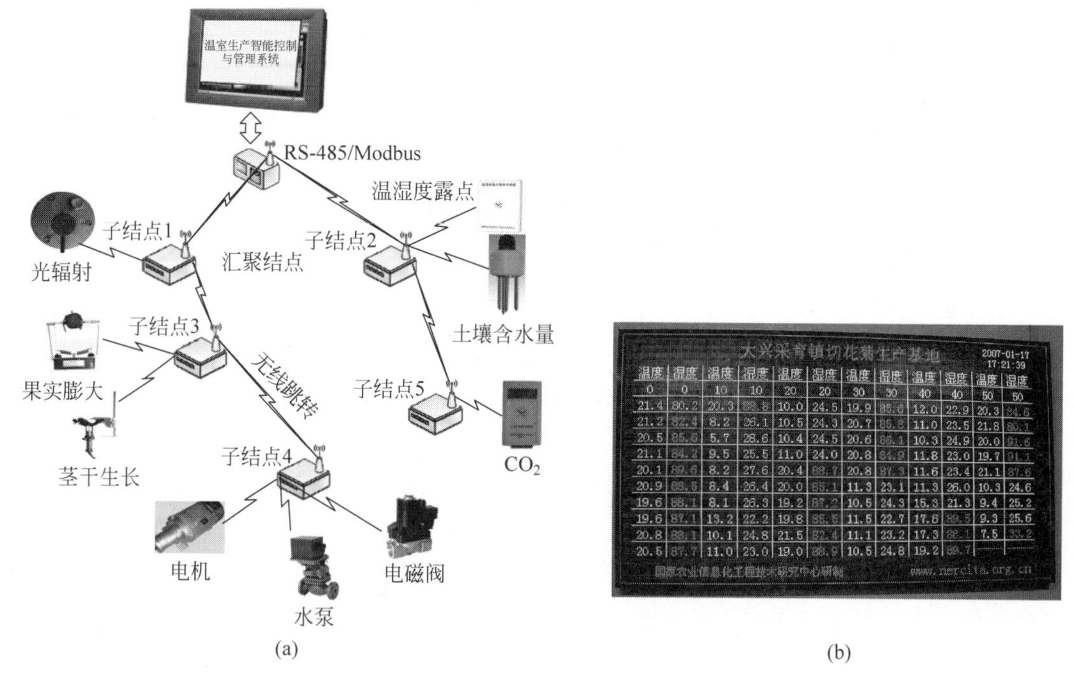

图 1.15 菊花生产管理的温室传感器网络

另外，研究人员把传感器结点布放在葡萄园内，测量葡萄园气候的细微变化。因为葡萄园气候的细微变化可以极大地影响葡萄的品质，进而影响葡萄酒的酿造质量。通过长年的数据记录和相关分析，就能精确地掌握葡萄酒的质地与葡萄生长过程中的日照、温度和湿度的确切关系。

1.4.4 智能交通领域

交通传感网是智能交通系统的重要组成，因其美好的应用前景而受到学术界和工业界的高度关注。在国内目前各种探测技术日趋成熟和硬件成本大幅度下降的基础上，传感器网络在现代交通系统中得到了很大的应用。应用范围主要涉及监控交通枢纽和高速公路的运行状况，统计通过的车数和某类车辆出现的频度等数据，提供交通运行信息为决策者服务。

中科院沈阳自动化所开展了基于无线传感器网络的高速公路交通监控系统的研究。该项技术可以弥补传统设备如图像监视系统在能见度低、路面结冰等情况下，无法对高速路段进行有效监控的问题，也可克服因为关闭高速公路而产生的影响交通以及阻碍人们出行等负面因素。另外，对一些天气突变性强的地区，该项技术能极大地帮助降低汽车追尾等恶性交通事故。

中科院上海微系统与信息技术研究所联合上海市多家高校、研究所共同承担的“无线传感器网络关键技术攻关及其在道路交通中的应用示范研究”项目，提出了末梢微网、中层传感网、接入网三级带状传感网的体系构架，攻克了交通传感网的协同模式识别算法体系及多元数据源的交通综合信息融合技术，并研制了一系列道路状态信息检测无线传感器结点，如声震无线传感器网络车辆检测结点、车辆扰动检测结点、日夜自动转换视频车辆检测器、路面温湿度、积水、结冰、光照度、烟雾、噪声检测器等多种结点[14-15]。

该项目的科研成果及产品已推向市场，其中远距离高速中程无线传感器网络在浦东国际机场六国峰会安保工程无线传输系统、嘉兴市港航局数字化河道无线传感网络指挥管理系统中得到应用；声震无线传感器网络车辆检测结点列入浦东机场防入侵系统设计方案；多种无线传感器网络车辆检测结点在济南高速公路、合肥市主干道、昆明市智能交通建设中发挥了作用。

1.4.5 家庭与健康领域

智能家居系统的设计目标是将住宅内的各种家居设备联系起来，使其能够自动运行，相互协作，为居住者提供尽可能多的便利和舒适。嵌入家具和家电中的传感器与执行单元组成的无线网络，与因特网连接在一起，能够为人们提供更加舒适、方便和具有人性化的智能家居环境。用户可以方便地对家电进行远程监控，如在下班前遥控家里的空调、电饭锅、微波炉、电话机、录像机和计算机等家电，按照自己的意愿完成相应的工作。

在家居环境控制方面，将传感器结点放在家庭里不同的房间，可以对各个房间的环境温度进行局部控制。利用传感器网络可以监测幼儿的早期教育环境，跟踪儿童的活动范围，让父母或老师全面地了解和指导儿童的学习过程。

传感器网络具备的微型化和对周围区域的感知能力，决定了它在检测人体生理数据、老年人健康状况、医院药品管理和远程医疗等方面可以发挥出色的作用。如果在住院病人身上安装特殊用途的传感器结点，如心率和血压监测设备，远端的医生利用传感器网络就可以随时了解被监护病人的病情，进行及时处理，还可以长时间地收集人体的生理数据[16]。

美国 Intel 公司研制的家庭护理传感器网络系统，是美国“应对老龄化社会技术项目”的一个环节。该系统在鞋、家具和家用电器等设施内嵌入传感器，帮助老年人以及患者、残障人士独立地进行家庭生活，在必要时由医务人员、社会工作者进行帮助。

1.4.6 环境保护领域

传感器网络因部署简单、布置密集、低成本和无须现场维护等优点，为环境科学研究的数据获取提供了方便，可广泛应用在气象和地理研究、自然和人为灾害（如地震、洪水和火灾）监测，还可以通过跟踪珍稀动物，进行濒危种群的研究等。

海燕现在已经成为了一种濒临灭绝的鸟类，它们特别惧怕人类的打扰。美国缅因州大鸭岛属于自然保护区，上面居住栖息着很多海燕。Intel 公司研究人员曾经将传感器放置在海燕鸟巢附近，获取海燕生活环境的数据（如图 1.16 所示）。他们使用的传感器包括光、湿度、气压、红外、图像等，通过无线自组网，将数据经卫星传输到加州的服务器，实现了对敏感野生动物的无人干扰式监测。

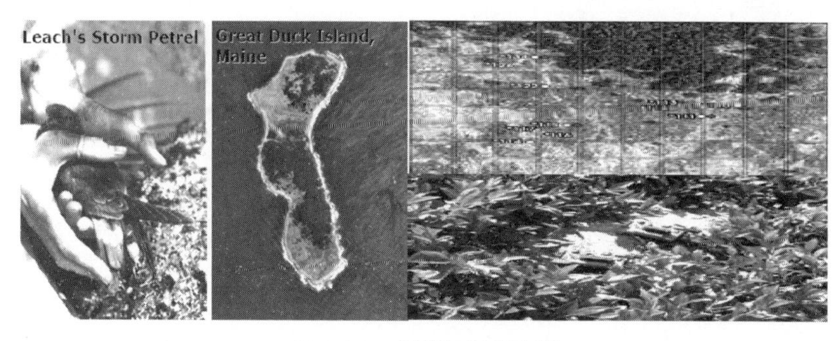

图 1.16 大鸭岛海燕监测

在美国 ALERT 计划中，研究人员开发了数种传感器来监测降雨量、河水水位和土壤水分，通过预定义的方式向中心数据库提供信息，依此预测暴发山洪的可能性。对于森林火灾的监测，可将传感器结点随机密布在森林。当发生火灾时，这些结点协同工作，在很短时间内将火源的具体地点、火势大小等信息传给有关部门。

2008 年 5 月 12 日我国四川省汶川地区发生强烈大地震，造成巨大人员伤亡和财产损失，让地震预测重新成为科学界乃至整个社会关注的热点。在 5 月 19 日紧急召开的“汶川特大地震发生机理及后续灾情科学分析”香山会议上，许多学者认为光纤传感器是目前最好的地震监测手段，在地震带附近建立光纤传感器网络，可以及时监测地下的异常情况，提高地震的预测水平，最大限度地避免人员伤亡和财产损失。另外，在此次地震后，鉴于我国地震监控点比较少，中国移动主动将基站贡献出来，在基站旁设置监控点，传感器收集相关信息后，通过移动通信网络传送到相关部门。

1.4.7 其他领域

在太空探索方面，借助航天器在外星体撒播一些传感器结点，实现对星球表面进行长期监测，这是目前最为经济可行的探测方案。美国国家航空与航天局实验室实施的火星探测任务，已经在佛罗里达宇航中心周围的环境监测项目中进行测试和完善。

德国研究机构利用无线传感器网络技术为足球裁判研制了一套辅助系统，以降低足球比赛中越位和进球的误判率，防止足球比赛中的误判现象。

传感器网络可用于物流和供应链的管理，监测物资的保存状态和数量。在仓库的每项存货中安置传感器结点，管理员可以方便地查询到存货的位置和数量。

在浙江温州的奶牛牧场，结合传感器网络和射频识别技术，给奶牛戴上身份标识设备，可以防止奶牛走失。

应用方面还有很多例子，如 Cisco、Intel 等都在自己的领域实现了无线传感器网络的各种应用和服务。

1.5 传感器网络的发展历史

1.5.1 计算设备的演化历史

贝尔定律指出：每10年会有一类新的计算设备诞生。计算设备整体上是朝着体积越来越小的方向发展，从最初的巨型机演变发展到小型机、工作站、PC和PDA之后，新一代的计算设备正是传感器网络结点这类微型化设备，将来还会发展到生物芯片。图1.17直观描述了计算设备的演化历史。

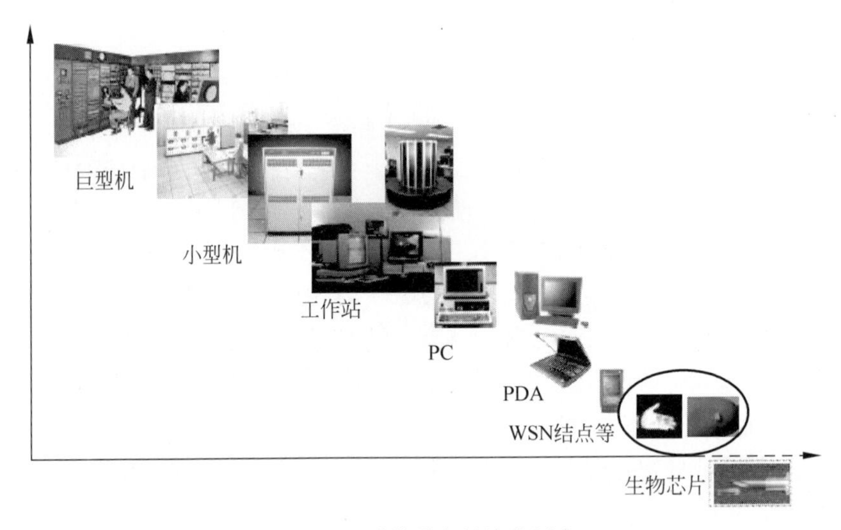

图1.17 计算设备的演化历史

传感器网络作为一门交叉学科，涉及计算机、微电子、传感器、网络、通信和信号处理等领域。从计算机学科的角度来分析，无线传感器网络在一定程度上代表了未来计算设备的发展方向。分析演化历史不难看出，计算设备整体上朝着体积越来越小的方向发展，而且人均占用量不断增高。无线传感器网络的出现与发展恰好顺应了这种演化趋势。

大量的微型传感器网络结点被嵌入到我们生活的物理世界，为实现人与自然界丰富多样的信息交互提供了技术条件。目前我们正处于PDA向下一代计算设备过渡的时期，因而WSN的意义和重要性自然不言而喻，所以它受到了学术界和工业界的普遍推崇与青睐。

1.5.2 无线传感器网络的发展过程

无线传感器网络的发展历史分为三个阶段。下面逐一介绍并分析各阶段的技术特征。

1. 第一阶段：传统的传感器系统

最早可以追溯到20世纪70年代越战时期使用的传统的传感器系统。当年美越双方在密林覆盖的“胡志明小道”进行了一场血腥较量，这条道路是北越抗美部队向南方游击队源源不断输送物资的秘密通道，美军曾经进行狂轰滥炸，但效果不大。后来，美军投放了2万多个“热带树”传感器。

所谓“热带树”实际上是由震动和声响传感器组成的系统，它由飞机投放，落地后插入泥土中，只露出伪装成热带树枝的无线电天线，因而被称为“热带树”。只要对方车队经过，传感器便探测出目标产生的震动和声响信息，自动发送到指挥中心，美机立即展开追杀，根据史料统计总共炸毁或炸坏4.6万辆卡车。

这种早期使用的传感器系统的特征在于：传感器结点只产生探测数据流，没有计算能力，并且相互之间不能通信。传统的原始传感器系统通常只能捕获单一类型的信号，进行简单的点对点通信，网络一般采用分级处理结构。

2. 第二阶段：传感器网络结点集成化

第二阶段是20世纪80年代至90年代之间。1980年美国国防部高级研究计划局(Defense Advanced Research Projects Agency，DARPA)的分布式传感器网络项目(Distributed Sensor Networks，DSN)，开启了现代传感器网络研究的先河。该项目由TCP/IP协议的发明人之一、时任DARPA信息处理技术办公室主任的Robert Kahn主持，起初设想建立低功耗传感器结点构成的网络，这些结点之间相互协作，但自主运行，将信息发送到需要它们的处理结点。就当时的技术水平来说，这绝对是一个雄心勃勃的计划。通过多所大学研究人员的努力，该项目还是在操作系统、信号处理、目标跟踪、结点实验平台等方面取得了较好的基础性成果。

在这个阶段，传感器网络的研究依旧主要在军事领域展开，成为网络中心战体系中的关键技术。比较著名的系统包括美国海军研制的协同交战能力系统(Cooperative Engagement Capability，CEC)、用于反潜作战的固定式分布系统(Fixed Distributed System，FDS)、高级配置系统(Advanced Deployment System，ADS)、远程战场传感器网络系统(Remote Battlefield Sensor System，REMBASS)、战术远程传感器系统(Tactical Remote Sensor System，TRSS)等无人值守地面传感器网络系统。

这个阶段的技术特征在于采用了现代微型化的传感器结点，这些结点可以同时具备感知能力、计算能力和通信能力。因此在1999年，《商业周刊》将传感器网络列为21世纪最具影响的21项技术之一。

3. 第三阶段：多跳自组网

第三阶段是从21世纪开始至今。美国在2001年发生了震惊世界的“9·11”事件，如何找到恐怖分子头目本·拉登成了和平世界的一道难题。由于本·拉登深藏在阿富汗山区，神出鬼没，极难发现他的踪迹。人们设想如果在本·拉登经常活动的地区大量投放各种微型探测传感器，采用无线多跳自组网方式，将发现的信息以类似接力赛的方式，传送给远在波斯湾的美国军舰。但是这种低功率的无线多跳自组网技术，在当时是不成熟的，因而向科技界提出了应用需求，由此引发了无线自组织传感器网络的研究热潮。这个阶段的传感器网络技术特点在于网络传输自组织、结点设计低功耗。

除了应用于情报部门反恐活动以外，在其他领域更是获得了很好的应用，所以2002年美国橡树岭国家重点实验室提出了“网络就是传感器”的论断。由于无线传感器网络在国际上被认为是继互联网之后的第二大网络，2003 年美国《技术评论》杂志评出对人类未来生活产生深远影响的十大新兴技术，传感器网络被列为第一。

在现代意义上的无线传感器网络研究及其应用方面，我国与发达国家几乎同步启动，它已经成为我国信息领域位居世界前列的少数方向之一。在 2006 年我国发布的《国家中长期科学与技术发展规划纲要》中，为信息技术确定了三个前沿方向，其中有两项就与传感器网络直接相关，这就是智能感知和自组网技术。

综观计算机网络技术的发展史，应用需求始终是推动和左右全球网络技术进步的动力与源泉。传感器网络可以为人类增加“耳、鼻、眼、舌”等感知能力，是扩大人类感知能力的一场革命。传感器网络是近年来国内外研究和应用的热门领域，在国民经济建设和国防军事上具有十分重要的应用价值。

1.5.3 我国的传感器网络发展情况

国际信息科学界预计，无线传感器网络领域将成为计算机、互联网与移动通信网之后信息产业新一轮竞争中的制高点，物与物的互联业务将远远超过人与人的互联业务，无线传感器网络技术也是军事技术革命的重要方向。

我国的无线传感网络及其应用研究启动较早，是我国科技领域少数位于世界前列的方向之一。中科院、清华大学等科研机构和中国移动、华为等企业都在从事这方面研究与应用。在《国家中长期科学与技术发展规划》的重大专项、优先发展主题、前沿领域等部分，传感器网络研究均位列其中。

我国参与传感器网络研究的主体也非常丰富，哈尔滨工业大学、清华大学、北京邮电大学、西北工业大学、天津大学和国防科技大学等高校在国内较早开展了传感器网络的研究。特别是目前在我国的绝大多数工科院校，都已经开展了有关传感器网络方面的研究和教学工作[17-22]。

中国移动、华为、中兴等大型企业也加入了研究行列。中国科学院、上海市科委在早期就启动研究很多传感器网络课题。中科院上海微系统与信息技术研究所还牵头组建了传感器网络产学研上海联盟，该研究所在上海、宁波等地进行了智能交通、公共安全保障、自然灾害预防方面的传感器网络应用示范，都取得了很好的效果。

陈火旺院士曾经指出：“高水平的计算机人才应具有较强的实践能力，教学与科研相结合是培养实践能力的有效途径。高水平人才的培养是通过被培养者的高水平学术成果来体现的，而高水平的学术成果主要来源于大量高水平的科研。高水平的科研还为教学活动提供了最先进的高新技术平台和创造性的工作环境，使学生得以接触最先进的计算机理论、技术和环境[23]。”

因此，在大学阶段掌握一些前沿性的知识，并辅以一定的实验、科研工作，可以很好地提高学生们的实践能力，同时加深对基础知识和关键技术的理解和掌握，为将来适应社会发展和胜任工作打下牢靠的基础。无线传感器网络就是这样一个具有前瞻性和实用性的技术领域，学习这门课程内容具有非常重要的意义。

思考题

（1）无线网络是如何分类的？
（2）什么是无线传感器网络？
（3）简述无线传感器网络与现代信息技术之间的关系。
（4）图示说明无线传感器网络的系统架构。
（5）传感器网络的终端探测结点由哪些部分组成？这些组成模块分别具有什么功能？
（6）简述传感器网络协议分层的含义。
（7）传感器网络结点的使用限制因素有哪些？
（8）传感器网络的体系结构包括哪些部分？各部分的功能分别是什么？
（9）传感器网络的结构有哪些类型？分别说明各种网络结构的特征及优缺点。
（10）分析传感器网络结点消耗电源能量的特征。
（11）计算设备的演化过程是怎样的？
（12）简述传感器网络发展历史的阶段划分和各阶段的技术特点。
（13）讨论无线传感器网络在实际生活中有哪些潜在的应用。

第2章 微型传感器的基本知识

2.1 传感器概述

2.1.1 传感器的定义和作用

传感器网络的终端探头通常代表了用户的功能需求，终端传感器技术是支撑和最大化网络应用性能的基石，为网络提供了丰富多彩的业务功能。在无线网络向自组织、泛在化和异构性方向发展的过程中，终端始终是网络互通和融合的关键。网络工作环境的复杂化、应用业务需求的多元化，对终端设备的功耗、体积、业务范围、对外接口和便携性等提出了特定要求，提高终端传感器的探测功能是无线传感器网络实用化的一个重要手段，也为网络设备产业的发展带来一场新的机遇与挑战。

随着人类活动领域扩大到太空、深海和探索自然现象过程的深化，传感器和执行器已经成为基础研究与现代技术相互融合的新领域。它们汇集和包容了许多学科的技术成果，成为人类探索自然界活动和发展社会生产力最活跃的部分之一。

什么是传感器？一般来说能够把特定的被测量信息（物理量、化学量、生物量等）按一定规律转换成某种可用信号（电信号、光信号等）的器件或装置，称为传感器。

传感器是生物体感官的工程模拟物；反过来，生物体的感官又可以看作是天然的传感器。随着数字化和信息技术与机械装置的融合，传感器和执行器已经开始实现数据共享、控制功能和控制参数协调一体化，并通过现场总线与外部连接。随着基础自动化控制功能的重新分配，许多计算机控制功能下放到传感器和执行器中完成，如参数检测、控制、诊断和维护管理等。

传感器和执行器的发展趋势是向集成化、微型化、智能化、网络化和复合多功能化的方向发展，主要是利用纳米技术、新型压电与陶瓷材料等新原理和新材料，研发航天、深海和基因工程领域的感知系统和执行系统。

在工业领域，具有现场总线功能的传感器（变送器）和执行器，在提供测量参数信息的同时，一般还能提供器件的状态信息，配合专用软件增强自诊断能力。随着利用数字化技术、信息技术改造传统产业和光机电一体化进程的加速，我国对新型高性价比的传感器和执行器的研发与应用前景将更加广阔。

在现代社会信息流中，传感器作为信息源头的重要地位日益显现出来。传感器和执行器技术是利用各种功能材料实现信息检测和输出的应用技术，其中传感器与现代通信技术、计算机技术并列为现代信息产业的三大支柱，是现代测量技术、自动化技术的重要基础。

传感器的作用类似于人的感觉器官，是实现测试与控制的首要环节。例如，美国阿波罗10号共用了3295个传感器。在2001年1月和7月，美国的国家导弹防御系统计划分别进行了两次实验，均因传感器发生故障，使每次耗资9000万美元的试验以失败告终。2005年7月13日，"发现号"航天飞机外挂燃料箱上的4个引擎控制传感器之一发生了故障，直接导致原发射计划的推迟，使得本已一波三折的美国重返太空计划再次出现波折。可见，没有高保真和性能可靠的传感器对原始信息进行准确可靠的捕获与转换，通信技术和计算机技术也就成了无源之水，一切准确的测试和控制将无法实现。

2.1.2 传感器的组成

传感器一般由敏感元件、转换元件和基本转换电路组成，如图2.1所示。敏感元件是传感器中能感受或响应被测量的部分；转换元件是将敏感元件感受或响应的被测量转换成适于传输或测量的信号(一般指电信号)的部分；基本转换电路可以对获得的微弱电信号进行放大、运算调制等。另外，基本转换电路工作时必须有辅助电源。

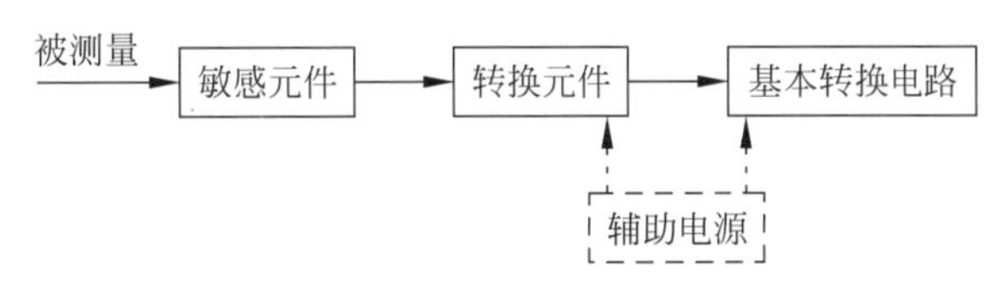

图2.1　传感器的组成结构

随着半导体器件与集成技术在传感器中的应用，传感器的基本转换电路可安装在传感器壳体里或与敏感元件一起集成在同一芯片上，构成集成传感器，如ADI公司生产的AD22100型模拟集成温度传感器[24]。

传感器接口技术是非常实用和重要的技术。各种物理量用传感器将其变成电信号，经由诸如放大、滤波、干扰抑制、多路转换等信号检测和预处理电路，将模拟量的电压或电流送A/D转换，变成数字量，供计算机或者微处理器处理。图2.2所示为传感器采集接口的框图。

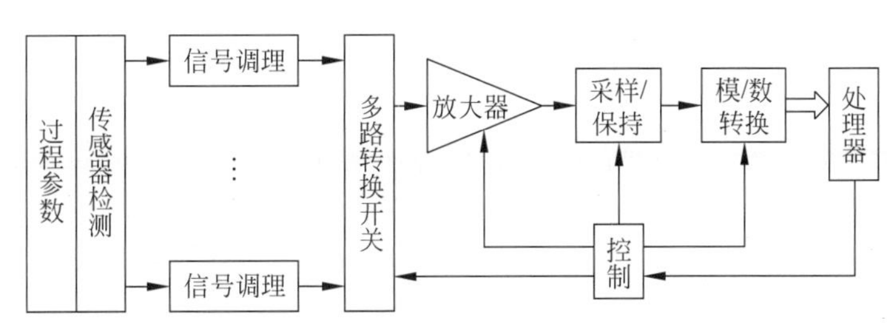

图2.2　传感器采集接口的框图

2.1.3 传感器的分类

传感器技术是一门知识密集型技术，它与很多学科有关。传感器用途纷繁、原理各异、形式多样，它的分类方法也很多[25]。

按被测量与输出电量的转换原理划分，可分为能量转换型和能量控制型两大类。能量转换型传感器直接将被测对象（如机械量）的输入转换成电能，属于这种类型的传感器包括压电式传感器、磁电式传感器、热电偶传感器等。能量控制型传感器直接将被测量转换成电参量（如电阻等），依靠外部辅助电源才能工作，并且由被测量控制外部供给能量的变化，属于这种类型的传感器包括电阻式、电感式、电容式等。例如，电阻式传感器将被测量的变化转换成应变片电阻值的变化，应变片作为电阻元件接到电桥电路，电桥工作能源由外部供给，应变片电阻值的变化控制电桥的失衡程度，从而导致测量电路的输出量发生变化。

在光机电一体化领域，传感器按被测参数分类如下：尺寸与形状、位置、温度、速度、力、振动、加速度、流量、湿度、黏度、颜色、照度和视觉图像等非电量传感器。

传感器按测量原理分类，主要有物理和化学原理，包括电参量式、磁电式、磁致伸缩式、压电式和半导体式等。

按被测量的性质不同划分为位移传感器、力传感器、温度传感器等。

按输出信号的性质可分为开关型（二值型）、数字型、模拟型。数字式传感器能把被测的模拟量直接转换成数字量，它的特点是抗干扰能力强、稳定性好、易于微机接口、便于信号处理和实现自动化测量。

2.2 常见传感器的类型介绍

2.2.1 能量控制型传感器

能量控制型传感器将被测非电量转换成电参量，在工作过程中不能起换能作用，需从外部供给辅助能源使其工作，所以又称作无源传感器。电阻式、电容式、电感式传感器均属这一类型。

电阻式传感器是将被测非电量变化转换成电阻变化的一种传感器。由于它结构简单、易于制造、价格便宜、性能稳定、输出功率大，在检测系统中得到了广泛的应用。

电容式传感器是将被测量（如位移、压力等）的变化转换成电容量变化的一种传感器。这种传感器具有零漂小、结构简单、动态响应快、易实现非接触测量等一系列优点。电容式传感器广泛应用于位移、振动、角度、加速度等机械量的精密测量，且逐步应用在压力、压差、液面、料面、成分含量等方面的测量。

电感式传感器建立在电磁感应基础上，利用线圈电感或互感的改变实现非电量电测量，可用来测量位移、压力、振动等参数。电感传感器的类型很多，根据转换原理不同，可分为自感式、互感式、电涡流式和压磁式等。

2.2.2 能量转换型传感器

能量转换型传感器感受外界机械量变化后，输出电压、电流或电荷量。它可以直接输出或放大后输出信号，传感器本身相当于一个电压源或电流源，因而这种传感器又叫作有源传感器。压电式、磁电式和热电式传感器等均属这一类型。

压电式传感器的工作原理是基于某些电介质材料的压电特性，是典型的有源传感器。它具有体积小、重量轻、工作频带宽等优点，广泛用于各种动态力、机械冲击与振动的测量。

磁电式传感器也称为电磁感应传感器，是基于电磁感应原理，将运动转换成线圈中的感应电动势的传感器。这种传感器灵敏度高，输出功率大，因而大大简化了测量电路的设计，在振动和转速测量中得到广泛的应用。

热电式传感器是利用转换元件电磁参量随温度变化的特性，对温度和与温度有关的参量进行检测的装置。其中将温度变化转换为电阻变化的称为热电阻传感器；将温度变化转换为热电势变化的称为热电偶传感器。热电阻传感器可分为金属热电阻式和半导体热电阻式两大类，前者简称热电阻，后者简称热敏电阻。热电式传感器最直接的应用是测量温度，其他应用包括测量管道流量、热电式继电器、气体成分分析仪、金属材质鉴别仪等。

2.2.3 光敏传感器

光敏传感器是一种感应光线强弱的传感器。当感应到光强度不同时，光敏探头内的电阻值就会有变化。常见的光敏传感器有光电式传感器、色敏传感器、CCD 图像传感器和红外/热释电式光敏器件等。将光量转换为电量的器件称为光电传感器或光电元件。光电式传感器的工作原理是：光电式传感器通常先将被测机械量的变化转换成光量的变化，再利用光电效应将光量变化转换成电量的变化。光电式传感器的核心是光电器件，光电器件的基础是光电效应。光电效应有外光电效应、内光电效应和光生伏特效应。

色敏传感器是检测白色光中含有固定波长范围光的一种传感器，主要有半导体色敏传感器和非晶硅色敏传感器两种类型。

图像传感器是一种集成性半导体光敏传感器，它以电荷转移器件为核心，包括光电信号转换、传输和处理等部分。由于具有体积小、重量轻、结构简单和功耗低等优点，使得该传感器不仅在传真、文字识别、图像识别领域广泛应用，而且在现代测控技术中可以用于检测物体的有无、形状、尺寸、位置等。

许多非电量能够影响和改变红外光的特性，利用红外光敏器检测的红外光的变化，就可以确定出这个待测非电量。红外光敏器件按照工作原理大体可以分为热型和量子型两类。热释电红外传感器是近二十年才发展起来的，现已广泛应用于军事侦察、资源探测、保安防盗、火灾报警、温度检测、自动控制等众多领域。

2.2.4 气、湿敏传感器

气敏传感器是一种能将检测到的气体成分和浓度转换为电信号的传感器。自从1968年日本实现半导体气敏传感器商品化以来，它在工农业生产、环保、灾害预测、家用电器等领域得到越来越广泛的应用。利用某些物质的物理化学性质受气体作用后发生变化的气体传感器类型很多，工程中应用最为广泛的是半导体气敏传感器。半导体气敏传感器广泛应用于可燃性气体的探测与报警，以预测灾害性事故的发生。

测量湿度的传感器种类很多，传统的有毛发湿度计、干湿球湿度计等，后来发展的有中子水分仪、微波水分仪，但这些都不能与现代电子技术相结合。20世纪60年代发展起来的半导体湿度传感器，尤其是金属氧化物半导体湿敏元件能够很好地满足上述要求。金属氧化物半导体陶瓷材料是多孔状的多晶体，具有较好的热稳定性和抗污的特点，因而在目前湿度传感器的生产和应用中占有很重要的地位。

2.2.5 集成与智能传感器

集成传感器是将敏感元件、测量电路和各种补偿元件等集成在一块芯片上，具有体积小、重量轻、功能强和性能好的特点。目前广泛应用的集成传感器有集成温度传感器、集成压力传感器、集成霍尔传感器等。若将几种不同的敏感元件集成在一个芯片上，可以制成多功能传感器，可同时测量多种参数。

智能传感器(smart sensor)是在集成传感器的基础上发展起来的，是一种装有微处理器的、能够进行信息处理和信息存储以及逻辑分析判断的传感器系统。智能传感器利用集成或混合集成的方式将传感器、信号处理电路和微处理器集成为一个整体。

智能传感器是20世纪80年代末由美国宇航局在宇宙飞船开发过程中产生的。宇航员的生活环境需要有检测湿度、气压、空气成分和微量气体的传感器，宇宙飞船需要有检测速度、加速度、位移、位置和姿态的传感器，要使这些大量的观测数据不丢失，并降低成本，必须有能实现传感器与计算机一体化的智能传感器。

智能传感器与传统传感器相比，具有如下几个特点：

(1) 具有自动调零和自动校准功能。

(2) 具有判断和信息处理功能，对测量值进行各种修正和误差补偿。它利用微处理器的运算能力，编制适当的处理程序，可完成线性化求平均值等数据处理工作。另外，它可根据工作条件的变化，按照一定的公式自动计算出修正值，提高测量的准确度。

(3) 实现多参数综合测量。通过多路转换器和A/D转换器的结合，在程序控制下，任意选择不同参数的测量通道，扩大了测量和使用范围。

(4) 自动诊断故障。在微处理器的控制下，它能对仪表电路进行故障诊断，并自动显示故障部位。

(5) 具有数字通信接口，便于与计算机联机。

智能传感器系统可以由几块相互独立的模块电路与传感器装在同一壳体里，也可以把传感器、信号调理电路和微处理器集成在同一芯片上，还可以采用与制造集成电路同样的化学加工工艺，将微小的机械结构放入芯片，使它具有传感器、执行器或机械结构的功能。例如，将半导体力敏元件、电桥线路、前置放大器、A/D转换器、微处理器、接口电路、存储器等分别分层地集成在一块硅片上，就构成了一体化集成的智能压力传感器。

2.3　传感器的一般特性和选型

2.3.1　传感器的一般特性

传感器的正确选用是保证不失真测量的首要环节，因而在选用传感器之前，掌握传感器的基本特性是必要的。下面介绍传感器的性能指标参数和合理选用传感器的注意事项。

1. 灵敏度

传感器的灵敏度高，意味着传感器能感应微弱的变化量，即被测量有一微小变化时，传感器就会有较大的输出。但是，在选择传感器时要注意合理性，因为一般来讲，传感器的灵敏度越高，测量范围往往越窄，稳定性会越差。

传感器的灵敏度指传感器达到稳定工作状态时，输出变化量与引起变化的输入变化量之比，即

$$k = \text{输出变化量} / \text{输入变化量} = \Delta Y / \Delta X = \mathrm{d}y / \mathrm{d}x \tag{2.1}$$

线性传感器的校准曲线的斜率就是静态灵敏度；对于非线性传感器的灵敏度，它的数值是最小二乘法求出的拟合直线的斜率。

2. 响应特性

传感器的动态性能是指传感器对于随时间变化的输入量的响应特性。它是传感器的输出值能真实再现变化着的输入量的能力反映，即传感器的输出信号和输入信号随时间的变化曲线希望一致或相近。

传感器的响应特性良好，意味着传感器在所测的频率范围内满足不失真测量的条件。另外，实际传感器的响应过程总有一定的延迟，但希望延迟的时间越小越好。

一般来讲，利用光电效应、压电效应等物理特性的传感器，响应时间短，工作频率范围宽。对于结构型传感器，如电感和电容传感器等，由于受到结构特性的影响，往往由于机械系统惯性质量的限制，它们的响应时间要长些、固有频率要低些。

在动态测量中，传感器的响应特性对测试结果有直接影响，应充分考虑被测量的变化特点（如稳态、瞬态、随机）来选用传感器。

3. 线性范围

任何传感器都有一定的线性范围，在线性范围内它的输出与输入呈线性关系。线性范围越宽，则表明传感器的工作量程越大。

传感器工作在线性范围内，是保证测量精确度的基本条件。例如，机械式传感器中的弹

性元件,它的材料弹性极限是决定测力量程的基本因素。当超过弹性极限时,传感器就将产生非线性误差。

任何传感器很难保证做到绝对的线性,在某些情况下,在许可限度内也可以在近似线性区域内使用。例如,变间隙的电容、电感传感器,均采用在初始间隙附近的近似线性区工作。在这种情况下选用传感器时,必须考虑被测量的变化范围,保证传感器的非线性误差在允许范围内。

传感器的静态特性是在静态标准条件下,利用一定等级的标准设备,对传感器进行往复循环测试,得到输入输出特性列表或曲线。人们通常希望这个特性曲线是线性的,这样会对标定和数据处理带来方便。但实际的输出与输入特性只能接近线性,对比理论直线有偏差,如图2.3所示。

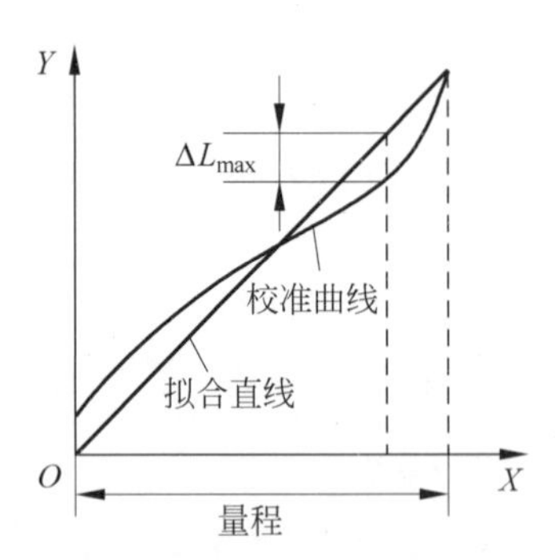

图2.3 传感器线性度示意图

所谓线性度是指传感器的实际输入输出曲线(校准曲线)与拟合直线之间的吻合(偏离)程度。选定拟合直线的过程,就是传感器的线性化过程。实际曲线与它的两个端尖连线(称为理论直线)之间的偏差称为传感器的非线性误差。取其中最大值与输出满度值之比作为评价线性度(或非线性误差)的指标,如式(2.2)所示。

$$e_L = \frac{\Delta L_{\max}}{y_{FS}} \times 100\% \tag{2.2}$$

式中 e_L 为线性度(非线性误差),$\Delta L_{\max}$ 为校准曲线与拟合直线间的最大差值,y_{FS} 为满量程输出值。

4. 稳定性

稳定性表示传感器经过长期使用之后,输出特性不发生变化的性能。影响传感器稳定性的因素是时间与环境。

为了保证稳定性,在选定传感器之前,应对使用环境进行调查,以选择合适类型的传感器。例如电阻应变式传感器,湿度会影响到它的绝缘性,温度会影响零漂;光电传感器的感光表面有尘埃或水汽时,会改变感光性能,带来测量误差。

当要求传感器在比较恶劣的环境下工作时,这时传感器的选用必须优先考虑稳定性。

5. 重复性

重复性是指在同一工作条件下,输入量按同一方向在全测量范围内连续变化多次所得特征曲线的不一致性,在数值上用各测量值正反行程标准偏差最大值的两倍或三倍于满量程 y_{FS} 的百分比来表示,如式(2.4)所示。

$$\delta = \frac{\sqrt{\sum_{i=1}^{n} (Y_i - \bar{Y})^2}}{n-1} \tag{2.3}$$

$$\delta_k = \pm \frac{(2 \sim 3)\delta}{y_{FS}} \times 100\% \tag{2.4}$$

式中 δ 为标准偏差，Y_i 为测量值，$\bar{Y}$ 为测量值的算术平均值。

6. 漂移

在传感器内部因素或外界干扰的情况下，传感器的输出变化称为漂移。当输入状态为零时的漂移称为零点漂移。传感器无输入（或某一输入值不变）时，每隔一段时间进行读数，其输出偏离零值（或原指示值）。

$$零漂 = \frac{\Delta Y_0}{y_{FS}} \times 100\% \tag{2.5}$$

式中 ΔY_0 为最大零点偏差（或相应偏差）。

在其他因素不变的情况下，输出随着时间的变化产生的漂移称为时间漂移。随着温度变化产生的漂移称为温度漂移，它表示当温度变化时，传感器输出值的偏离程度。一般以温度变化 1℃时，输出的最大偏差与满量程的百分比来表示。

7. 精度

传感器精度指测量结果的可靠程度，它以给定的准确度来表示重复某个读数的能力，其误差越小则传感器精度越高。传感器的精度表示为传感器在规定条件下，允许的最大绝对误差相对传感器满量程输出的百分数。

$$精度 = \frac{\Delta A}{y_{FS}} \times 100\% \tag{2.6}$$

式中 ΔA 为测量范围内允许的最大绝对误差。

精度表示测量结果和“真值”的靠近程度，一般采用校验或标定的方法来确定，此时“真值”则依靠其他更精确的仪器或工作基准来给出。国家标准中规定了传感器和测试仪表的精度等级，如电工仪表精度分 7 级，分别是 0.1、0.2、0.5、1.0、1.5、2.5、5 级。精度等级的确定方法是首先算出绝对误差与输出满度量程之比的百分数，然后靠近比其低的国家标准等级值即为该仪器的精度等级。

8. 分辨率(力)

分辨力是指能检测出的输入量的最小变化量，即传感器能检测到的最小输入增量。在输入零点附近的分辨力称为阈值，即产生可测输出变化量时的最小输入量值。如图 2.4 所示，图 2.4(a)为非线性，图 2.4(b)为线性输出结果，其中的 X_0 均表示可以开始检测的最小输出值。数字式传感器一般用分辨率表示，分辨率是指分辨力/满量程输入值。

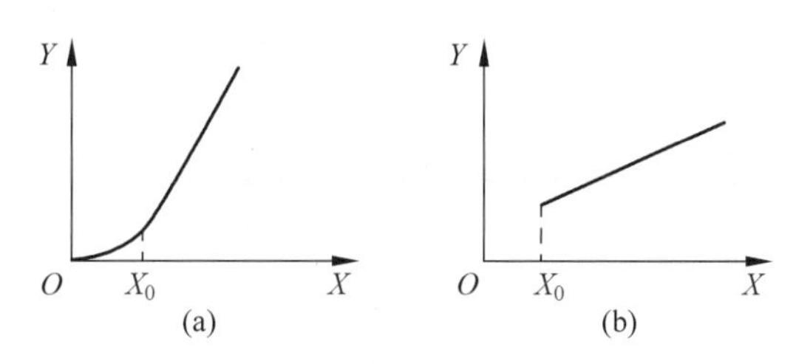

图 2.4 传感器输出的阈值示例

9. 迟滞

迟滞是指在相同工作条件下进行全测量范围校准时，在同一次校准中对应同一输入量的正行程和反行程间的最大偏差。它表示传感器在正（输入量增大）、反（输入量减小）行程中输入输出特性曲线的不重合程度，数值用最大偏差（ΔA_{max}）或最大偏差的一半与满量程输出值的百分比来表示，它们分别表示如下：

$$\delta_H = \pm \frac{\Delta A_{max}}{y_{FS}} \times 100\% \tag{2.7}$$

$$\delta_H = \pm \frac{\Delta A_{max}}{2 \times y_{FS}} \times 100\% \tag{2.8}$$

2.3.2 传感器选型的原则

现代传感器在原理和结构上千差万别，如何根据具体的测量目的、测量对象和测量环境合理选用传感器，是在进行某个量的测量时首先要解决的问题。当传感器的型号确定之后，与之相对应的测量方法和设备也就可以确定了。测量结果的成败，在很大程度上取决于传感器的选用是否合理。以下选型原则是通常需要重点考虑的事项。

1. 测量对象与环境

要进行某项具体的测量工作，首先考虑采用何种原理的传感器，这需要分析多方面的因素之后才能确定。因为即使是测量同一物理量，也有多种原理的传感器可供选用，究竟哪种原理的传感器更为合适，则需要根据被测量的特点和传感器的使用条件考虑以下问题：量程的大小，被测位置对传感器体积的要求，测量方式为接触式还是非接触式，信号的输出方法为有线或非接触测量，传感器的来源是国产还是进口，价格能否承受，是否自行研制。

在考虑上述问题之后，就能确定选用何种类型的传感器，然后再考虑传感器的具体性能指标以及它的具体型号。

2. 灵敏度

通常在传感器的线性范围内，希望传感器的灵敏度越高越好。因为只有灵敏度高时，与被测量变化对应的输出信号的值会比较大，这有利于信号处理。但传感器的灵敏度较高时，与被测量无关的外界噪声也容易混入，也会被放大系统放大，从而影响测量精度。因此，选用传感器本身应具有较高的信噪比，尽量减少从外界引入干扰信号。

传感器的灵敏度是有方向性的。当被测量是单向量，而且对方向性要求较高时，应选择在其他方向上灵敏度小的传感器；如果被测量是多维向量，则要求传感器的交叉灵敏度越小越好。

3. 频率响应特性

传感器的频率响应特性决定了被测量的频率范围，必须在允许频率范围内保持不失真的测量条件，实际上传感器的响应时间总有一定的延迟，通常希望延迟时间越短越好。

传感器的频率响应越高，则可测的信号频率范围就越宽。由于受到结构特性的影响，机械系统的惯性较大，因而传感器频率低，则可测信号的频率就较低。在动态测量中，应根据信号的特点，以免产生过大的误差。

4. 线性范围

传感器的线件范围是指输出与输入成线性的范围。理论上在此范围内，灵敏度保持定值。传感器的线性范围越宽，则它的量程就越大，并且能保证一定的测量精度。在选择传感器时，当传感器的种类确定以后首先要看它的量程是否满足要求。

但在实际上，任何传感器都不能保证绝对的线性，它的线性度也是相对的。当所要求的测量精度比较低时，在一定的范围内可将非线性误差较小的传感器近似看作是线性的，这会给测量工作带来很大的方便。

5. 稳定性

传感器在使用一段时间后，它的稳定性会受到影响。影响传感器长期稳定性的因素除传感器本身的结构以外，还包括传感器的使用环境。因此，要使传感器具有良好的稳定性，需要有较强的环境适应能力。

在选择传感器之前，应对它的使用环境进行调查，并根据具体的使用环境选择合适的传感器，或采取适当的措施，减小环境的影响。

传感器的稳定性有定量指标，在超过使用期之后，在使用前应重新进行标定，以确定传感器的性能是否发生变化。

在某些要求传感器能长期使用而又不能轻易更换或标定的场合，所选用的传感器的稳定性要求更严格，要能够经受住长时间使用的考验。

6. 精度

精度是传感器的一个重要的性能指标，它是关系到整个测量系统测量准确程度的一个环节。传感器的精度越高，它的价格就越昂贵。因此，传感器的精度只要满足整个测量系统的精度要求就可以了，不必过高。这样可以在满足同一测量目的的诸多传感器中，选择比较便宜和简单的传感器。

如果测量目的是定性分析，选用相对精度高的传感器即可，不宜选用绝对量值精度高的传感器；如果是为了定量分析，必须获得精确的测量值，就要选用精度等级能满足要求的传感器。

对某些特殊的使用场合，无法选择到适宜的传感器时，则需自行设计制造传感器，或者委托其他单位加工制作。

2.4 微型传感器应用示例

这里以磁阻传感器为例，介绍微型传感器的探测原理和应用方法。

2.4.1 磁阻传感器简介

磁性传感器通常又称为磁力计，它的使用特点在于测量磁场并不是主要目的，通常能够同时探测获得其他参数，如车轮速度、磁迹、车辆出现和运动方向等。这些非直接测量的属性只能通过磁场的变化和扰动来间接获得，如图 2.5 所示。而传统传感器如温度、压力、应力和光电传感器，能将待确定的参数直接转换成电压或电流输出值。磁阻传感器是根据磁阻效应原理设计的一种磁性传感器。

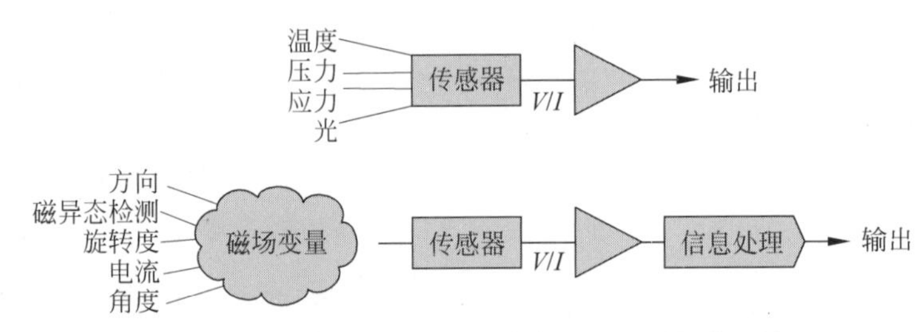

图 2.5　磁阻传感器与其他传感器的探测方式比较

使用磁性传感器探测方向、角度或电流值，只能间接测定这些数值，原因在于这些属性变量必须对相应的磁场产生变化。例如，齿轮齿经过永久磁铁、铁质物体在地磁场移动等，都会导致磁场变化。一旦磁性传感器检测出场强变化，则采用一些信号处理方法，将传感器信号转换成需要的参数值，这是磁性传感器的很多应用必须处理的步骤。掌握这些场强变化的性质及其作用，可以获得属性参数的较高精度，提高探测的可靠性。

磁性传感器按照所感测的磁场范围不同，可分为三类：低磁场、中磁场和高磁场。检测低于 0.1μT 磁场的传感器定义为低磁场传感器，检测从 0.1μT 到 1mT 磁场的传感器定义为地球磁场传感器，检测高于 1mT 磁场的传感器定义为附加磁场传感器。图 2.6 所示为各种技术的磁检测传感器和相应检测磁场的范围。地球的磁感应强度大约为 0.05～0.06mT，中场传感器的磁场量程与地磁场范围相接近。

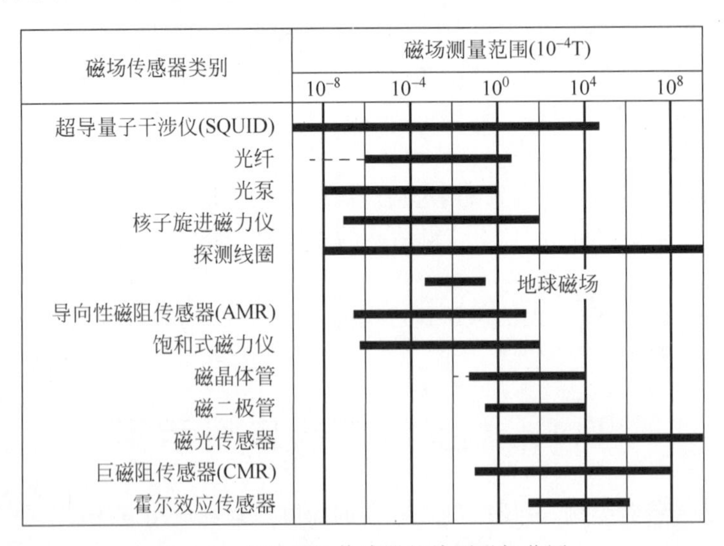

图 2.6　各种磁性传感器的检测磁场范围

这里侧重讨论各向异性磁阻(Anisotropic Magneto Resistive，AMR)传感器，它属于磁性传感器中的一种，工作量程在地磁场范围内。磁阻传感器可以准确检测出地球磁场 1/12 000 的强度和方向的变化。它采用薄膜工艺，通过在硅片上沉积一层镍铁合金，然后刻蚀形成电阻带，一般在硅基底上会刻蚀出四个电阻带，把它们连接起来形成惠斯通电桥（如图 2.7 所示），测量外部地球磁场的强度和方向。

如果向 AMR 惠斯通电桥的桥路施加一个正向磁场，则 Vb 与 Out＋之间和 Out－与 GND 之间的电阻值会减小，而另外两个臂上的阻值则增加。结果 Out＋的电压高于 Vb/2，而 Out－的电压低于 Vb/2，输出一个与外部磁场强度相关的差分电压。

通常磁阻传感器的灵敏度是 1mV/(V·Gs)，如果桥路的参考电压是 5V，并且假设有 0.5Gs 的磁场激励，则磁阻传感器输出 2.5mV 的差分电压。由于电压很小，因而在送入模数转换器之前，需要一级放大电路（如图 2.8 所示），同时变差分信号为单端信号。

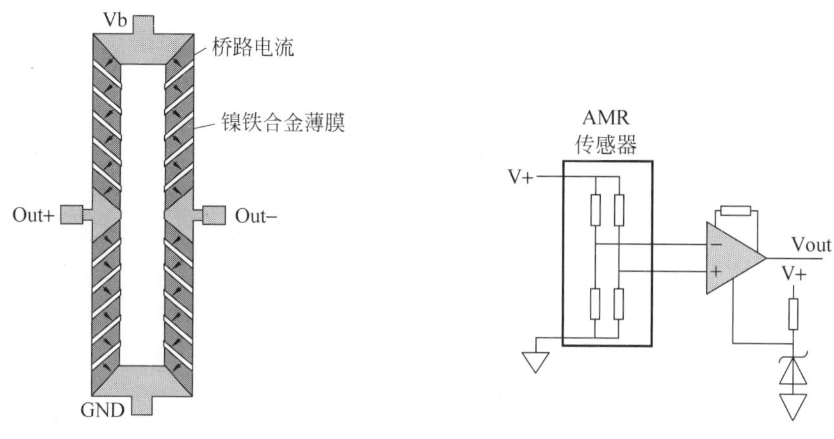

图 2.7　AMR 惠斯通电桥　　图 2.8　磁阻传感器的接口

电桥的阻值在 1000Ω 左右，并且四个臂上的微带阻值可以利用激光修阻技术精确地匹配在 1Ω 范围内。另外，此类传感器的带宽范围为 1～5MHz，响应速度极快，最低可以保证行驶速度为 400km/h 的车辆，在每 0.1mm 的行程上采样一次，满足车辆探测的应用绰绰有余。磁阻传感器的典型优点在于它可利用硅片大量制造，组装成商业集成插件，能够与其他电路系统进行流水线式生产装配。

磁阻传感器的特征在于当探测出磁场发生变化时，它会产生一个阻抗变化值，因而也就有了磁阻这一概念，阻抗变化的同时会改变电压输出值。磁阻传感器桥路灵敏度的单位通常表示为 mV/(V·Oe)(1Oe＝79.578A/m)，其中中间项(V)指的是桥路电压(Vb)。如果桥路电压为 5V，灵敏度为 3mV/(V·Oe)，则输出值为 15mV/Oe。

磁阻传感器的用途较多，最典型的应用是用于车辆探测，下面介绍这方面应用与开发的例子。

2.4.2　磁阻传感器用于车辆探测

1. 磁感应探测原理

运动车辆的每个部分都会产生一个可重复的对地球磁场的扰动，不管车辆向哪个方向行驶，这个特征都会被可靠地检测到。

例如，采用单轴传感器沿着向上方向的 Z 轴磁场，可用来检测车辆的存在。当传感器与车辆平行时出现峰值。在车辆距传感器 1ft(1ft=0.3048m)的情形下，可用来指示车辆的存在，通过建立合适的阈值，可以滤掉旁边车道的车辆或远距离车辆带来的干扰信号。

检测车辆存在的另一种方法是观察磁场变化，磁场大小的变化表明了对地磁场整体的干扰程度。图 2.9 显示了数值上的快速衰减，当传感器只检测单一车道的车辆，而忽略其他车道车辆的存在时，这种特点非常有用。

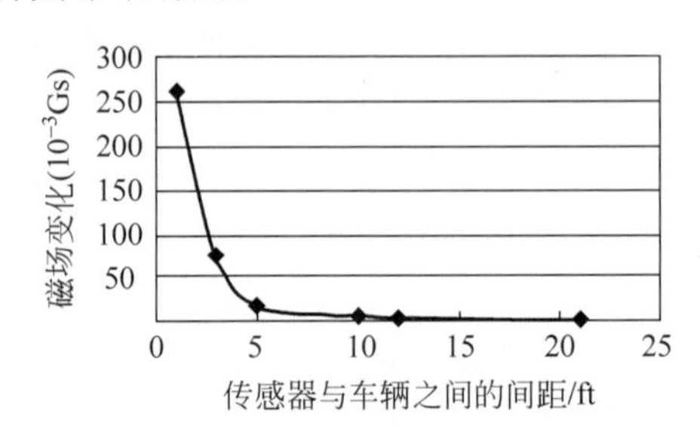

图 2.9　车辆与传感器不同距离时的磁场变化关系

2. 消磁电路设计

磁阻传感器在使用时会受到周围环境强磁场(>10Gs)的干扰后，内部的原有磁域会被扰乱，并不能自动恢复，致使传感器的灵敏度急剧下降，甚至失去感知功能（如图 2.10 所示）。因此在磁阻传感器内部本身设计了一个置位/复位带，通过足够大小的瞬间电流可以使传感器内四个臂上的镍铁导磁合金带的磁域恢复到初始状态，使传感器恢复到最高的灵敏度。设计消磁复位电路是非常必要的[26]。

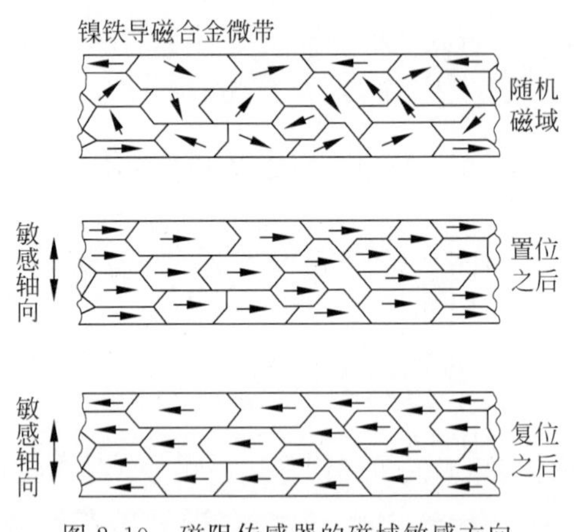

图 2.10　磁阻传感器的磁域敏感方向

现以 Honeywell 公司的低功耗 AMR 磁阻传感器 HMC1051 为例，说明消磁电路的设计，HMC1051 的置位/复位带阻的温度系数是 3.7×10^{-3}/℃。假设工作在工业温度范围 −40℃～+85℃内，带阻在+25℃下的阻值为 9.0Ω，可以计算得出阻值变化范围为 7～11Ω。

在保证磁场测量精度的前提下，考虑到无线传感器网络结点能量有限的特点，消磁电流应该在 0.5A 以上，则最少需要 5.5V 的供电电压。消磁电路本身也会有压降，系统可以设计 H 桥瞬间脉冲电流产生电路，利用 3.3V 的系统供电电压实现双倍(6.6V)放电效果。

图 2.11 所示为 H 桥置位/复位电路，通过电容 C31 放电来产生所需的消磁电流。两个对称的场效应管 IRF7509(对管)共同构成一个开关控制电路，不但体积小，而且导通电阻小，允许的瞬态电流大。SET 和 RESET 两个逻辑控制信号同时反方向改变自己的电平，使置位/复位带(Rsr)的两端也同时改变极性。因为 C32 和 C33 不能立即改变两端的电压，所以电压的改变瞬间地全部作用在 Rsr 的两端，直至 C32 和 C33 开始去存储电荷，从而产生 2 倍供电电压(6.6V)的效果。C32 和 C33 可以合并成一个 0.22μF 的电容，也可以选择采用两个 0.1μF 来实现，因为它们的等效串联电阻经过并联以后变小了，可减小电容相对于置位/复位带所带来的功耗。

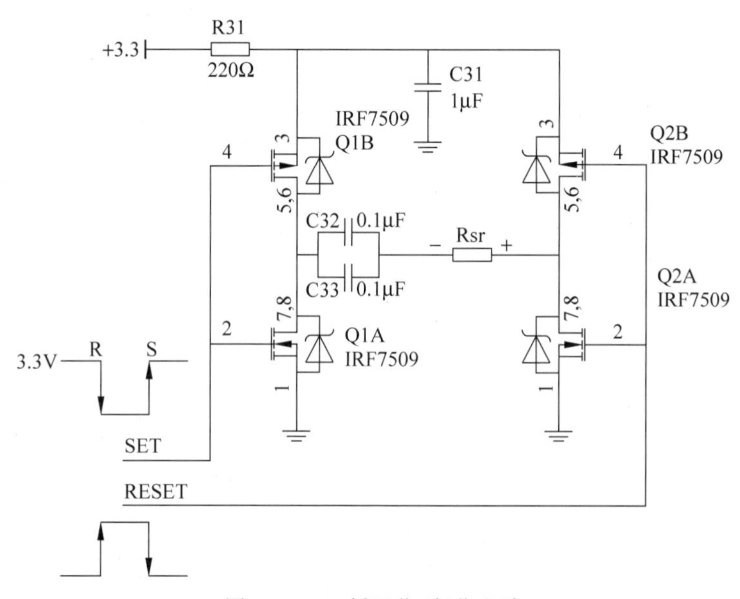

图 2.11 H 桥置位/复位电路

另外，在印制电路板(Printed Circuit Board，PCB)布局的时候，消磁电路应该离 AMR 传感器越近越好，并且电源和地的布线一定要考虑到使电子的流向顺畅，才能得到瞬态的大电流。

3. 运动车辆探测信号分析

地球的磁场在很广阔的区域内是恒定的，可以看作均匀磁场。大的铁磁物体会引起地球磁场的扰动。这些扰动在汽车发动机和车轮处尤为明显，但也取决于在车辆内部、车顶或后备厢中有没有其他铁磁物质。在道路中间和旁边放置磁阻传感器，可以探测由于车辆经过而导致的畸变磁场，从而监测运动车辆的存在，在此基础上推导车辆类型、行驶方向等交通参数。

例如，采用如图 2.12 所示的测试方法，将三轴磁场传感器测量结点安置在道路旁边，一辆汽车从 x 轴的负方向驶向 x 轴正方向，三轴磁场传感器以 64Hz 的频率采样磁场数据。我们利用 AMR 三轴磁场传感器测量车辆经过时周围磁场的变化趋势，然后和理论计算的结果比较。

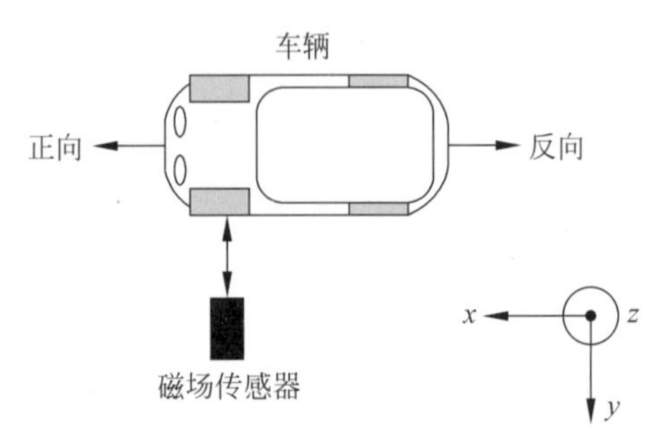

图 2.12 测试车辆产生磁场变化的试验设置

图 2.13 所示为经过理论计算和实际测量的磁场变化比较曲线图，图中的理论仿真和试验验证的磁场强度不同，这是因为在理论仿真时没有考虑车辆的铁磁特性。不过在这两种情况下的磁场变化趋势是相同的，表明理论仿真和试验验证的结果是一致的，同时表明了AMR磁阻传感器用于感测车辆的可行性。

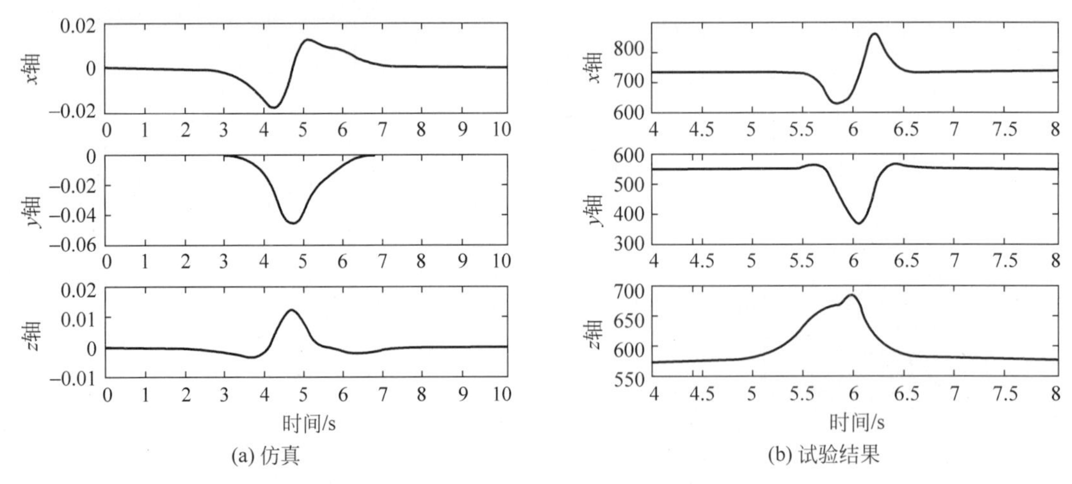

图 2.13 仿真和实际测试产生的车辆扰动磁场

4. 传感器信号漂移问题

运动车辆探测是利用磁阻传感器感知磁场数据的变化，这里有一个假定，即在没有车辆经过检测区域时，磁场的数据是稳定的。但在实际情况下地球的磁场是变化的，所以在进行车辆探测时，需要使用模拟信号处理，或者采用车辆探测算法，消除地球磁场缓慢小幅度的变化。软件算法可以通过不断更新磁场数据的基准值，保证车辆判断阈值在正确的范围。模拟信号电路可通过缓慢修正车辆探测比较信号处理中的阈值电压，来消除信号漂移。

AMR 传感器的一个重要特征是磁场数据温度变化系数较大，在夏季天气交替更换较为频繁时，这种情况表现较为明显，如图 2.14 所示。在天气转晴，周围温度升高时，磁阻传感器电桥两端电压相对于基准值会降低；在天气由晴转阴时，电桥两端的电压值相对于基准值会升高。由于存在热延迟效应，电桥两端的偏移电压变化相对于磁阻传感器的温度变化存在延迟。

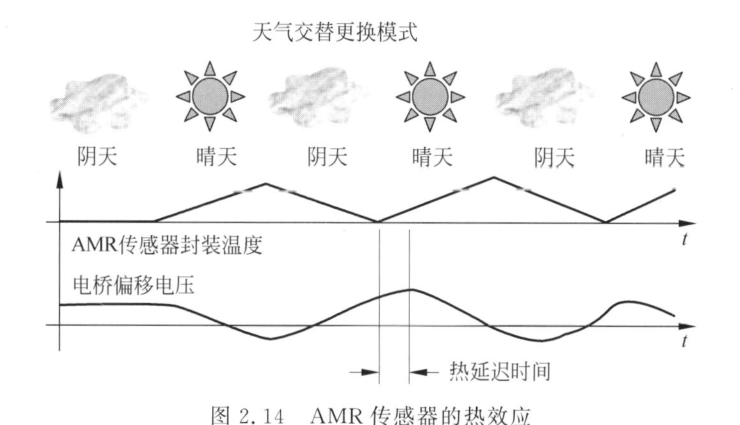

图 2.14 AMR 传感器的热效应

AMR 传感器的镍铁导磁合金薄膜随温度变化导致电桥两端的偏移电压变化，温度变化系数为$-3100\times10^{-6}℃^{-1}$，在 25℃时电桥的偏移电压为 1.5mV。当温度变化到 30℃时，电桥的偏移电压为 1.48mV，20μV 的电桥偏移电压看起来并不是个大问题。但在电桥供电电压为 3V 时，20μV 的偏移电压等效于 20mGs，而且在 AMR 传感器后端的放大器放大倍数为 200 时，5℃的温度变化导致模拟输出电压变化为 4mV。这对于车辆探测来说，造成的干扰还是较大的。

温度导致的干扰可以通过合理的散热封装设计来降低温度的影响，也可以从软硬件设计方面消除温度的影响。利用 AMR 传感器自带的置位/复位电路可以消除或减少许多影响，包括温度漂移、非线性错误、交叉轴影响和由于高磁场的存在而导致信号输出的丢失。

利用置位/复位电路可以消除温度漂移等因素的影响，但是频繁地利用电流脉冲置位和复位会消耗较多的能量，对于没有永久能量供应的无线传感器结点来说，这是不合适的。这也可以利用软件自适应算法，随时修正磁场数据的基准值，消除温度变化对 AMR 传感器的影响。

5. 磁阻信号处理

从以上分析可知，安装在无线传感器结点上的 AMR 传感器探测运动车辆是完全可行的。利用 10 位精度的 AD 去采集磁场信号，只有最后一位的传感器噪声，所以不需要额外的硬件去消除传感器噪声。利用声传感器采集的声信号具有较大的噪声，需要使用额外的硬件和复杂的信号处理算法来消除噪声，不适合使用在能量有限的无线传感器网络结点上，除非采取特殊措施。

图 2.15(a)是三轴磁阻传感器采集的原始车辆磁信号曲线。图 2.15(b)是经过均值处理算法后的磁信号曲线，可看出经过处理后的磁信号变化较为平滑，没有出现频繁的波动，有利于对车辆监测做出正确判断。

从图 2.15(a)的曲线上可看出磁阻信号频繁的波动，不利于车辆探测的正确判断，所以需要采用均值算法对原始磁阻信号进行处理，利用前 M 个原始磁信号的均值数据取代第 M 个磁阻信号，对于前 M 个磁阻信号则取前 k 个原始磁阻信号的均值，如下式所示：

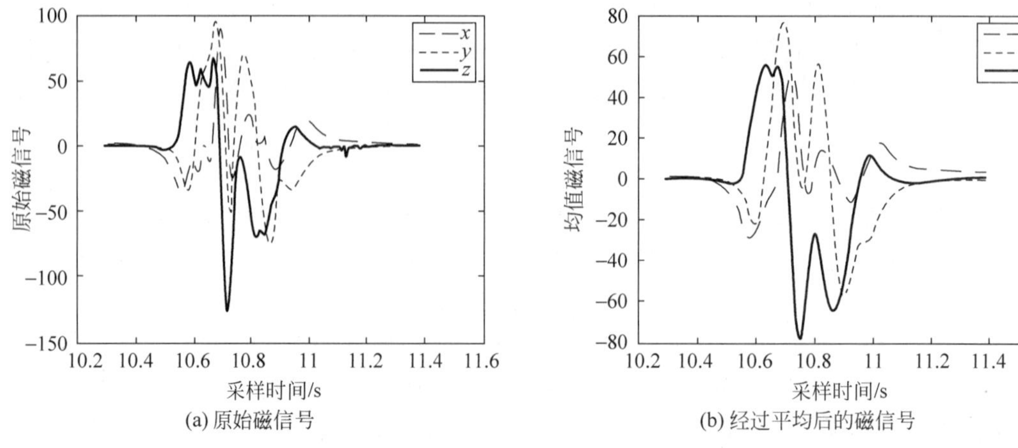

(a) 原始磁信号　　(b) 经过平均后的磁信号

图 2.15　原始磁信号和经过处理后的磁信号对比

$$a(k)=\begin{cases}\dfrac{r(k)+r(k-1)+\cdots+r(1)}{k}, & k<M\\[2ex]\dfrac{r(k)+r(k-1)+\cdots+r(k-M+1)}{M}, & k\geqslant M\end{cases}\tag{2.9}$$

6. 车辆探测算法

运动车辆探测算法需要有足够的鲁棒性，保证在不同工作环境下的车辆能被可靠探测。由于无线传感器结点的微处理器的处理能力有限，车辆探测需要的计算应尽可能简单。这里设计了适用于无线传感器结点磁阻信号的运动车辆探测算法。

为了满足无线传感器结点的微处理器数据处理能力和车辆探测的实时性要求，采用阈值检测模型来实现车辆探测。图 2.16 所示为简单的车辆扰动时测量的单轴（z 轴）产生的磁信号。如果车辆磁信号模型如图所示那样简单和理想化，那么只需采用固定的阈值检测方案就能对车辆实现实时监测。

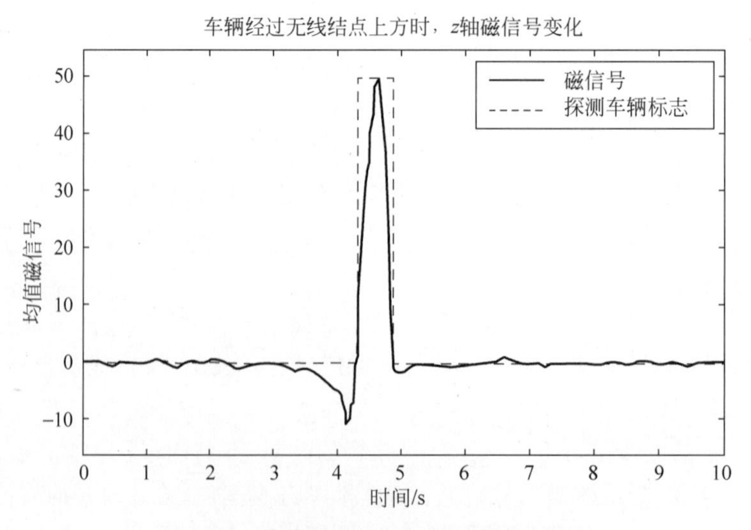

图 2.16　简单的运动车辆产生单轴磁信号

但是,现实情况是车辆磁信号的模型比该图所示的情形要复杂得多,同样也要考虑地球磁场本身的漂移,以及所采用的AMR传感器具有的较严重的温漂系数,所以需要设计一个较综合的运动车辆探测算法,算法实现的基本流程模块如图2.17所示。

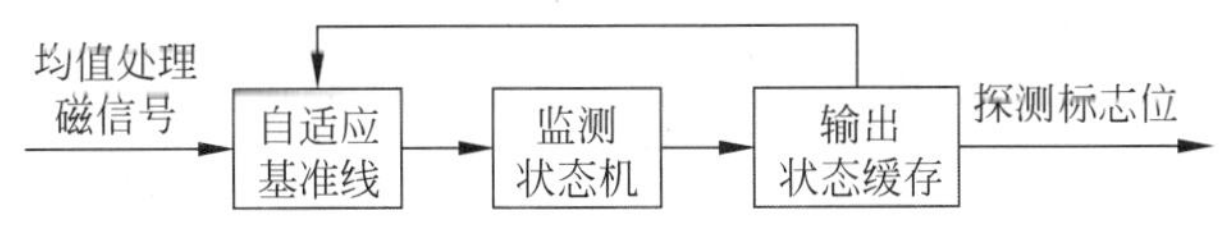

图2.17 运动车辆探测的基本流程

经过均值处理后的磁信号进入自适应基准值处理环节,此环节的设置用来消除不可控制的磁信号漂移。配置在无线结点中的AMR传感器的磁信号漂移频率大约是每分钟变化一次,而运动车辆探测所需的时间约为1s,这表明磁信号的漂移不会对车辆探测过程造成本质影响。

7. 用途

1) 探测运动车辆的出现

目前在探测地磁场即小于1Gs范围内的磁场方面,主要是采用磁阻传感器。这些传感器可探测出扰动地磁场的铁质物体,如飞机、火车和汽车等。地磁场在很大范围内(例如几千米内)呈均匀一致的磁场分布。图2.18所示为铁质物体如轿车处于运动状态时所产生的磁场干扰。

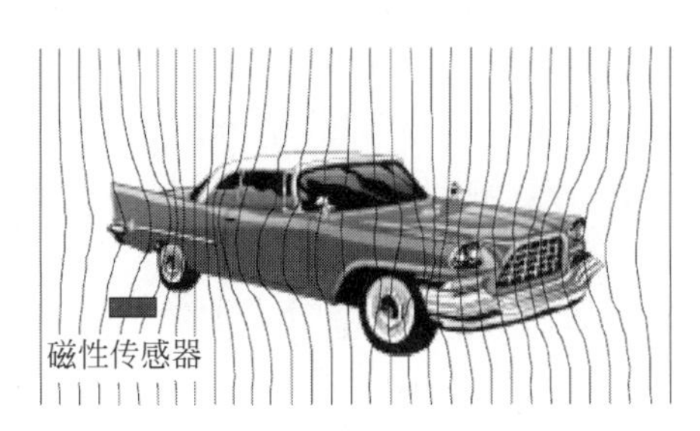

图2.18 车辆对地磁场的扰动

车辆探测有多种应用形式。单轴传感器就可以检测出车辆是否存在,感知距离是根据铁质的成分量来确定的,最大探测距离可达15m。这在停车场管理系统中很有应用价值,可以引导驾驶员选择适宜的停车位置。另外,还可以检测出通过交叉道口的火车,采用两个传感器可探测出火车的到达事件、运行方向和速度,以便多方位地提供足够的信息来管理交叉道口。

探测车辆存在的另一种方法是观察磁性变化的数量,即

$$磁性变化量=\sqrt{X^2+Y^2+Z^2} \tag{2.10}$$

磁性变化量反映了对地磁场扰动的总和,式(2.10)中的X、Y、Z分别表示空间三个轴向上的磁性变化量分量。图2.19所示为轿车经过传感器时(距离分别为1,5,10,21ft)的磁性变化实验值,表示车辆正向行驶和倒车的磁场变化量,其中横轴的时间单位为(×50)ms。

该图中所示的四条曲线形状相似,但信号强度不同,特别是距离为1ft和5ft时信号强度的差别非常大。该图所示为磁性的快速下降情况,这种磁性距离效应十分具有价值,因为当存在多条车道时,传感器必须只对某一车道内的通行车辆进行检测,可以消除相互间的干扰。

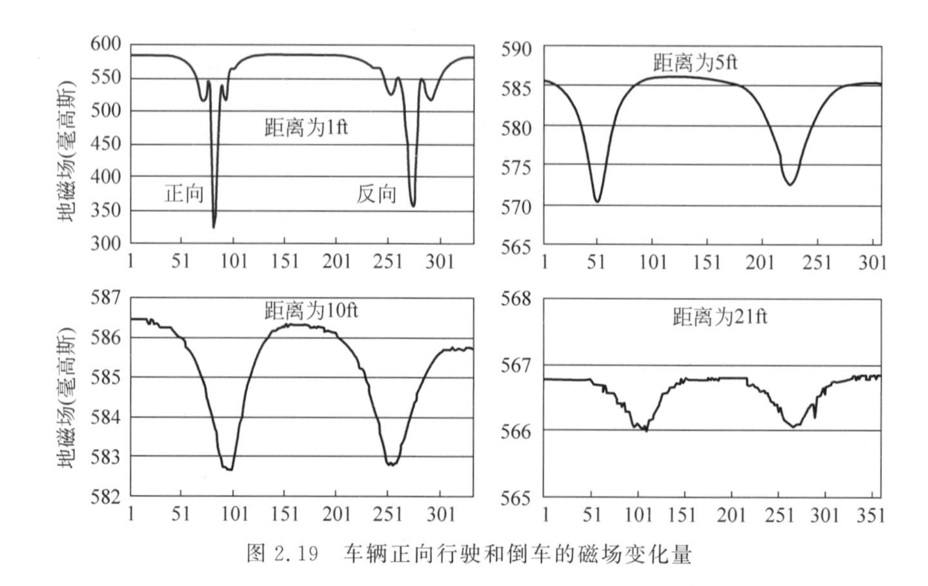

图 2.19　车辆正向行驶和倒车的磁场变化量

磁阻传感器在正常路边距离 1～4ft 范围内能够可靠工作，当有车辆经过时，观察磁场变化量可以同时确定出车辆是否出现及其行驶方向。这种方案的优点之一在于无须挖掘道路，传感器结点可以放置在铝制盒子里。

2）车辆分类

庞大的铁质物体（如汽车）的磁性扰动可以模型化为多个极性磁体的组合，这些极性磁体具有南北极方向，能改变局部的地磁场。在引擎和车身位置处最能引发地磁场扰动，在车辆内部、顶部或者车厢铁质量较多的部位也会引发扰动。最终结果是产生地磁场改变或异常，而这些现象与车辆的形状相对应（如图 2.20 所示）。这些磁性变化也称作车辆的硬铁效应或硬铁畸变。

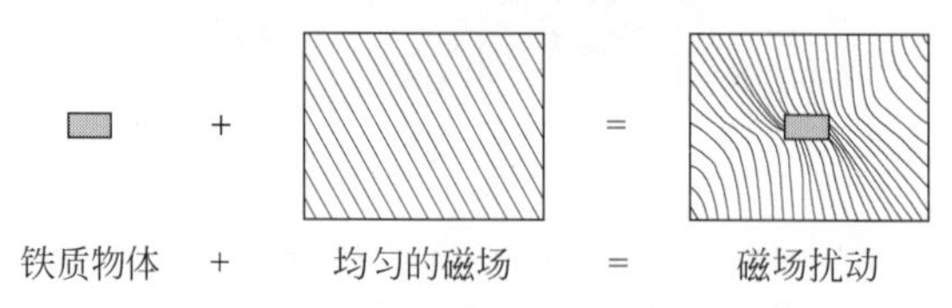

图 2.20　铁质物体对均匀磁场的扰动示例

磁性扰动可以用来对不同类型的车辆进行分类，如对轿车、运货车、卡车、公共汽车和拖车等加以区分。当车辆经过磁性传感器时，传感器探测出车辆不同部位的各种偶极矩，磁场变化量可以揭示车辆的具体磁性特征。

3）判断车辆的行进方向

将单轴传感器的轴向沿行驶方向设置，能够判定车辆的运行方向（如图 2.21 所示）。图中左边的曲线代表车辆由左向右行驶、右边的曲线代表车辆由右向左行驶时的传感器输出结果。如果没有车辆行驶经过，则传感器输出背景地磁场的数据作为初始值。当有车辆路过时，在铁质车辆的行驶方向可画出地磁场的磁通量曲线。

如果磁性传感器的量测轴线指向右方，且车辆由左向右行驶，则磁力计初始时显示磁性下降，磁通量曲线逐渐呈现下降趋势。也就是说，传感器磁性变化由初始的水平线开始下降，减小为负值。当车辆离开传感器的正对位置后，磁场恢复至初始值，然后出现一个正值

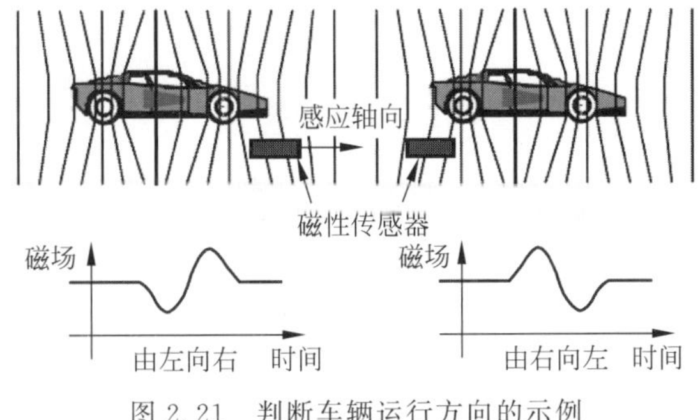

图 2.21 判断车辆运行方向的示例

的山峰曲线，最后输出曲线返回至初始数值。

如果车辆由右向左行驶，则磁通量曲线将沿纵向正轴方向先出现一个波形弯曲，使得传感器输出量高于初始值。当车辆离开传感器的正对位置后，会出现一个负的弯曲，最后磁性又恢复到初始水平。

根据车辆探测应用的需求，磁场变化量的大小和类型决定了放置传感器的方式以及与被探测物体的距离。对于车辆分类的应用来说，最好将传感器埋设在路基下；对于检测车辆是否出现及其行驶方向，可以将传感器放置在路边，保持一定的距离即可。

思考题

(1) 什么是传感器？

(2) 传感器由哪些部分组成？各部分的功能是什么？

(3) 列举传感器的几种不同分类方法。

(4) 什么是能量控制型传感器？什么是能量转换型传感器？分别举例说明。

(5) 集成传感器的特点是什么？

(6) 智能传感器具有哪些特点？

(7) 传感器的一般特性包括哪些指标？

(8) 什么是传感器的灵敏度？

(9) 什么是传感器的线性度？

(10) 如何度量传感器的重复性指标？

(11) 什么是传感器的漂移特性？它又分为哪几种？

(12) 简述传感器的精度特性及度量方法。

(13) 传感器分辨率的含义是什么？

(14) 解释传感器的迟滞特性及其度量方法。

(15) 如何进行传感器的正确选型？

(16) 分析磁阻传感器的物理特性。

(17) 简述磁阻传感器探测运动车辆的原理。

(18) 在家用电器中，有些传感器是借助敏感元件来进行测试的。试举一个事例，分析其中的传感器探测机理。

第3章 传感器网络的通信与组网技术

做到目视千里、耳听八方是人类长久的梦想，现代卫星技术的出现虽然使人们离这一目标前进了很多，但卫星高高在上，洞察全局在行，明察细微就勉为其难了。将大量的传感器结点部署到指定区域，数据通过无线电波传回监控中心，监控区域内的所有信息就会尽收观察者的眼中了。这就是人们对无线传感器网络技术应用的美好展望，它的实现依赖于可靠的数据传输方法，需要新型的网络通信技术。

通常传感器结点的通信覆盖范围只有几十米到几百米，人们要考虑如何在有限的通信能力条件下，完成探测数据的传输。无线通信是传感器网络的关键技术之一。

本章主要介绍传感器网络的通信与组网技术。通信部分位于无线传感器网络体系结构的最底层，包括物理层和 MAC 层两个子层，主要是解决如何实现数据的点到点或点到多点的传输问题，为上层组网提供通信服务，同时还需要满足传感器网络大规模、低成本、低功耗、鲁棒性等方面的要求。传感器网络的通信技术在下面分两节进行介绍，涉及物理层和 MAC 层的内容。

组网技术是通过无线传感器网络通信体系的上层协议实现的，以底层通信技术为基础，建立一个可靠且具有严格功耗预算的通信网络，向用户提供服务支持。传感器网络的组网技术包括网络层和传输层两部分内容。网络层负责数据的路由转发，传输层负责实现数据传输的服务质量保障。无线传感器网络的重要特点是网络规模大和结点携带不可更换的电源，组网技术必须依据它的下层协议，在资源消耗与网络服务性能之间进行折中，使设计方案切实可行。3.3 节主要介绍网络层的路由协议，并以定向扩散路由协议为例，阐述传感器网络路由协议设计的过程。

3.1 物理层

3.1.1 物理层概述

1. 物理层的基本概念

在计算机网络中物理层考虑的是怎样才能在连接各种计算机的传输介质上传输数据的比特流。国际标准化组织(International Organization for Standardization，ISO)对开放系统互联(Open System Interconnection，OSI)参考模型中物理层的定义如下：物理层为建立、维护和释放数据链路实体之间的二进制比特传输的物理连接，提供机械的、电气的、功能的和规程性的特性。从定义可以看出，物理层的特点是负责在物理链接上传输二进制比特流，并提供为建立、维护和释放物理链接所需要的机械、电气、功能和规程的特性。

大家知道，现有无线网络中的物理设备和传输介质的种类非常多，而通信手段也有许多不同的方式。物理层的作用正是要尽可能地屏蔽掉这些差异，使其上面的数据链路层感觉不到这些差异，这样就可以使数据链路层只需要考虑如何完成本层的协议和服务，而不必考虑具体的网络传输介质是什么。用于物理层的协议也常称为物理层规程(procedure)。

在OSI参考模型中，物理层处于最底层，是整个开放系统的基础，向下直接与物理传输介质相连接。物理层的协议是各种网络设备进行互联时必须遵守的底层协议。设立物理层的目的是实现两个网络物理设备之间的二进制比特流的透明传输。它负责在主机之间传输数据位，为在物理介质上传输的比特流建立规则，以及需要何种传送技术在传输介质上发送数据。物理层对数据链路层屏蔽物理传输介质的特性，以便对高层协议有最大的透明性，但它定义了数据链路层所使用的访问方法[27]。

物理层的主要功能如下：

(1) 为数据终端设备(Data Terminal Equipment，DTE)提供传送数据的通路。数据通路可以是一个物理介质，也可以是由多个物理介质连接而成的。一次完整的数据传输包括激活物理连接、传送数据和终止物理链接。所谓"激活物理链接"就是不管有多少物理介质参与，都需要将通信的两个数据终端设备连接起来，形成一条通路。

(2) 传输数据。物理层要形成适合传输需要的实体，为数据传输服务，保证数据能在物理层正确通过，并提供足够的带宽，以减少信道的拥塞。数据传输的方式能满足点到点、一点到多点、串行或并行、半双工或全双工、同步或异步传输的需要。

(3) 其他管理工作。物理层还负责其他一些管理工作，如信道状态评估、能量检测等。

通常具体的物理层协议是相当复杂的。这是因为物理链接的方式很多，例如可以是点到点的，也可以是多点连接或广播连接。另外，传输介质的种类也非常多，如架空明线、平衡电缆、同轴电缆、光纤、双绞线和无线信道等[28]。

通常通信所用的互连设备是指数据终端设备和数据电路终端设备(Data Circuit Terminating Equipment，DCTE)间的互连设备。将具有一定数据处理能力和发送、接收数据能力的设备称为"数据终端设备"，也称为"物理设备"，如计算机、I/O设备终端等；介于数据终端设备和传输介质之间的数据通信设备或电路连接设备，称为"数据电路终端设备"，如调制解调器等。

在物理层通信过程中，数据终端设备和数据电路终端设备之间应该既有数据信息传输，也有控制信息传输，这就需要高度协调工作，要求定制出它们之间的接口标准。这些标准就是物理接口标准。

通常物理接口标准对物理接口的四个特性进行了描述，这四个特性的内容是指[29]：

(1) 机械特性。它规定了物理链接时使用的可接插连接器的形状和尺寸、连接器中的引脚数量和排列情况等。

(2) 电气特性。它规定了在物理链接上传输二进制比特流时，线路上信号电平高低、阻抗以及阻抗匹配、传输速率与距离限制。

(3) 功能特性。它规定了物理接口上各条信号线的功能分配和确切定义。物理接口信号线一般分为数据线、控制线、定时线和地线。

(4) 规程特性。它定义了信号线进行二进制比特流传输时的一组操作过程，包括各信号线的工作规则和时序。

2. 无线通信物理层的主要技术

无线通信物理层的主要技术包括介质的选择、频段的选择、调制技术和扩频技术。

1）介质和频段选择

无线通信的介质包括电磁波和声波。电磁波是最主要的无线通信介质，而声波一般仅用于水下的无线通信。根据波长的不同，电磁波分为无线电波、微波、红外线和光波等，其中无线电波在无线网络中使用最广泛。

无线电波容易产生，可以传播很远和穿过建筑物，因而广泛用于室内或室外的无线通信。无线电波是全方向传播信号的，它能向任意方向发送无线信号，所以发射方和接收方的装置在位置上不必要求很精确的对准。

无线电波的传播特性与频率相关。如果采用较低频率，则它能轻易地通过障碍物，但电波能量随着与信号源距离 r 的增大而急剧减小。如果采用高频传输，则它趋于直线传播，且受障碍物阻挡的影响。无线电波易受发动机和其他电子设备的干扰。另外，由于无线电波的传输距离较远，用户之间的相互串扰也是需要关注的问题，所以每个国家和地区都有关于无线频率管制方面的使用授权规定。

2）调制技术

调制和解调技术是无线通信系统的关键技术之一。通常信号源的编码信息（即信源）含有直流分量和频率较低的频率分量，称为基带信号。基带信号往往不能作为传输信号，因而要将基带信号转换为相对基带频率而言频率非常高的带通信号，以便于进行信道传输。通常将带通信号称为已调信号，而基带信号称为调制信号。

调制技术通过改变高频载波的幅度、相位或频率，使其随着基带信号幅度的变化而变化。解调是将基带信号从载波中提取出来以便预定的接收者（信宿）处理和理解的过程。

调制对通信系统的有效性和可靠性有很大的影响，采用什么方法调制和解调往往在很大程度上决定着通信系统的质量。根据调制中采用的基带信号的类型，可以将调制分为模拟调制和数字调制。模拟调制是用模拟基带信号对高频载波的某一参量进行控制，使高频载波随着模拟基带信号的变化而变化。数字调制是用数字基带信号对高频载波的某一参量进行控制，使高频载波随着数字基带信号的变化而变化。目前通信系统都在由模拟制式向数字制式过渡，因此数字调制已经成为了主流的调制技术。

根据原始信号所控制参量的不同，调制分为幅度调制（Amplitude Modulation，AM）、频率调制（Frequency Modulation，FM）和相位调制（Phase Modulation，PM）。当数字调制信号为二进制矩形全占空脉冲序列时，由于该序列只存在“有电”和“无电”两种状态，因而可以采用电键控制，被称为键控信号，所以上述数字信号的调幅、调频、调相分别又被称为幅移键控（Amplitude Shift Keying，ASK）、频移键控（Frequency Shift Keying，FSK）和相移键控（Phase Shift Keying，PSK）。

20 世纪 80 年代以来，人们十分重视调制技术在无线通信系统中的应用，以寻求频谱利用率更高、频谱特性更好的数字调制方式。由于振幅键控信号的抗噪声性能不够理想，因而目前在无线通信中广泛应用的调制方法是频率键控和相位键控。

3）扩频技术

扩频又称为扩展频谱，它的定义如下：扩频通信技术是一种信息传输方式，其信号所占有的频带宽度远大于所传信息必需的最小带宽；频带的扩展是通过一个独立的码序列来完成，用编码及调制的方法来实现，与所传信息数据无关；在接收端用同样的码进行相关同步接收、解扩和恢复所传信息数据。

扩频技术按照工作方式的不同，可以分为以下四种：直接序列扩频（Direct Sequence Spread Spectrum，DSSS）、跳频（Frequency Hopping Spread Spectrum，FHSS）、跳时（Time Hopping Spread Spectrum，THSS）和宽带线性调频扩频（chirp Spread Spectrum，chirp-SS，简称切普扩频）。

扩频通信与一般无线通信系统相比，主要是在发射端增加了扩频调制，而在接收端增加了扩频解调。扩频技术的优点包括：易于重复使用频率，提高了无线频谱利用率；抗干扰性强，误码率低；隐蔽性好，对各种窄带通信系统的干扰很小；可以实现码分多址；抗多径干扰；能精确地定时和测距；适合数字话音和数据传输，以及开展多种通信业务；安装简便，易于维护。

3. 无线传感器网络物理层的特点

无线传感器网络作为无线通信网络中的一种类型，因此它包含了上述介绍的无线通信物理层技术的特点。它的物理层协议也涉及传输介质和频段的选择、调制、扩频技术，实现低能耗是无线传感器网络物理层的一项设计要求。

由于传感器网络的主要设计参数是成本和功耗，因而物理层的设计对整个网络的成功运行来说是至关重要的。如果采用了不适宜的调制方式、工作频带和编码方案，即使设计出的网络能够勉强完成预定的功能，也未必满足推广应用所需的成本和电池寿命方面的要求。

目前无线传感器网络的通信传输介质主要是无线电波、红外线和光波三种类型。无线电波的通信限制较少，通常人们选择“工业、科学和医疗”（Industrial，Scientific and Medical，ISM）频段。ISM 频段的优点在于它是自由频段，无须注册，可选频谱范围大，实现起来灵活方便。ISM 频段的缺点主要是功率受限，另外与现有多种无线通信应用存在相互干扰问题。

红外通信也无须注册，且受无线电设备的干扰较小，不足的是存在视距关系（Line of Sight，LoS）限制。光学介质传输不需要复杂的调制解调机制，传输功率小，但也同样存在视距限制。

尽管传感器网络可以通过其他方式实现通信，例如各种电磁波（如射频和红外）、声波，但无线电波是当前传感器网络的主流通信方式，在很多领域得到了广泛应用。

调制是无线通信系统的重要技术，它使得信号与信道匹配，增强电波的有效辐射，可以方便频率分配、减小信号干扰。扩频通信具有很强的抗干扰能力，可进行多址通信，安全性强，难以被敌方窃听。对于传感器网络来说，选择适当的调制解调和扩频机制是实现可靠通信传输的关键。

无线传感器网络的低能耗、低成本、微型化等特点，以及具体应用的特殊需求给物理层的设计提出了挑战，在设计时需要重点考虑以下问题：

（1）调制机制。低能耗和低成本的特点要求调制机制尽量设计简单，使得能量消耗最低。但是另一方面无线通信本身的不可靠性，传感器网络与现有无线设备之间的无线电干扰，以及具体应用的特殊需要使得调制机制必须具有较强的抗干扰能力。

（2）与上层协议结合的跨层优化设计。物理层位于网络协议的最底层，是整个协议栈的基础。它的设计对各上层内容的跨层优化设计具有重要的影响，而跨层优化设计是传感器网络协议设计的主要内容。

（3）硬件设计。在传感器网络的整个协议栈中，物理层与硬件的关系最为密切，微型化、低功耗、低成本的传感器单元、处理器单元和通信单元的有机集成是非常必要的。

3.1.2 传感器网络物理层的设计

1. 传输介质

目前无线传感器网络采用的主要传输介质包括无线电、红外线和光波等。

在无线电频率选择方面，ISM 频段是一个很好的选择。因为 ISM 频段在大多数国家属于无须注册的公用频段。表 3.1 列出了 ISM 应用中的可用频段。其中一些频率已经用于无绳电话系统和无线局域网。对于无线传感器网络来说，无线电接收机需要满足体积小、成本低和功率小的要求。

表 3.1　ISM 的可用频段

频　　段	中心频率	频　　段	中心频率
6765～6795kHz	6780kHz	2400～2500MHz	2450MHz
13 553～13 567kHz	13 560kHz	5725～5875MHz	5800MHz
26 957～27 283kHz	27 120kHz	24～24.25GHz	24.125GHz
40.66～40.0MHz	40.68MHz	61～61.5GHz	61.25GHz
433.05～434.79MHz	433.92MHz	122～123GHz	122.5GHz
902～928MHz	915MHz	244～246GHz	245GHz

使用 ISM 频段的主要优点是 ISM 是自由频段，可用频带宽，并且在全球范围内都具有可用性；同时也没有特定的标准，给设计适合无线传感器网络的节能策略带来了更多的灵活性。当然，选择 ISM 频段也存在一些使用上的问题，例如功率限制以及与现有的其他无线电应用之间存在相互干扰等。目前主流的传感器结点硬件是基于 RF 射频电路设计的。

无线传感器网络结点之间的另一种通信手段是红外技术。红外通信的优点是无须注册，并且抗干扰能力强。基于红外线的接收机成本更低，也很容易设计。目前很多便携式电脑、PDA 和移动电话都提供红外数据传输的标准接口。红外通信的主要缺点是穿透能力差，要求发送者和接收者之间存在视距关系。这导致了红外难以成为无线传感器网络的主流传输介质，而只能在一些特殊场合得到应用。

对于一些特殊场合的应用情况，传感器网络对通信传输介质可能有特别的要求。例如，舰船应用可能要求使用水性传输介质，例如能穿透水面的长波。复杂地形和战场应用会遇到信道不可靠和严重干扰等问题。另外，一些传感器结点的天线可能在高度和发射功率方面比不上周围的其他无线设备，为了保证这些低发射功率的传感器网络结点正常完成通信任务，要求所选择的传输介质能支持健壮的编码和调制机制。

2. 物理层帧结构

表3.2描述了无线传感器网络结点普遍使用的一种物理层帧结构。由于目前还没有形成标准化的物理层结构，所以在实际设计时都是在该物理层帧结构的基础上进行改进。

表3.2　传感器网络物理层的帧结构

<table>
<tr><td>4字节</td><td>1字节</td><td colspan="2">1字节</td><td>可变长度</td></tr>
<tr><td>前导码</td><td>帧头</td><td>帧长度(7比特)</td><td>保留位</td><td>PSDU</td></tr>
<tr><td colspan="2">同步头</td><td colspan="2">帧的长度，最大为128字节</td><td>PHY负载</td></tr>
</table>

物理帧的第一个字段是前导码，字节数一般取4，用于收发器进行码片或者符号的同步。第二个字段是帧头，长度通常为1字节，表示同步结束，数据包开始传输。帧头与前导码构成了同步头。

帧长度字段通常由一个字节的低7位表示，其值就是后续的物理层PHY负载的长度，因此它的后续PHY负载的长度不会超过127字节。

物理帧PHY的负载长度可变，称为物理服务数据单元（PHY Service Data Unite，PSDU），携带PHY数据包的数据，PSDU域是物理层的载荷。

3. 物理层设计技术

物理层主要负责数据的硬件加密、调制解调、发送与接收，是决定传感器网络结点的体积、成本和能耗的关键环节。物理层的设计目标是以尽可能少的能量消耗获得较大的链路容量。为了确保网络运行的平稳性能，该层一般需要与MAC层进行密切交互。

物理层需要考虑编码调制技术、通信速率和通信频段等问题：

（1）编码调制技术影响占用频率带宽、通信速率、收发机结构和功率等一系列的技术参数。比较常见的编码调制技术包括幅移键控、频移键控、相移键控和各种扩频技术。

（2）提高数据传输速率可以减少数据收发的时间，对于节能具有意义，但需要同时考虑提高网络速度对误码的影响。一般用单个比特的收发能耗来定义数据传输对能量的效率，单比特能耗越小越好。

频段的选择需要非常慎重。由于无线传感器网络是面向应用的网络，所以针对不同应用应该在成本、功耗、体积等综合条件下进行优化选择。FCC组织指出，2.4GHz是在当前工艺技术条件下，综合功耗、成本、体积等指标表现效果较好的可选频段，并且是全球范围的自由开放波段。但问题是现阶段不同的无线设备如蓝牙、WLAN、微波炉电器和无绳电话等都采用这个频段的频率，因而这个频段可能造成的相互干扰最严重。

尽管目前无线传感器网络还没有定义物理层标准，但是很多研究机构设计的网络结点物理层基本都是在现有器件工艺水平上开展起来了。例如当前使用较多的Mica2结点，主要采用分离器件实现结点的物理层设计，可以选择433MHz或868MHz两个频段，调制方式采用简单的FSK/ASK方式。

在低速无线个域网（LR-PAN）的802.15.4标准中，定义的物理层是在868MHz、915MHz、2.4GHz三个载波频段收发数据。这三个频段都使用了直接序列扩频方式。

IEEE 802.15.4 标准非常适合无线传感器网络的特点,是传感器网络物理层协议标准的最有力竞争者之一。目前基于该标准的射频芯片也相继推出,例如 Chipcon 公司的 CC2420 无线通信芯片。

总的来看,针对无线传感器网络的特点,现有的物理层设计基本采用结构简单的调制方式,在频段选择上主要集中在 433～464MHz、902～928MHz 和 2.4～2.5GHz 的 ISM 波段。

3.2 MAC 协议

3.2.1 MAC 协议概述

无线频谱是无线通信的介质,这种广播介质属于稀缺资源。在无线传感器网络中,可能有多个结点设备同时接入信道,导致分组之间相互冲突,使接收方难以分辨出接收到的数据,从而浪费了信道资源,导致网络吞吐量下降。为了解决这些问题,就需要设计介质访问控制(Medium Access Control,MAC)协议。所谓 MAC 协议就是通过一组规则和过程来有效、有序和公平地使用共享介质[11]。

在无线传感器网络中,MAC 协议决定着无线信道的使用方式,用来在传感器结点之间分配有限的无线通信资源,构建传感器网络系统的底层基础结构。MAC 协议处于传感器网络协议的底层部分,对网络性能有较大影响,是保证传感器网络高效通信的关键协议之一。

传感器结点的能量、存储、计算和通信带宽等资源有限,单个结点的功能比较弱,而传感器网络的丰富功能是由众多结点协作实现的。多点通信在局部范围需要 MAC 协议协调相互之间的无线信道分配,在设计传感器网络的 MAC 协议时,需要着重考虑以下几个问题:

(1) 节省能量。传感器网络的结点一般是以干电池、纽扣电池等提供能量,而且电池能量通常难以进行补充,为了保证传感器网络长时间的有效工作,MAC 协议在满足应用要求的前提下,应尽量节省使用结点的能量。

(2) 可扩展性。由于传感器结点数目、结点分布密度等在传感器网络生存过程中不断变化,结点位置也可能移动,还有新结点加入网络的问题,所以无线传感器网络的拓扑结构具有动态性。MAC 协议应具有可扩展性,以适应这种动态变化的拓扑结构。

(3) 网络效率。网络效率包括网络的公平性、实时性、网络吞吐量和带宽利用率等。

在上述的三个问题中,人们普遍认为它们的重要性依次递减。由于传感器结点本身不能自动补充能量或能量补充不足,节约能量成为传感器网络 MAC 协议设计的首要考虑因素。

在传统网络中,结点能够连续地获得能量供应,如在办公室里有稳定的电网供电,或者可以间断但及时地补充能量,如笔记本电脑和手机等。传统网络的拓扑结构相对稳定,网络的变化范围和变化频率都比较小。因此,传统网络的 MAC 协议重点考虑结点使用带宽的公平性,提高带宽的利用率和增加网络的实时性。由此可见,传感器网络的 MAC 协议与传统网络的 MAC 协议所注重的因素不同,这意味着传统网络的 MAC 协议不适用于传感器网络,需要设计适用于传感器网络的 MAC 协议。

通常网络结点无线通信模块的状态包括发送状态、接收状态、侦听状态和睡眠状态等。

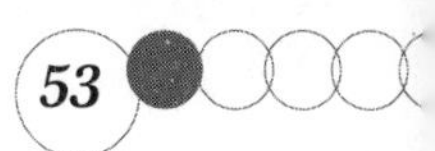

单位时间内消耗的能量按照上述顺序依次减少：无线通信模块在发送状态消耗能量最多，在睡眠状态消耗能量最少，接收状态和侦听状态下的能量消耗稍小于发送状态。

基于上述原因，为了减少能量的消耗，传感器网络 MAC 协议通常采用"侦听/睡眠"交替的无线信道使用策略。当有数据收发时，结点开启通信模块进行发送或侦听；如果没有数据需要收发，结点控制通信模块进入睡眠状态，从而减少空闲侦听造成的能量消耗。

为了使结点在无线模块睡眠时不错过发送给它的数据，或减少结点的过度侦听，邻居结点间需要协调它们的侦听和睡眠周期。如果采用基于竞争方式的 MAC 协议，要考虑发送数据产生碰撞的可能，根据信道使用的信息调整发送时机。当然，MAC 协议应该简单高效，避免协议本身开销大、消耗过多的能量。

目前无线传感器网络 MAC 协议可以按照下列条件进行分类：①采用分布式控制还是集中控制；②使用单一共享信道还是多个信道；③采用固定分配信道方式还是随机访问信道方式。

本书根据上述的第三种分类方法，将传感器网络的 MAC 协议分为以下三种。

① 时分复用无竞争接入方式。无线信道时分复用（Time Division Multiple Access，TDMA）方式给每个传感器结点分配固定的无线信道使用时段，避免结点之间相互干扰。

② 随机竞争接入方式。如果采用无线信道的随机竞争接入方式，结点在需要发送数据时随机使用无线信道，尽量减少结点间的干扰。典型的方法是采用载波侦听多路访问（Carrier Sense Multiple Access，CSMA）的 MAC 协议。

③ 竞争与固定分配相结合的接入方式。通过混合采用频分复用或者码分复用等方式，实现结点间无冲突的无线信道分配。

基于竞争的随机访问 MAC 协议采用按需使用信道的方式，它的基本思想是当结点需要发送数据时，通过竞争方式使用无线信道，如果发送的数据产生了碰撞，就按照某种策略重发数据，直到数据发送成功或放弃发送。

典型的基于竞争的随机访问 MAC 协议是载波侦听多路访问（CSMA）接入方式。在无线局域网 IEEE 802.11 MAC 协议的分布式协调工作模式中，就采用了带冲突避免的载波侦听多路访问（CSMA with Collision Avoidance，CSMA/CA）协议，它是基于竞争的无线网络 MAC 协议的典型代表。

所谓的 CSMA/CA 机制是指在信号传输之前，发射机先侦听介质中是否有同信道载波，若不存在，意味着信道空闲，将直接进入数据传输状态；若存在载波，则在随机退避一段时间后重新检测信道。这种介质访问控制层的方案简化了实现自组织网络应用的过程。

在 IEEE 802.11 MAC 协议基础上，人们设计出适用于传感器网络的多种 MAC 协议。下面首先介绍 IEEE 802.11 MAC 协议的内容，然后介绍一种适用于无线传感器网络的典型 MAC 协议。

3.2.2 IEEE 802.11 MAC 协议

IEEE 802.11 MAC 协议分为分布式协调功能（Distributed Coordination Function，DCF）和点协调功能（Point Coordination Function，PCF）两种访问控制方式，其中 DCF 方式

是 IEEE 802.11 协议的基本访问控制方式[31]。

由于在无线信道中难以检测到信号的碰撞，因而只能采用随机退避的方式来减少数据碰撞的概率。在 DCF 工作方式下，结点在侦听到无线信道忙之后，采用 CSMA/CA 机制和随机退避时间，实现无线信道的共享。另外，所有定向通信都采用立即的主动确认（ACK 帧）机制，即如果没有收到 ACK 帧，则发送方会重传数据。

PCF 工作方式是基于优先级的无竞争访问方式。它通过访问接入点（Access Point，AP）来协调结点的数据收发，采用轮询方式查询当前哪些结点有数据发送的请求，并在必要时给予数据发送权。

在 DCF 工作方式下，载波侦听机制通过物理载波侦听和虚拟载波侦听来确定无线信道的状态。物理载波侦听由物理层提供，虚拟载波侦听由 MAC 层提供。如图 3.1 所示，如果结点 A 希望向结点 B 发送数据，结点 C 在 A 的无线通信范围内，结点 D 在结点 B 的无线通信范围内，但不在结点 A 的无线通信范围内。结点 A 首先向结点 B 发送一个请求帧（Request-To-Send，RTS），结点 B 返回一个清除帧（Clean-To-Send，CTS）进行应答。这两个帧都有一个字段表示这次数据交换需要的时间长度，称为网络分配矢量（Network Allocation Vector，NAV），其他帧的 MAC 头也会携带这一信息。结点 C 和 D 在侦听到这个信息后，就不再发送任何数据，直到这次数据交换完成为止。NAV 可看作一个计数器，以均匀速率递减计数到零。当计数器为零时，虚拟载波侦听指示信道为空闲状态，否则，指示信道为忙状态。

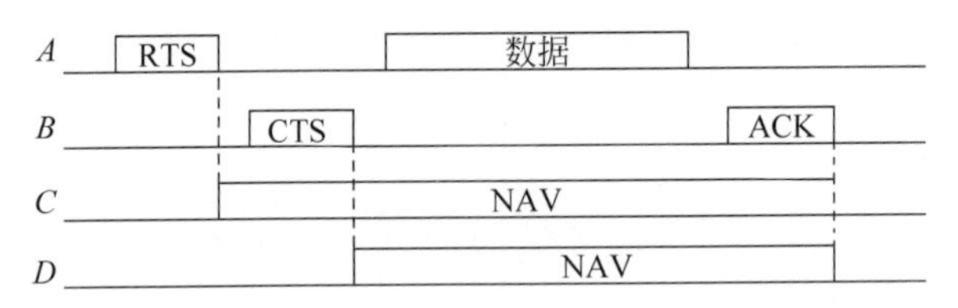

图 3.1　CSMA/CA 的虚拟载波侦听示例

IEEE 802.11 MAC 协议规定了三种基本帧间间隔（InterFrame Space，IFS），用来提供访问无线信道的优先级。这三种帧间间隔如下。

（1）SIFS（short IFS）：最短帧间间隔。使用 SIFS 帧的优先级最高，用于需要立即响应的服务，如 ACK 帧、CTS 帧和控制帧等。

（2）PIFS（PCF IFS）：PCF 方式下结点使用的帧间间隔，用来获得在无竞争访问周期启动时访问信道的优先权。

（3）DIFS（DCF IFS）：DCF 方式下结点使用的帧间间隔，用来发送数据帧和管理帧。

根据 CSMA/CA 协议，当结点要传输一个分组时，它首先侦听信道状态。如果信道空闲，而且经过一个帧间间隔时间 DIFS 后，信道仍然空闲，则站点立即开始发送信息。如果信道忙，则站点始终侦听信道，直到信道的空闲时间超过 DIFS。当信道最终空闲下来的时候，结点进一步使用二进制退避算法，进入退避状态来避免发生碰撞。图 3.2 描述了这种 CSMA/CA 的基本访问机制。

随机退避时间按下面公式进行计算：

$$\text{退避时间} = \text{Random}() \times \text{aSlottime} \tag{3.1}$$

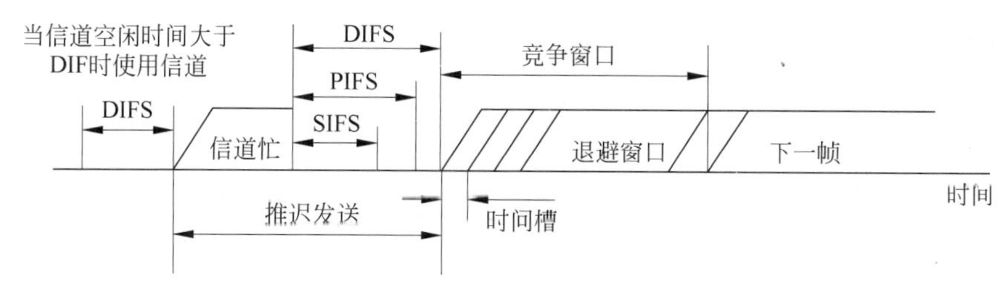

图 3.2　CSMA/CA 的基本访问机制

其中，Random()是在竞争窗口[0,CW]内均匀分布的伪随机整数；CW 是整数随机数，它的数值位于标准规定的 aCWmin 和 aCWmax 之间；aSlottime 是一个时槽时间，包括发射启动时间、介质传播时延、检测信道的响应时间等。

网络结点在进入退避状态时，启动一个退避计时器，当计时达到退避时间后结束退避状态。在退避状态下，只有当检测到信道空闲时才进行计时。如果信道忙，退避计时器中止计时，直到检测到信道空闲时间大于 DIFS 后才继续计时。当多个结点推迟且进入随机退避时，利用随机函数选择最小退避时间的结点作为竞争优胜者。具体的退避机制示例如图 3.3 所示。

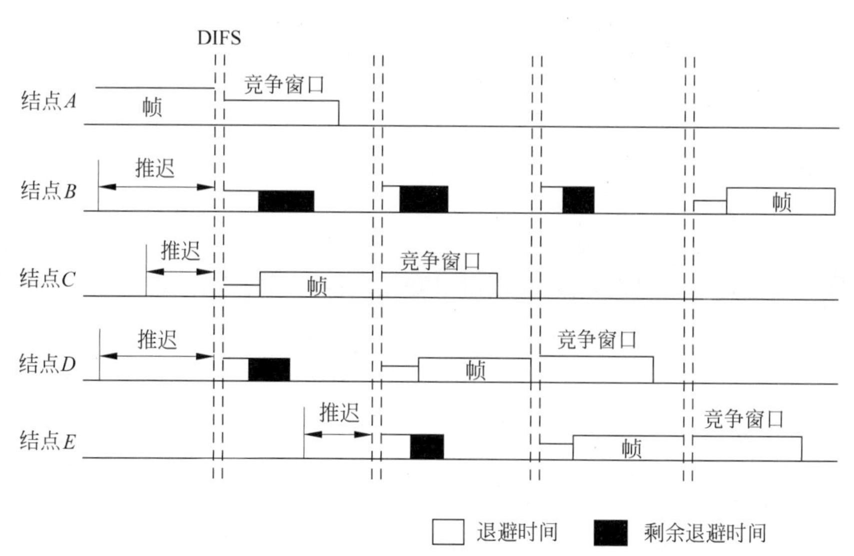

图 3.3　802.11 MAC 协议的退避机制示例

802.11 MAC 协议通过立即主动确认机制和预留机制来提高性能，如图 3.4 所示。在主动确认机制中，当目标结点收到一个发送给它的有效数据帧(DATA)时，必须向源结点发送一个应答帧(ACK)，确认数据已被正确接收到。为了保证目标结点在发送 ACK 过程中不与其他结点发生冲突，目标结点使用 SIFS 帧间隔。主动确认机制只能用于有明确目标地址的帧，不能用于组播和广播报文传输。

为了减少结点间使用共享无线信道的碰撞概率，预留机制要求源和目的结点在发送数据帧之前交换简短的控制帧，即发送请求帧 RTS 和清除帧 CTS。在 RTS(或 CTS)帧开始到 ACK 帧结束的这段时间内，信道将一直被这次数据交换过程所占用。RTS 帧和 CTS 帧

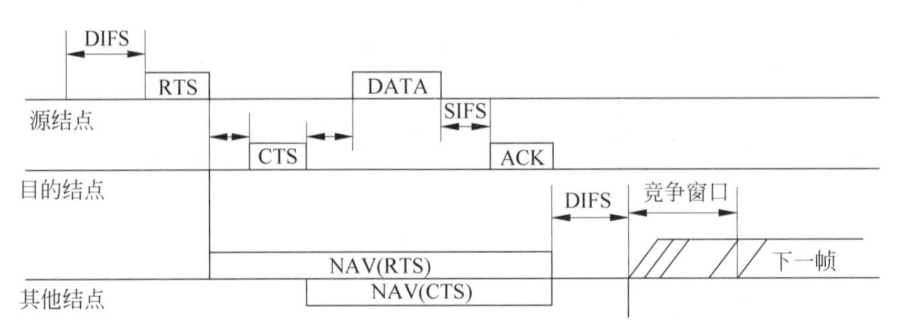

图 3.4 802.11 MAC 协议的应答与预留机制

包含有关这段时间长度的信息。每个结点维护一个定时器，记录网络分配向量 NAV，指示信道被占用的剩余时间。一旦收到 RTS 帧或 CTS 帧，所有结点必须更新它们的 NAV 值。只有在 NAV 减至零，结点才能发送信息。通过这种方式 RTS 帧和 CTS 帧为结点的数据传输预留信道。

3.2.3 典型 MAC 协议：S-MAC 协议

这里介绍一种适用于无线传感器网络的比较典型的 MAC 协议，即 S-MAC 协议(Sensor MAC)。这种协议是在 802.11 MAC 协议的基础上，针对传感器网络的节省能量需求而提出的。S-MAC 协议的适用条件是传感器网络的数据传输量不大，网络内部能够进行数据的处理和融合以减少数据通信量，网络能容忍一定程度的通信延迟。它的设计目标是提供良好的扩展性，减少结点能耗[32]。

人们经过大量实验和理论分析，总结出通常无线传感器网络的无效能耗主要来源于如下四种原因。

(1) 空闲侦听。如果 MAC 协议采用竞争方式使用共享的无线信道，结点在发送数据的过程中，可能引起多个结点之间发送的数据产生碰撞，这就需要重传发送。由于结点不知道它的邻居结点在何时会向自己发送数据，因而射频通信模块始终处于接收状态，从而消耗无用的能量。

(2) 数据冲突。由于邻居结点同时向同一结点发送多个数据帧，信号相互干扰，导致接收方无法准确接收，重发数据行为造成了能量浪费。

(3) 串扰。网络结点会接收和处理无关的数据，这种串音现象造成结点的无线接收模块和处理器模块消耗较多的能量。

(4) 控制开销。控制报文不传送有效数据，消耗了结点能量。如果控制消息过多，将消耗较多的网络能量。

针对碰撞重传、串音、空闲侦听和控制消息等可能造成较多能耗的因素，S-MAC 执议采用以下机制：周期性侦听/睡眠的低占空比工作方式，控制结点尽可能处于睡眠状态来降低结点能量的消耗；邻居结点通过协商的一致性睡眠调度机制形成虚拟簇，减少结点的空闲侦听时间；通过流量自适应的侦听机制，减少消息在网络中的传输延迟；采用带内信令来减少重传和避免侦听不必要的数据；通过消息分割和突发传递机制来减少控制消息的开销和消息的传递延迟。

下面详细描述 S-MAC 协议采用的主要机制。

1. 周期性侦听和睡眠机制

S-MAC 协议将时间分为帧，帧长度由应用程序决定。帧内分侦听工作阶段和睡眠阶段。侦听/睡眠阶段的持续时间要根据应用情况进行调整。当结点处于睡眠阶段时，关闭无线电波，以节省能量。当然结点需要缓存这期间收到的数据，以便工作阶段集中发送。

为了减少能量消耗，结点要尽量处于低功耗的睡眠状态。每个结点独立地调度它的工作状态，周期性地转入睡眠状态，在苏醒后侦听信道，判断是否需要发送或接收数据。为了便于相互通信，相邻结点之间应该尽量维持睡眠/侦听调度周期的同步。

每个结点用 SYNC 消息通告自己的调度信息，同时维护一个调度表，保存所有相邻结点的调度信息。当结点启动工作时，首先侦听一段固定长度的时间，如果在这段侦听时间内收到其他结点的调度信息，则将它的调度周期设置为与邻居结点相同，并在等待一段随机时间后广播它的调度信息。当结点收到多个邻居结点的不同调度信息时，可以选择第一个收到的调度信息，并记录收到的所有调度信息。如果结点在这段侦听时间内没有收到其他结点的调度信息，则产生自己的调度周期并广播。

在结点产生和通告自己的调度之后，如果收到邻居的不同调度，下面分两种情况进行处理：①如果没有收到过与自己调度相同的其他邻居的通告，则采纳邻居的调度，丢弃自己生成的调度；②如果结点已经收到过与自己调度相同的其他邻居的通告，则在调度表中记录该调度信息，以便能够与非同步的相邻结点进行通信。

具有相同调度的结点形成一个所谓的虚拟簇，边界结点记录两个或多个调度。如果传感器网络的部署范围较广，可能形成众多不同的虚拟簇，使得 S-MAC 协议具有良好的可扩展性。

为了适应新加入结点，每个结点要定期广播自己的调度信息，使新结点可以与已经存在的相邻结点保持同步。如果结点同时收到两种不同的调度，如图 3.5 所示的处于两个不同调度区域重合部分的结点，那么这个结点可以选择先收到的调度，并记录另一个调度信息。

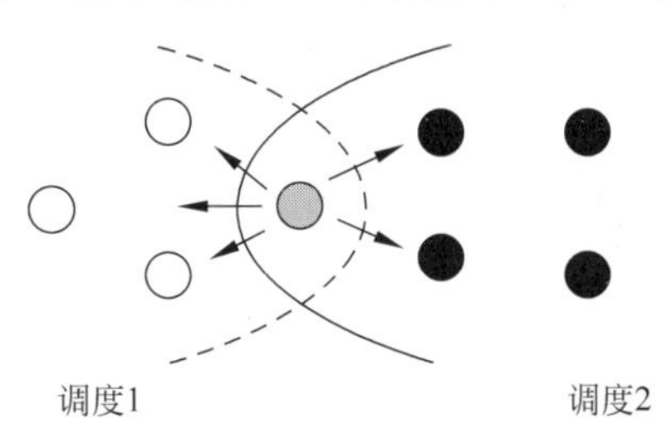

图 3.5 S-MAC 协议的虚拟簇示例

2. 流量自适应侦听机制

传感器网络通常采用多跳通信进行组网，而结点的周期性睡眠会导致通信延迟的累加。S-MAC 协议采用了流量自适应的侦听机制，减少通信延迟的累加效应。

流量自适应侦听机制的基本思想是在一次通信过程中，通信结点的邻居在通信结束后不立即进入睡眠状态，而是保持侦听一段时间。如果结点在这段时间内接收到RTS分组，则可以立刻接收数据，无须等到下一次调度侦听周期，从而减少了数据分组的传输延迟。如果在这段时间内没有接收到RTS分组，则转入睡眠状态直到下一次调度侦听周期。

3. 冲突和串音避免机制

为了减少冲突和避免串音，S-MAC协议采用了与802.11 MAC协议类似的虚拟和物理载波侦听机制，以及RTS/CTS握手交互机制。两者的区别在于当邻居结点处于通信过程时，执行S-MAC协议的结点进入睡眠状态。

每个结点在传输数据时，都要经历RTS/CTS/DATA/ACK的通信过程（广播包除外）。在传输的每个分组中，都有一个阈值表示剩余通信过程需要持续的时间长度。源和目的结点的邻居在侦听期间侦听到分组时，记录这个时间长度值，同时进入睡眠状态。通信过程记录的剩余时间随着时间不断减少。当剩余时间减至零时，若结点仍处于侦听周期，就会被唤醒；否则，结点处于睡眠状态直到下一个调度的侦听周期。

每个结点在发送数据时，都要先进行载波侦听。只有虚拟或物理载波侦听表示无线信道空闲时，才可以竞争通信过程。

4. 消息传递机制

S-MAC协议采用了消息传递机制，可以很好地支持长消息的发送。由于无线信道的传输差错与消息长度成正比，短消息传输成功的概率要大于长消息。消息传递机制根据这一原理，将长消息分为若干个短消息，采用一次RTS/CTS交互的握手机制预约这个长消息发送的时间，集中连续发送全部短消息。这样既可以减少控制报文的开销，又可以提高消息发送的成功率。

相对于IEEE 802.11 MAC协议的消息传递机制来说，S-MAC协议的不同之处如图3.6所示。图中S-MAC协议的RTS/CTS控制消息和数据消息携带的时间是整个长消息传输的剩余时间。其他结点只要接收到一个消息，就能够知道整个长消息的剩余时间，然后进入睡眠状态直至长消息发送完成。

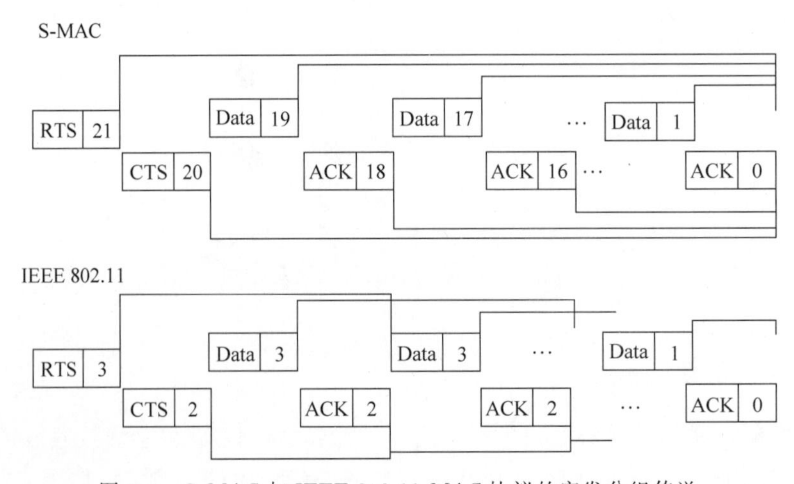

图3.6 S-MAC与IEEE 802.11 MAC协议的突发分组传送

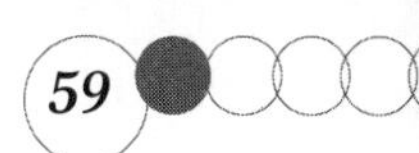

IEEE 802.11 MAC 协议考虑了网络的公平性，RTS/CTS 只预约下一个发送短消息的时间，其他结点在每个短消息发送完成后都不必醒来进入侦听状态。只要发送方没有收到某个短消息的应答，连接就会断开，其他结点就可以开始竞争信道的使用权。

3.3　路由协议

3.3.1　路由协议概述

路由选择(routing)是指互联网络选择从源结点向目的结点传输信息的行为，并且信息至少通过一个中间结点。路由协议负责将数据分组从源结点通过网络转发到目的结点，它包括两个功能：①寻找源结点和目的结点间的优化路径；②将数据分组沿着优化路径正确转发。

由于 Ad Hoc、无线局域网等传统无线网络的首要目标，是提供高服务质量和网络带宽使用的公平高效。这些网络路由协议的主要任务是寻找源结点到目的结点间通信延迟小的路径，同时提高整个网络的利用率，避免产生通信堵塞，并均衡网络流量。通常能量消耗问题不是这类网络考虑的重点。

但是在无线传感器网络中，结点能量有限且一般没有能量补充，因而路由协议的设计需要考虑高效利用能量。另外，由于传感器网络结点数目往往很大，结点只能获取局部的拓扑结构信息，路由协议要在局部网络协议的基础上，选择合适的路径[33]。

传感器网络作为一种自组织的动态网络，没有基站支撑，由于结点失效、新结点加入，导致网络拓扑结构的动态性，需要自动愈合。多跳自组织的网络路由协议是传感器网络的关键技术之一。

传感器网络具有很强的应用相关性，不同应用的路由协议反映的特点有所不同，不存在“应万变”的某种通用路由协议。另外，传感器网络的路由机制还经常与数据融合技术联系在一起，通过减少通信量来节省能量。因此，传统的无线网络路由协议并不适用于无线传感器网络。

与传统网络的路由协议相比，无线传感器网络的路由协议具有以下特点：

(1) 能量优先。传统路由协议在选择最优路径时，很少考虑结点的能量消耗问题。由于无线传感器网络的结点能量有限，延长整个网络的生存期是传感器网络路由协议设计的重要目标，因而需要考虑结点的能量消耗和网络能量均衡使用的问题。

(2) 基于局部拓扑信息。传感器网络为了节省通信能量，通常采用多跳的通信方式，而有限的结点存储资源和计算资源，使得结点不能存储大量的路由信息。在结点只能获取局部拓扑信息和资源有限的情况下，如何实现简单、高效的路由机制，是传感器网络运行的一个基本问题。

(3) 以数据为中心。传统的路由协议通常以地址作为结点的标识和路由的依据，而传感器网络的结点是随机部署的，人们所关注的是监测区域的感知数据，而不是具体哪个结点获取的信息，网络运行不依赖于全网唯一的标识。传感器网络通常包含多个传感器结点到少数汇聚结点的数据流，它是以数据为中心形成探测信息的转发路径。

(4) 应用相关。传感器网络的应用环境千差万别，导致数据通信模式会有所不同，没有统一的路由机制可以适合于所有的应用问题，这是传感器网络应用相关性的一个具体体现。设计人员需要针对每一个具体应用的需求，设计实现或者移植与之适应的特定路由机制。

针对传感器网络路由机制的上述特点，在根据具体应用设计路由协议时，必须满足如下要求：

(1) 能量高效。传感器网络路由协议不仅要选择能量消耗小的传输路径，而且要从整个网络的角度考虑，选择使整个网络能量消耗均衡的路由。传感器结点的资源有限，传感器网络的路由机制要能够简单而且高效地实现信息传输。

(2) 可扩展性。在无线传感器网络中，由于覆盖区域范围不同，造成网络规模大小不一样，而且由于结点失败、新结点加入和结点移动等因素，都会使得网络拓扑结构动态发生变化，这就要求路由机制具有可扩展性，能够适应网络结构的变化。

(3) 稳健性。能量耗尽或环境因素会导致传感器结点的失效，周围环境也影响无线链路的通信质量，另外无线链路本身也存在一些缺陷，传感器网络的这些不可靠特性希望在路由机制方面具有一定的容错能力，使得网络运行具有较好的稳健性。

(4) 快速收敛性。传感器网络的拓扑结构动态变化，结点能量和通信带宽等资源有限，因此要求路由机制能够快速收敛，以适应网络拓扑的动态变化，同时减少通信协议的开销，提高信息传输的效率。

针对不同的传感器网络应用，研究人员提出了不同的路由协议。我们从各种应用的角度出发，将路由协议分为四类。这四种类型的路由协议分别介绍如下：

(1) 能量感知路由协议。高效利用网络能量是传感器网络路由协议的一个显著特征。为了强调高效利用能量的重要性，这里将它们划分为能量感知路由协议。能量感知的路由协议从数据传输的能量消耗出发，讨论最少能量消耗和最长网络生存期等问题。

(2) 基于查询的路由协议。在诸如环境检测、战场评估等应用中，需要不断查询传感器结点采集的数据。在汇聚结点（查询结点）发出任务查询命令，传感器网络的终端探测结点向监控中心报告采集的数据。在这类监控和检测的应用问题中，通信流量主要是查询结点和传感器探测结点之间的命令和数据传输，同时传感器探测结点的采集信息通常要进行数据融合，通过减少通信流量来节省能量，即数据融合技术与路由协议的设计相结合。

(3) 地理位置路由协议。在诸如目标跟踪的应用问题中，往往需要唤醒距离被跟踪目标最近的传感器结点，以便得到关于目标的精确位置等相关信息。在这类与坐标位置有关的应用问题中，通常需要知道目的结点的精确或者大致地理位置。把结点的位置信息作为路由选择的依据，不仅能够完成结点的路由选择功能，还可以降低系统专门维护路由协议的能耗。

(4) 可靠的路由协议。传感器网络的某些应用对通信的服务质量有较高要求，可能在可靠性和实时性等方面有特别要求。例如，采用视频传感器进行战场环境监测时，希望传输的视频图像能够尽可能的流畅些。但传感器网络的无线链路稳定性一般难以保证，通信信道质量比较低，网络拓扑变化频繁，要满足用户的某些方面的服务质量指标，需要考虑可靠的路由协议设计技术。

3.3.2 典型路由协议：定向扩散路由

定向扩散(Directed Diffusion,DD)路由协议是一种基于查询的路由机制。扩散结点通过兴趣信息发出查询任务，采用洪泛方式传播兴趣信息到整个区域或部分区域内的所有传感器结点。兴趣信息用来表示查询的任务，表达了网络用户对监测区域内感兴趣的具体内容，例如监测区域内的温度、湿度和光照等数据。在兴趣信息的传播过程中，协议将逐跳地在每个传感器结点上建立反向的从数据源到汇聚结点的数据传输梯度，传感器探测结点将采集到的数据沿着梯度方向传送给汇聚结点[34]。

定向扩散路由机制可以分为周期性的兴趣扩散、梯度建立和路径加强三个阶段，图 3.7 显示了这三个阶段的数据传播途径和方向的示例。

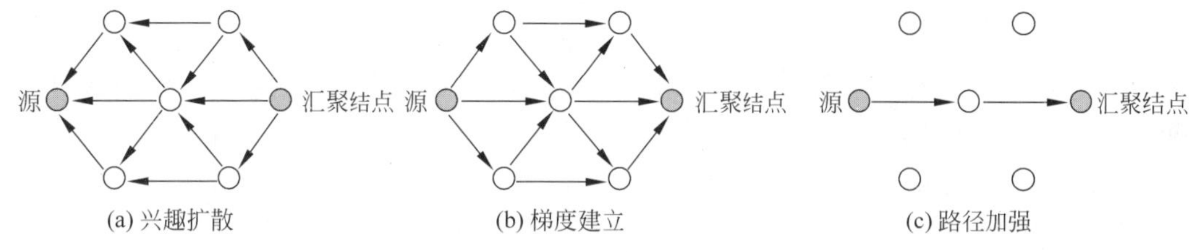

图 3.7　定向扩散路由机制的示例

1. 兴趣扩散阶段

在路由协议的兴趣扩散阶段，汇聚结点周期性地向邻居结点广播兴趣消息。兴趣消息中含有任务类型、目标区域、数据发送速率、时间戳等参数。每个结点在本地保存一个兴趣列表，对于每一个兴趣内容，列表中都有一个表项记录发来该兴趣消息的邻居结点、数据发送速率和时间戳等任务相关信息，以建立该结点向汇聚结点传递数据的梯度关系。每个兴趣可能对应多个邻居结点，每个邻居结点对应一个梯度信息。

通过定义不同的梯度相关参数，可以适应不同的应用需求。每个表项还有一个字段用来表示该表项的有效时间值，超过这个时间后，结点将删除这个表项。当结点收到邻居的兴趣消息时，首先检查兴趣列表中是否存有参数类型与收到兴趣相同的表项，而且对应的发送结点是该邻居结点。

如果有对应的表项，就更新表项的有效时间值；如果只是参数类型相同，但不包含发送该兴趣消息的邻居结点，就在相应表项中添加这个邻居结点；对于其他情况，则需要建立一个新表项来记录这个新的兴趣。如果收到的兴趣消息和结点刚刚转发的兴趣消息一样，为了避免消息循环，则丢弃该信息，否则转发收到的兴趣消息。

2. 梯度建立阶段

当传感器探测结点采集到与兴趣匹配的数据时，把数据发送到梯度上的邻居结点，并按照梯度上的数据传输速率，设定传感器模块采集数据的速率。由于可能从多个邻居结点收到兴趣消息，结点向多个邻居发送数据，汇聚结点可能收到经过多个路径的相同数据。

中间结点收到其他结点转发的数据后，首先查询兴趣列表的表项。如果没有匹配的兴趣表项，就丢弃数据。如果存在相应的兴趣表项，则检查与这个兴趣对应的数据缓冲池，数据缓冲池用来保存最近转发的数据。

如果在数据缓冲池中存在与接收到的数据匹配的副本，说明已经转发过这个数据，为避免出现传输环路而丢弃这个数据；否则，检查该兴趣表项中的邻居结点信息。

如果设置的邻居结点数据发送速率大于等于接收的数据速率，则全部转发接收的数据；如果记录的邻居结点数据发送速率小于接收的数据速率，则按照比例转发。对于转发的数据，数据缓冲池保留一个副本，并记录转发时间。

3. 路径加强阶段

定向扩散路由机制通过正向加强机制来建立优化路径，并根据网络拓扑的变化来修改数据转发的梯度关系。兴趣扩散阶段是为了建立源结点到汇聚结点的数据传输路径，数据源结点以较低速率来采集和发送数据，称这个阶段建立的梯度为探测梯度。

汇聚结点在收到从源结点发来的数据后，启动建立到源结点的加强路径，后续数据将沿着加强路径、以较高的数据速率进行传输。我们将加强后的梯度称为数据梯度。

假设以数据传输延迟作为路径加强的标准，汇聚结点选择首先发来最新数据的邻居结点作为加强路径的下一跳结点，向该邻居结点发送路径加强消息。路径加强消息中包含新设定的较高发送数据速率值。邻居结点收到消息后，经过分析确定该消息描述的是一个已有的兴趣，只是增加了数据发送速率，则断定这是一条路径加强消息，从而更新相应兴趣表项的到邻居结点的发送数据速率。同时，按照同样的规则选择加强路径的下一跳邻居结点。

路径加强的标准不是唯一的，可以选择在一定时间内发送数据最多的结点作为路径加强的下一跳结点，也可以选择数据传输最稳定的结点作为路径加强的下一跳结点。位于加强路径上的结点如果发现下一跳结点的发送数据速率明显减小，或者收到来自其他结点的新位置估计，推断加强路径的下一跳结点失效，就需要使用上述的路径加强机制重新确定下一跳结点。

综上所述，定向扩散路由是一种经典的以数据为中心的路由协议。汇聚结点根据不同应用需求定义不同的任务类型、目标区域等参数的兴趣消息，通过向网络中广播兴趣消息启动路由建立过程。中间传感器结点通过兴趣表建立从数据源到汇聚结点的数据传输梯度，自动形成数据传输的多条路径。按照路径优化的标准，定向扩散路由使用路径加强机制生成一条优化的数据传输路径。为了动态适应结点失效、拓扑变化等情况，定向扩散路由周期性进行兴趣扩散、数据传播和路径加强三个阶段的操作。

当然，定向扩散路由在路由建立时需要一个兴趣扩散的洪泛传播，在能量和时间方面开销较大，尤其是当底层 MAC 协议采用休眠机制时，有时可能造成兴趣建立的不一致，因而在网络设计时需要注意避免这些问题。

思考题

（1）目前无线传感器网络的通信传输介质有哪些类型？它们各有什么特点？

（2）无线网络通信系统为什么要进行调制和解调？调制有哪些方法？

(3) 在设计传感器网络的物理层时,需要着重考虑哪些问题?

(4) 试描述无线传感器网络的物理层帧结构。

(5) 当前传感器网络的无线通信主要选择哪些频段?

(6) 根据信道使用方式的不同,传感器网络的 MAC 协议可以分为哪几种类型?

(7) 设计基于竞争的 MAC 协议的基本思想是什么?

(8) 试写(画)出 CSMA/CA 的基本访问机制,并说明随机退避时间的计算方法。

(9) IEEE 802.11 MAC 协议有哪两种访问控制方式? 每种方式是如何工作的?

(10) 通常有哪些原因导致传感器网络产生无效能耗?

(11) 叙述无线传感器网络 S-MAC 协议的主要特点和实现机制。

(12) 简述路由选择的主要功能。

(13) 无线传感器网络的路由协议具有哪些特点?

(14) 常见的传感器网络路由协议有哪些类型? 并说明各种类型路由协议的主要特点。

(15) 如何设计传感器网络的定向扩散路由协议?

第4章 传感器网络的支撑技术

虽然用户使用传感器网络的目的千差万别，但是作为网络终端结点的功能归根结底就是传感、探测、感知，用来收集应用相关的数据信号。为了实现用户的功能，除了要设计第3章介绍的通信与组网技术以外，还要实现保证网络用户功能的正常运行所需的其他基础性技术。这些应用层的基础性技术是支撑传感器网络完成任务的关键，包括时间同步机制、定位技术、数据融合、能量管理和安全机制等[35]。下面分别针对这五项重要的支撑技术进行详细阐述。

4.1 时间同步机制

4.1.1 传感器网络的时间同步机制

1. 传感器网络时间同步的意义

无线传感器网络的同步管理主要是指时间上的同步管理。在分布式的无线传感器网络应用中，每个传感器结点都有自己的本地时钟。不同结点的晶体振荡器频率存在偏差，湿度和电磁波的干扰等也都会造成网络结点之间的运行时间偏差。有时传感器网络的单个结点的能力有限，或者某些应用的需要，使得整个系统所要实现的功能要求网络内所有结点相互配合来共同完成，分布式系统的协同工作需要结点间的时间同步，因此，时间同步机制是分布式系统基础框架的一个关键机制。

在分布式系统中，时间同步涉及"物理时间"和"逻辑时间"两个不同的概念。"物理时间"用来表示人类社会使用的绝对时间；"逻辑时间"体现了事件发生的顺序关系，是一个相对概念。分布式系统通常需要一个表示整个系统时间的全局时间。全局时间根据需要可以是物理时间或逻辑时间。

时间同步机制在传统网络中已经得到广泛应用，如网络时间协议（Network Time Protocol，NTP）是因特网采用的时间同步协议。另外，GPS和无线测距等技术也可以用来提供网络的全局时间同步。

在传感器网络的很多应用中，同样需要时间同步机制，例如在结点时间同步的基础上，可以远程观察卫星和导弹发射的轨道变化情况等。另外，时间同步能够用来形成分布式波束系统、构成TDMA调度机制、实现多传感器结点的数据融合，以及用时间序列的目标位置来估计目标的运行速度和方向，或者通过测量声音的传播时间确定结点到声源的距离或声源的位置。

概括起来说，无线传感器网络时间同步机制的意义和作用主要体现在如下两方面：

首先，传感器结点通常需要彼此协作，去完成复杂的监测和感知任务。数据融合是协作操作的典型例子，不同的结点采集的数据最终融合形成了一个有意义的结果。例如，在车辆跟踪系统中，传感器结点记录车辆的位置和时间，并传送给网关汇聚结点，然后结合这些信息来估计车辆的位置和速度。如果传感器结点缺乏统一的时间同步，车辆的位置估计将是不准确的。

其次，传感器网络的一些节能方案是利用时间同步来实现的。例如，传感器可以在适当的时候休眠，在需要的时候再唤醒。当应用这种节能模式的时候，网络结点应该在相同的时间休眠或唤醒。也就是说，当数据到来时，结点的接收器并没有关闭。这里传感器网络时间同步机制的设计目的，是为网络中所有结点的本地时钟提供共同的时间戳。

枪声定位系统通过部署在环境中的声响传感器检测轻武器射击时产生的枪口爆炸波，以及子弹飞行时产生的震动冲击波，这些声波信号通过传感器网络传送给附近的计算机，计算出射手的坐标位置。这里相关的声波到达时间(Time of Arrival，ToA)测量要求以一个共同的网络时间值，实现传感器网络的精确时间同步。另外通过试验发现，射手定位误差除了取决于传感器结点本身测量的位置坐标偏差以外，不可能绝对精确的时间同步也是造成定位误差的另一重要因素[36]。

本节介绍利用传感器网络的时间同步协议机制，实现对磁性机动车辆测速的一个应用实例。

2. 传感器网络时间同步协议的特点

由于传感器网络的结点造价不能太高，结点的微小体积不能安装除本地振荡器和无线通信单元以外更多的用于同步的器件，因此，价格和体积成为传感器网络时间同步的主要限制条件。

传感器网络中的多数结点是无人值守的，仅携带少量有限的能量，即使是进行侦听通信也会消耗能量，因而运行时间同步协议必然考虑消耗的能量。现有网络的时间同步机制往往通过关注最小化同步误差来达到最大的同步精度，而很少考虑计算和通信的开销问题，也没有考虑设备所消耗的能量。传统有线网络中的计算机性能与传感器网络结点完全不同，它们可以由交流电供电。

例如，NTP在因特网得到广泛使用，具有精度高、鲁棒性好和易扩展等优点。但是它依赖的条件在传感器网络中难以满足，因而不能直接移植运行，主要是由于以下原因：

(1) NTP应用在已有的有线网络中，它假定网络链路失效的概率很小，而传感器网络中无线链路通信质量受环境影响较大，甚至时常通信中断。

(2) NTP的网络结构相对稳定，便于为不同位置的结点手工配置时间服务器列表，而传感器网络的拓扑结构动态变化，简单的静态手工配置无法适应这种变化。

(3) NTP中时间基准服务器间的同步无法通过网络自身来实现，需要其他基础设施的协助，如GPS或无线电广播报时系统，而在传感器网络的有些应用中，无法取得相应基础设施的支持。

(4) NTP需要通过频繁交换信息来不断校准时钟频率偏差所带来的误差,并通过复杂的修正算法,消除时间同步消息在传输和处理过程中的非确定因素干扰,CPU使用、信道侦听和占用都不受任何约束,而传感器网络存在资源约束,必须考虑能量消耗。

另外,GPS虽然能够以纳秒级精度与世界标准时间(Coordinated Universal Time,UTC)保持同步,但需要配置高成本的接收机,同时在室内、森林或水下等有障碍的环境中无法使用。如果用于军事目的,没有主控权的GPS也是不可依赖的。在传感器网络中只可能为极少数结点配备GPS接收机,这些结点可以为传感器网络提供基准时间。

因此,由于传感器网络在能量、价格和体积等方面的约束,使得NTP、GPS等现有时间同步机制并不适用于通常的传感器网络,需要专门的时间同步协议才能正常运行和实用化。

目前已有几种成熟的传感器网络时间同步协议,其中RBS(Reference Broadcast Synchronization)、Tiny/Mini-Sync和TPSN(Timing-sync Protocol for Sensor Networks)被认为是三种最基本的传感器网络时间同步机制。

RBS同步协议的基本思想是多个结点接收同一个同步信号,然后多个收到同步信号的结点之间进行同步。这种同步算法消除了同步信号发送一方的时间不确定性。RBS同步协议的优点是时间同步与MAC层协议分离,它的实现不受限于应用层是否可以获得MAC层时戳,协议的互操作性较好。这种同步协议的缺点是协议开销大。

Tiny/Mini-Sync是两种简单的轻量级时间同步机制。这两种算法假设结点的时钟漂移遵循线性变化,因而两个结点之间的时间偏移也是线性的,通过交换时标分组来估计两个结点间的最优匹配偏移量。为了降低算法的复杂度,通过约束条件丢弃冗余分组。

TPSN时间同步协议采用层次结构,实现整个网络结点的时间同步。所有结点按照层次结构进行逻辑分级,表示结点到根结点的距离,通过基于发送者-接收者的结点对方式,每个结点与上一级的一个结点进行同步,从而最终所有结点都与根结点实现时间同步。

下面以TPSN时间同步协议为例,介绍传感器网络时间同步机制的设计。

4.1.2 TPSN时间同步协议

传感器网络TPSN时间同步协议类似于传统网络的NTP协议,目的是提供传感器网络全网范围内结点间的时间同步。在网络中有一个与外界可以通信,从而获取外部时间的结点,这种结点称为根结点。根结点可装配诸如GPS接收机这样的复杂硬件部件,并作为整个网络系统的时钟源。

TPSN协议采用层次型网络结构,首先将所有结点按照层次结构进行分级,然后每个结点与上一级的一个结点进行时间同步,最终所有结点都与根结点时间同步。结点对之间的时间同步是基于发送者-接收者的同步机制。

1. TPSN协议的操作过程

TPSN协议假设每个传感器结点都有唯一的标识号ID,结点间的无线通信链路是双向的,通过双向的消息交换实现结点间的时间同步。TPSN协议将整个网络内所有结点按照

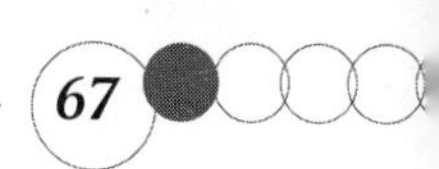

层次结构进行管理，负责生成和维护层次结构。很多传感器网络依赖网内处理，需要类似的层次结构，如 TinyDB 需要数据融合树，这样整个网络只需要生成和维护一个共享的层次结构。

TPSN 协议包括两个阶段：

第一个阶段生成层次结构，每个结点赋予一个级别，根结点赋予最高级别第 0 级，第 i 级的结点至少能够与一个第$(i-1)$级的结点通信；

第二个阶段实现所有树结点的时间同步，第 1 级结点同步到根结点，第 i 级的结点同步到第$(i-1)$级的一个结点，最终所有结点都同步到根结点，实现整个网络的时间同步。

下面详细说明该协议的两个阶段实施细节。

第一阶段称为"层次发现阶段"。

首先，在网络部署后，根结点通过广播"级别发现"分组，启动层次发现阶段，级别发现分组包含发送结点的 ID 和级别。根结点的邻居结点收到根结点发送的分组后，将自己的级别设置为分组中的级别加 1，即为第 1 级，建立它们自己的级别，然后广播新的级别发现分组，其中包含的级别为 1。

结点收到第 i 级结点的广播分组后，记录发送这个广播分组的结点 ID，设置自己的级别为$(i+1)$，广播级别设置为$(i+1)$的分组。这个过程持续进行，直到网络内的每个结点都赋予一个级别。结点一旦建立自己的级别，就忽略任何其他级别的发现分组，以防止网络产生洪泛拥塞。

第二个阶段称为"同步阶段"。

一旦层次结构建立以后，根结点通过广播时间同步分组启动同步阶段。第 1 级结点收到这个分组后，各自分别等待一段随机时间，通过与根结点交换消息同步到根结点。第 2 级结点侦听到第 1 级结点的交换消息后，后退和等待一段随机时间，并与它在层次发现阶段记录的第 1 个级别的结点交换消息进行同步。等待一段时间的目的是保证第 2 级结点在第 1 级结点时间同步完成后才启动消息交换。最后每个结点与层次结构中最靠近的上一级结点进行同步，从而所有结点都同步到根结点。

2. 相邻级别结点间的同步机制

邻近级别的两个结点之间通过交换两个消息实现时间同步，如图 4.1 所示。这里结点 S 属于第 i 级结点，结点 R 属于第$(i-1)$级结点，T_1 和 T_4 表示结点 S 本地时钟在不同时刻测量的时间，T_2 和 T_3 表示结点 R 本地时钟在不同时刻测量的时间，Δ 表示两个结点之间的时间偏差，d 表示消息的传播时延，假设来回消息的延迟是相同的。

结点 S 在 T_1 时间发送同步请求分组给结点 R，分组中包含 S 的级别和 T_1 时间。结点 R 在 T_2 时间收到分组，$T_2=(T_1+d+\Delta)$，然后在 T_3 时间发送应答分组给结点 S，分组中包含结点 R 的级别和 T_1、T_2、T_3 信息。结点 S 在 T_4 时间收到应答，$T_4=(T_3+d-\Delta)$，因此可以推导出下面算式：

$$\Delta=\frac{(T_2-T_1)-(T_4-T_3)}{2} \tag{4.1}$$

$$d=\frac{(T_2-T_1)+(T_4-T_3)}{2} \tag{4.2}$$

结点 S 在计算时间偏差之后，将它的时间同步到结点 R。

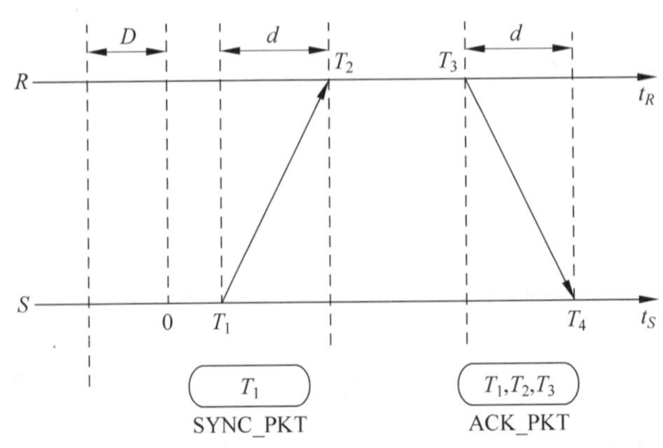

图 4.1　TPSN 机制实现相邻级别结点间同步的消息交换

在发送时间、访问时间、传播时间和接收时间四个消息延迟组成部分中，访问时间往往是无线传输消息时延中最具不确定性的因素。为了提高两个结点间的时间同步精度，TPSN 协议在 MAC 层消息开始发送到无线信道的时刻，才给同步消息加上时标，消除了访问时间带来的时间同步误差。

TPSN 协议能够实现全网范围内结点间的时间同步，同步误差与跳数距离成正比增长。它实现短期间的全网结点时间同步，如果需要长时间的全网结点时间同步，则需要周期性执行 TPSN 协议进行重同步，两次时间同步的时间间隔根据具体应用确定。

4.1.3 时间同步的应用示例

这里介绍一个时间同步的应用例子，目的是用磁阻传感器网络对机动车辆进行测速。为了实现这个用途，网络必须先完成时间同步[37]。由于对机动车辆的测速需要两个探测传感器结点的协同合作，测速算法提取车辆经过每个结点的磁感应信号的脉冲峰值（如图 4.2 所示），并记录时间。如果将两个结点之间的距离 d 除以两个峰值之间的时差 Δt，就可以得出机动目标通过这一路段的速度：

$$v=\frac{d}{\Delta t} \tag{4.3}$$

时间同步是测速算法对探测结点的要求，即测速系统的两个探测结点要保持时间上的高度同步，以保证测量速度的精确。在系统设计中，可以采用由网关汇聚结点周期性地发布同步命令，来解决网络内各传感器结点的时间同步问题，例如每 4min 发布一次。同步命令发布的优先级可以低于处理接收数据的优先级，以防丢失测量的数据。

机动车辆测速技术应用的主要步骤如下。

(1) 由网关发出指令：指定两个测速的磁阻传感器结点；实现网络时间同步；发出测速过程开始；两个测速结点上报目标通过的时刻。

(2) 网关汇聚结点根据传感器网络中两个结点之间的距离、机动车辆通过结点的时刻差值，计算出车辆的运行速度。

测速算法的精度主要取决于一对传感器结点的时间同步精度和传感器感知的一致性指

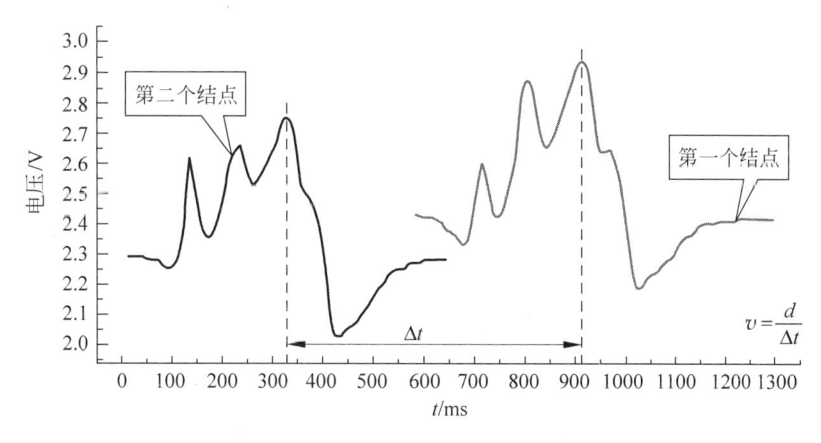

图 4.2 目标测速算法的实现原理

标。这里实现的 TPSN 时间同步协议的根结点指定为网关结点，即根据有线网络上的主机时钟来同步所有的传感器结点时钟，网络结点充当“时标”结点，周期性地广播时钟信号，使得网络内的其他结点被同步。

由于测速过程需要一对传感器结点，通常这两个传感器结点最好安装在道路的中间，可以增大传感信号的输出，并且两个结点之间相距一定的距离，例如可以布设为相距 5～10m。

4.2 定位技术

4.2.1 传感器网络结点定位问题

1. 定位的含义

在传感器网络的很多应用问题中，没有结点位置信息的监测数据往往是没有意义的。当监测到事件发生时，人们关心的一个重要问题就是该事件发生的位置，如森林火灾监测、天然气管道泄漏监测等应用问题。一旦发生这些突发性事件，人们首先需要知道的就是传感器监测结点的地理位置信息。定位信息除了用来报告事件发生的地点之外，还可以用于目标跟踪、目标轨迹预测、协助路由和网络拓扑管理等。

无线传感器网络定位问题的含义是指自组织的网络通过特定方法提供结点的位置信息。这种自组织网络定位分为结点自身定位和目标定位。结点自身定位是确定网络结点的坐标位置的过程。目标定位是确定网络覆盖区域内一个事件或者一个目标的坐标位置。结点自身定位是网络自身属性的确定过程，可以通过人工标定或者各种结点自定位算法完成。目标定位是以位置已知的网络结点作为参考，确定事件或者目标在网络覆盖范围内所在的位置[38]。

位置信息有多种分类方法。位置信息有物理位置和符号位置两大类。物理位置指目标在特定坐标系下的位置数值，表示目标的相对或者绝对位置。符号位置指目标与一个基站或者多个基站的接近程度信息，表示目标与基站之间的连通关系，提供目标所在的大致范围。

很多传感器网络的应用场合须知道各结点物理位置的坐标信息。通过人工测量或配置来获得结点坐标的方法往往不可行,另外结点配备全球定位系统的方案则代价太昂贵。通常传感器网络通过网络内部结点之间的相互测距和信息交换,形成一套全网结点的坐标,这才是经济和可行的定位方案。

从广义上讲,无线传感器网络的定位问题包括传感器结点的自身定位和对监控目标的定位。目标定位侧重于传感器网络在目标跟踪方面的应用,是对监控目标的位置估计,它以先期的结点自身定位为基础。

根据不同的依据,无线传感器网络的定位方法可以进行如下分类:

(1) 根据是否依靠测量距离,分为基于测距的定位和不需要测距的定位;

(2) 根据部署的场合不同,分为室内定位和室外定位;

(3) 根据信息收集的方式,网络收集传感器数据用于结点定位的称为被动定位,结点主动发出信息用于定位的称为主动定位。

2. 基本术语

在传感器网络结点定位技术中,根据结点是否已知自身的位置,将传感器结点分为信标结点和未知结点。信标结点有时也被称为锚点,在网络结点中所占的比例很小,可以通过携带GPS定位设备等手段获得自身的精确位置。信标结点是未知结点实现定位的参考点。除了信标结点以外的其他传感器结点都是未知结点,它们通过信标结点的位置信息来确定自身位置。

假设某地域内有 N 个传感器结点,存在某种机制使各结点通过通信和感知可找到自己的邻结点,并估计出至它们的距离,或识别出邻结点的数目。每一对邻居关系对应网络图 G 的边 $e=(i,j)$,设 r_{ij} 为结点 i、j 间的测量距离,d_{ij} 为真实距离。定位的目的在于,在给定所有邻居对之间的距离测量值 r_{ij} 的基础上,计算出每个结点的坐标 p_i、p_j,使其与测距结果相一致,即对于 $\forall e \in G$,使得 $\| p_j - p_i \| = d_{ij}$。下面给出传感器网络定位问题的一些基本概念和术语[39]。

(1) **锚点**:指通过其他方式预先获得位置坐标的结点,有时也称作信标结点。网络中相应的其余结点称为非锚点。

(2) **测距**:指两个相互通信的结点通过测量方式来估计出彼此之间的距离或角度。

(3) **邻居结点**:传感器结点通信半径范围以内的所有其他结点,称为该结点的邻居结点。

(4) **连接度**:包括结点连接度和网络连接度两种含义。结点连接度是指结点可探测发现的邻居结点个数。网络连接度是所有结点的邻结点数目的平均值,它反映了传感器配置的密集程度。

(5) **跳数**:两个结点之间间隔的跳段总数,称为这两个结点间的跳数。

(6) **基础设施**:协助传感器结点定位的已知自身位置的固定设备,如卫星、基站等。

(7) **到达时间**:信号从一个结点传播到另一个结点所需要的时间,称为信号的到达时间。

(8) **到达时间差**(Time Difference of Arrival,TDoA):两种不同传播速度的信号从一个结点传播到另一个结点所需要的时间之差,或者一种信号到达两个结点之间的时间差值,称为信号的到达时间差。

(9) **接收信号强度指示**(Received Signal Strength Indicator,RSSI):结点接收到无线信号的强度,称为接收的信号强度指示。

(10) **到达角度**(Angle of Arrival,AoA):结点接收到的信号相对于自身轴线的角度,称为信号相对接收结点的到达角度。

(11) **视距关系**(Line of Sight,LoS):如果传感器网络的两个结点之间没有障碍物,能够实现直接通信,则称这两个结点间存在视距关系。

(12) **非视距关系**:传感器网络的两个结点之间存在障碍物,影响了它们直接的无线通信。

需要指出的是,传感器网络与无线局域网中的定位问题有所区别。无线局域网定位是选择"接入点"设备作为已知坐标的参考点,移动终端的无线网卡接收来自若干接入点的信号强度作为间隔距离,根据预先建立的用户位置描述来动态确定某时刻移动终端所在的位置。这是建立在无线局域网基础结构之上的一种附加的纯软件定位方法,它基于IEEE 802.11 协议。目前比较成熟的这类定位系统主要有 Horus 和 Nibble[40]。

3. 定位性能的评价指标

衡量定位性能有多个指标,除了一般性的位置精度指标以外,对于资源受到限制的传感器网络,还有覆盖范围、刷新速度和功耗等其他指标。

位置精度是定位系统最重要的指标,精度越高,则技术要求越严,成本也越高。定位精度指提供的位置信息的精确程度,它分为相对精度和绝对精度。

绝对精度指以长度为单位度量的精度。例如,GPS 的精度为 1~10m,现在使用 GPS 导航系统的精度约为 5m。一些商业的室内定位系统提供 30cm 的精度,可以用于工业环境、物流仓储等场合。

相对精度通常以结点之间距离的百分比来定义。例如,若两个结点之间的距离是 20m,定位精度为 2m,则相对定位精度为 10%。由于有些定位方法的绝对精度会随着距离的变化而变化,因而使用相对精度可以很好地表示精度指标。

设结点 i 的估计坐标与真实坐标在二维情况下的距离差值为 Δd_i,则 N 个未知位置结点的网络平均定位误差为

$$\Delta = \frac{1}{N}\sum_{i=1}^{N}\Delta d_i \tag{4.4}$$

覆盖范围和位置精度是一对矛盾性的指标。例如超声波可以达到分米级精度,但是它的覆盖范围只有十多米;Wi-Fi 和蓝牙的定位精度为 3m 左右,覆盖范围达到 100m;GSM 系统能覆盖千米级的范围,但是精度只能达到 100m。由此可见,覆盖范围越大,提供的精度就越低。如果希望提供大范围内的高精度,通常是难以实现的。

刷新速度是指提供位置信息的频率。例如,如果 GPS 每秒刷新 1 次,则对于车辆导航已经足够了,让人能体验到实时服务的感觉。对于移动的物体,位置信息刷新较慢,则会出现严重的位置信息滞后,直观上感觉已经前进了很长距离,提供的位置还是以前位置。因此,刷新速度影响了定位系统为实际工作提供的精度,它还影响位置控制者的现场操作。如果刷新速度太低,可能使得操作者无法实施实时控制。

传感器网络通常是由电池供电的自组织多跳网络,电能和有效带宽受到很大限制,因而

在定位服务方面有一些特有的技术指标,如功耗、容错性和实时性等。

功耗作为传感器网络设计的一项重要指标,对于定位这项服务功能,人们需要计算为此所消耗的能量。采用的定位方法不同,则功耗差别会很大,主要原因是定位算法的复杂度不同,在需要为定位提供的计算和通信开销方面存在数量上的差别,因而导致完成定位服务的功耗有所不同。

传感器网络定位系统需要比较理想的无线通信环境和可靠的网络结点设备。但是在真实应用场合,通常会存在许多干扰因素。因此,传感器网络定位系统的软硬件必须具有很强的容错性,能够通过自动纠正错误,克服外界的干扰因素,减小各种误差的影响。

定位实时性更多的是体现在对动态目标的位置跟踪。由于动态目标具有一定的运动速度和加速度,并且不断地变换位置,因而在运用传感器网络实施定位时,需要尽量缩短定位计算过程的时间间隔。这就要求定位系统能以更高的频率采集和传输数据,定位算法能在较少信息的辅助下,输出满足精度要求的定位结果。

4. 定位系统的设计要点

在设计定位系统的时候,要根据预定的性能指标,在众多方案之中选择能够满足要求的最优算法,采取最适宜的技术手段来完成定位系统的实现。通常设计一个定位系统需要考虑两个主要因素,即定位机制的物理特性和定位算法。

不同的定位机制会使用不同的传感器和通信信息,传感器的物理特性直接影响采集数据的精度和功耗。尤其是在定位精度方面,它本质上由物理因素决定。

优秀的定位算法可以明显提高测量精度,因为很多定位计算的模型具有非线性特性,会受各种误差的影响。定位算法的复杂度也影响刷新速度。如果要保证高的响应速度,就要选择复杂度低的算法。计算的复杂度在传感器网络中还要受到硬件条件和电能的约束。

4.2.2 基于测距的定位技术

基于测距的定位技术是通过测量结点之间的距离,根据几何关系计算出网络结点的位置。解析几何里有多种方法可以确定一个点的位置。比较常用的方法是多边定位和角度定位。这里重点介绍通过距离测量的方式,来计算传感器网络中某一未知位置的结点坐标。

1. 测距方法

定位计算通常需要预先拥有结点与邻居之间的距离或角度信息,因此测距是定位算法运行的前提。目前常用的测距方法及其特点分析如下。

1) 接收信号强度指示(RSSI)

RSSI测距的原理如下:接收机通过测量射频信号的能量来确定与发送机的距离。无线信号的发射功率和接收功率之间的关系如式(4.5)所示,其中 P_R 是无线信号的接收功率,P_T 是无线信号的发射功率,r 是收发单元之间的距离,n 是传播因子,传播因子的数值大小取决于无线信号传播的环境。

$$P_R=\frac{P_T}{r^n} \tag{4.5}$$

对式(4.5)两边取对数,可得

$$10 \cdot n\lg r = 10\lg \frac{P_T}{P_R} \tag{4.6}$$

由于网络结点的发射功率是已知的,将发送功率代入式(4.6),可得

$$10\lg P_R = A - 10 \cdot n\lg r \tag{4.7}$$

式(4.7)的左半部分 $10\lg P_R$ 是接收信号功率转换为 dBm 的表达式,可以直接写成

$$P_R(\text{dBm}) = A - 10 \cdot n\lg r \tag{4.8}$$

这里 A 可被看作信号传输 1m 时接收信号的功率。式(4.8)可被看作接收信号强度和无线信号传输距离之间的理论公式,它们的关系如图 4.3 所示。从理论曲线可以看出,无线信号在传播过程的近距离时信号衰减相当厉害,远距离时信号呈缓慢线性衰减。

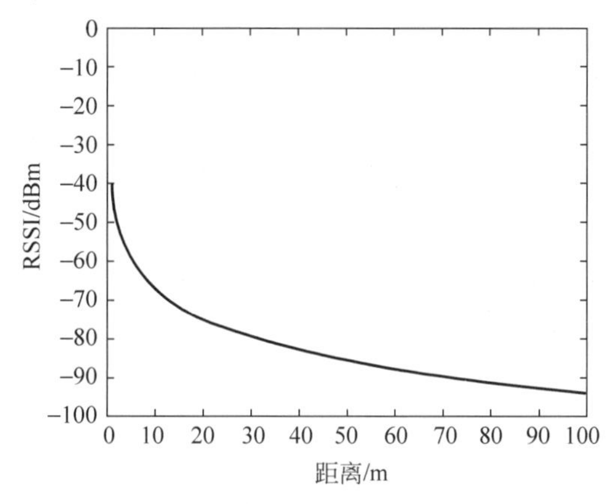

图 4.3　无线信号接收强度指示与信号传播距离之间的关系

该方法由于实现简单,已广泛采用。使用时应注意遮盖或折射现象会引起接收端产生严重的测量误差,精度较低。

2) 到达时间/到达时间差(ToA/TDoA)

这类方法通过测量传输时间来估算两结点之间的距离,精度较好。但由于无线信号的传输速度快,时间测量上的很小误差可导致很大的误差值,所以要求传感器结点的 CPU 计算能力较强。这两种基于时间的测距方法适用于多种信号,如射频、声学、红外和超声波信号等。

ToA 机制是已知信号的传播速度,根据信号的传播时间来计算结点间的距离。图 4.4 给出了基于 ToA 测距的简单实现过程示例,采用伪噪声序列信号作为声波信号,根据声波的传播时间来测量结点之间的距离。

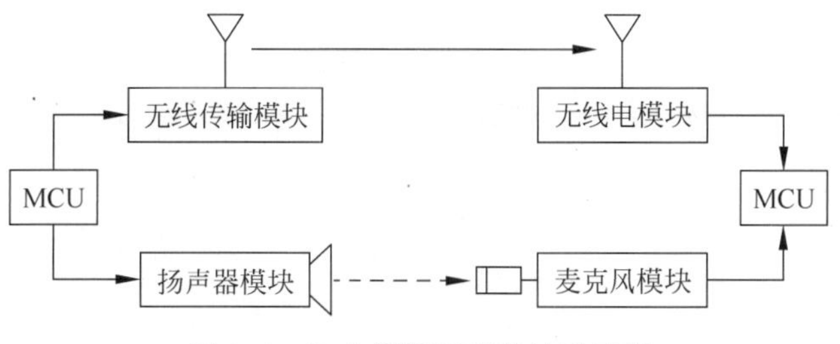

图 4.4　ToA 测距原理的过程示例

假设两个结点预先实现了时间同步，发送结点在发送伪噪声序列信号的同时，无线传输模块通过无线电同步消息通知接收结点关于伪噪声序列信号发送的时间，接收结点的麦克风模块在检测到伪噪声序列信号后，根据声波信号的传播时间和速度来计算结点间的距离。结点在计算出多个邻近信标结点后，利用三边测量算法和极大似然估计算法算出自身的位置。

这里 ToA 采用声波信号进行到达时间测量，由于声波频率低，速度慢，对结点硬件的成本和复杂度的要求很低，但声波的传播速度易受大气条件的影响。ToA 算法的定位精度高，但要求结点间保持精确的时间同步，对传感器结点的硬件和功耗提出了较高的要求。

在基于 TDoA 的定位机制中，发射结点同时发射两种不同传播速度的信号，接收结点根据两种信号到达的时间差以及这两种信号的传播速度，计算两个结点之间的距离。

如图 4.5 所示，假设发射结点同时发射无线射频信号和超声波信号，接收结点记录下这两种信号的到达时间 T_1、T_2，已知无线射频信号和超声波的传播速度为 c_1、c_2，那么两点之间的距离为 $k(T_2-T_1)$，其中 $k=c_1c_2/(c_1-c_2)$。

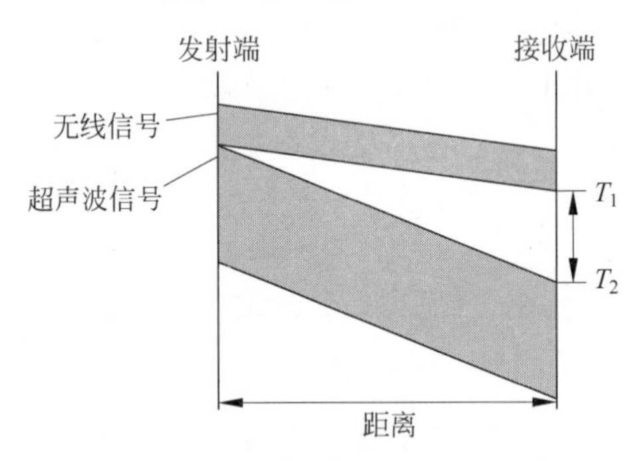

图 4.5　TDoA 测距原理的过程示例

麻省理工学院的板球室内定位系统（The Cricket Indoor Location System）就是根据 TDoA 的定位原理来实现的[41]，它用来确定移动或静止的结点位于大楼内的具体房间位置。在这个系统中每个房间都安装有信标结点，信标结点周期性地同时发射无线射频信号和超声波信号。无线射频信号中含有信标结点的位置信息，而超声波信号仅仅是单纯的脉冲信号，没有任何语义。

由于无线射频信号的传播速度要远大于超声波的传播速度，因而未知结点在收到无线射频信号时，会同时打开超声波信号接收机。根据两种信号的间隔和各自的传播速度，未知结点计算出和该信标结点之间的距离，然后通过比较到各个邻近信标结点的距离，选择出离自身最近的信标结点，从该信标结点广播的信息中取得自身的位置。

TDoA 技术对结点硬件的要求高，成本和功耗使得该技术对低成本、低功耗的传感器网络设计提出了挑战，当然 TDoA 技术的测距误差小，具有较高精度。

3）到达角（AoA）

该方法通过配备特殊天线来估测其他结点发射的无线信号的到达角度。它的硬件要求较高，每个结点要安装昂贵的天线阵列和超声波接收器。

在基于 AoA 的定位机制中，接收结点通过天线阵列或多个超声波接收机来感知发射结点信号的到达方向，计算接收结点和发射结点之间的相对方位和角度，再通过三角测量法计算结点的位置。

如图 4.6 所示，接收结点通过麦克风阵列探测发射结点信号的到达方向。AoA 定位不仅能够确定结点的坐标，还能够确定结点的方位信息。但是 AoA 测距技术易受外界环境影响，且需要额外硬件，它的硬件尺寸和功耗指标不适用于大规模的传感器网络，在某些应用领域可以发挥作用。

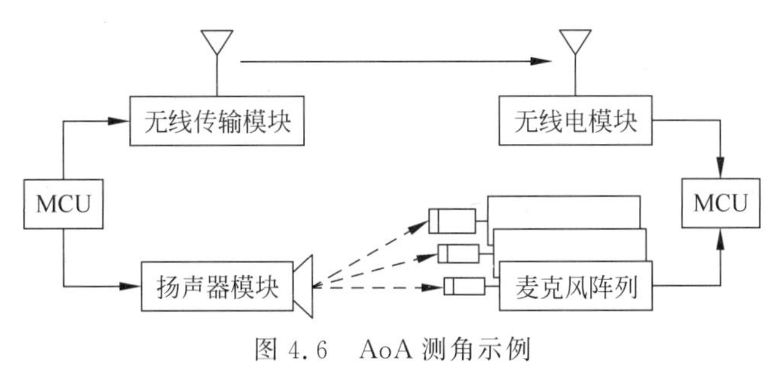

图 4.6 AoA 测角示例

以上测距方法考虑的是如何得到相邻结点之间的观测物理量，有些算法还需要通过间接计算，获得锚点与其他不相连结点之间的距离。所谓相连是指无线通信可达，即互为邻居结点。通常此类算法从锚点开始有节制地发起洪泛(flooding)，结点间共享距离信息，以较小的计算代价确定各结点与锚点之间的距离。

例如，采用几何学的欧几里得方法，可间接计算结点至锚点的距离。首先锚点发送洪泛消息，如果结点接收到两个邻结点(它们至锚点的距离已知)的距离消息，则接收结点可计算出它至锚点的距离。

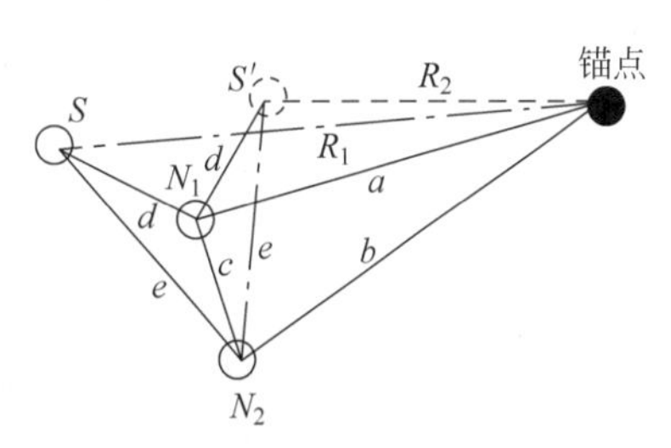

图 4.7 欧几里得方法计算距离的过程示例

如图 4.7 所示，已知 N_1、N_2 至锚点的距离为 a、b，N_1 与 N_2 之间的距离为 c，结点 S 与邻结点 N_1、N_2 之间的距离为 d、e，但计算出结点 S 至锚点的距离可能存在两个数值 R_1 或 R_2，因为 S 会存在另一符合逻辑的位置 S'。此时采用邻居表决法或公共邻接法来辅助选择其中一个具体位置，具体过程可以参见文献[42]。如果网络联通度高，则欧氏方法确定距离的精度较好。

2. 多边定位

多边定位法基于距离测量(如 RSSI、ToA/TDoA)的结果。确定二维坐标至少具有 3 个结点至锚点的距离值；确定三维坐标，则需 4 个此类测距值。

假设已知信标锚点 $A_1, A_2, A_3, A_4, \cdots$ 的坐标依次为 $(x_1, y_1), (x_2, y_2), (x_3, y_3), (x_4, y_4), \cdots$，即各锚点位置为 (x_i, y_i)，$i=1,2,3,\cdots$。如果待定位结点的坐标为 (x, y)，并且已知它至各锚点的测距数值为 d_i，可得

$$\begin{cases}(x_1-x)^2+(y_1-y)^2=d_1^2\\ \quad\vdots\\ (x_n-x)^2+(y_n-y)^2=d_n^2\end{cases} \tag{4.9}$$

其中 (x, y) 为待求的未知坐标，将前第 $n-1$ 个等式减去最后的等式：

$$\begin{cases} x_1^2 - x_n^2 - 2(x_1 - x_n)x + y_1^2 - y_n^2 - 2(y_1 - y_n)y = d_1^2 - d_n^2 \\ \vdots \\ x_{n-1}^2 - x_n^2 - 2(x_{n-1} - x_n)x + y_{n-1}^2 - y_n^2 - 2(y_{n-1} - y_n)y = d_{n-1}^2 - d_n^2 \end{cases} \tag{4.10}$$

用矩阵和向量形式表达为 $\boldsymbol{Ax}=\boldsymbol{b}$，其中：

$$\boldsymbol{A} = \begin{bmatrix} 2(x_1 - x_n) & 2(y_1 - y_n) \\ \vdots & \vdots \\ 2(x_{n-1} - x_n) & 2(y_{n-1} - y_n) \end{bmatrix}, \quad \boldsymbol{b} = \begin{bmatrix} x_1^2 - x_n^2 + y_1^2 - y_n^2 + d_n^2 - d_1^2 \\ \vdots \\ x_{n-1}^2 - x_n^2 + y_{n-1}^2 - y_n^2 + d_n^2 - d_{n-1}^2 \end{bmatrix}$$

根据最小均方误差（Minimum Mean Square Error，MMSE）的方法原理，可以求得解为 $\hat{\boldsymbol{x}} = (\boldsymbol{A}^{\mathrm{T}}\boldsymbol{A})^{-1}\boldsymbol{A}^{\mathrm{T}}\boldsymbol{b}$，当矩阵求逆不能计算时，这种方法不适用，否则可成功得到位置估计 $\hat{\boldsymbol{x}}$。从上述过程可以看出，这种定位方法本质上就是最小二乘估计。

3. Min-max 定位方法

多边定位法的浮点运算量大，计算代价高。Min-max 定位是根据若干锚点位置和至待求结点的测距值，创建多个正方形边界框，所有边界框的交集为一矩形，取此矩形的质心作为待定位结点的坐标[43]。这种定位方法计算简单，后人多以此为基础衍生出自己的定位方案。

图 4.8 所示为采用三个锚点进行定位的 Min-max 方法示例，即以某锚点 $i(i=1,2,3)$ 的坐标 (x_i, y_i) 为基础，加上或减去测距值 d_i，得到锚点 i 的边界框 $[x_i - d_i, y_i - d_i] \times [x_i + d_i, y_i + d_i]$。

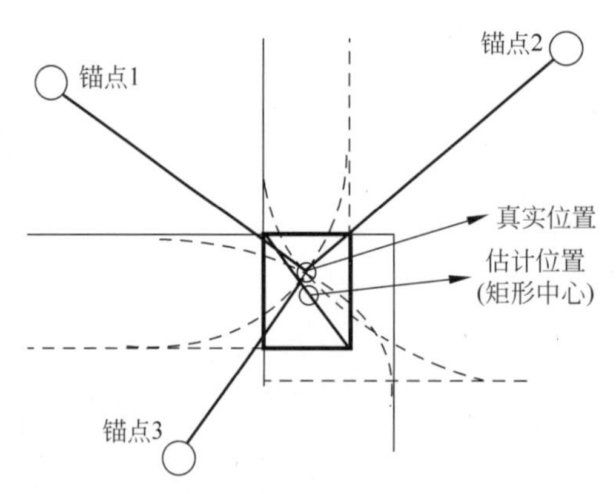

图 4.8　Min-max 法定位原理示例

在所有位置点 $[x_i + d_i, y_i + d_i]$ 中取最小值，所有 $[x_i - d_i, y_i - d_i]$ 中取最大值，则交集矩形取 $[\max(x_i - d_i), \max(y_i - d_i)] \times [\min(x_i + d_i), \min(y_i + d_i)]$。三个锚点共同形成交叉矩形，矩形质心即为所求结点的估计位置。

4.2.3 无须测距的定位技术

无须测距的定位技术不需要直接测量距离和角度信息。它不是通过测量结点之间的距离，而是仅根据网络的连通性确定网络中结点之间的跳数，同时根据已知位置参考结点的坐

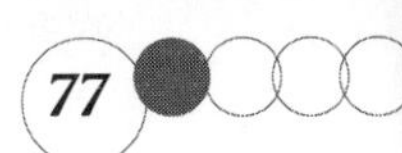

标等信息估计出每一跳的大致距离，然后估计出结点在网络中的位置。尽管这种技术实现的定位精度相对较低，不过可以满足某些应用的需要。

与距离无关的定位算法无须测量结点间的绝对距离或方位，降低了对结点硬件的要求。目前主要有两类距离无关的定位方法：一类是先对未知结点和锚点之间的距离进行估计，然后利用多边定位等方法完成其他结点的定位；另一类是通过邻居结点和锚点确定包含未知结点的区域，然后将这个区域的质心作为未知结点的坐标。这里重点以质心算法和DV-Hop算法为例进行介绍。

1. 质心算法

我们知道，在计算几何学里多边形的几何中心称为质心，多边形顶点坐标的平均值就是质心结点的坐标。假设多边形定点位置的坐标向量表示为 $\boldsymbol{p}_i=(x_i,y_i)^{\mathrm{T}}$，则这个多边形的质心坐标 $(\bar{x},\bar{y})$ 为

$$(\bar{x},\bar{y})=\left(\frac{1}{n}\sum_{i=1}^{n}X_i,\frac{1}{n}\sum_{i=1}^{n}Y_i\right) \tag{4.11}$$

例如，如果四边形 $ABCD$ 的顶点坐标分别为 (x_1,y_1)，(x_2,y_2)，(x_3,y_3)，(x_4,y_4)，则它的质心坐标计算如下：

$$(\bar{x},\bar{y})=\left(\frac{x_1+x_2+x_3+x_4}{4},\frac{y_1+y_2+y_3+y_4}{4}\right)$$

这种方法的计算与实现都非常简单，根据网络的连通性确定出目标结点周围的信标参考结点，直接求解信标参考结点构成的多边形的质心。

在传感器网络质心定位系统的实现中，锚点周期性地向临近结点广播分组信息，该信息包含了锚点的标识和位置。当未知结点接收到来自不同锚点的分组信息数量超过某一门限或在接收一定时间之后，就可以计算这些锚点所组成的多边形的质心作为自身位置。由于质心算法完全基于网络连通性，无须锚点和未知结点之间的协作和交互式通信协调，因而易于实现。

质心定位算法虽然实现简单、通信开销小，但仅能实现粗粒度定位，希望信标锚点具有较高的密度，各锚点部署的位置也对定位效果有影响。

2. DV-Hop 算法

DV-Hop 算法解决了低锚点密度引发的问题，它根据距离向量路由协议的原理在全网范围内广播跳数和位置。每个结点设置一个至各锚点最小跳数的计数器，根据接收的消息更新计数器。锚点广播其坐标位置，当结点接收到新的广播消息时，如果跳数小于存储的数值，则更新并转播该跳数。不定型算法采用类似原理，锚点坐标在全网内洪泛，结点维护到锚点的跳数，根据接收的锚点位置和跳数计算自身位置[44]。

如图4.9所示，已知锚点 L_1 与 L_2、L_3 之间的距离和跳数。L_2 计算得到校正值（即平均每跳距离）为 $(40+75)/(2+5)=16.42\mathrm{m}$。假设传感器网络中的待定位结点 A 从 L_2 获得校正值，则它与3个锚点之间的距离分别是 $D_1=3\times16.42$，$D_2=2\times16.42$，$D_3=3\times16.42$，然后使用多边测量法确定结点 A 的位置。

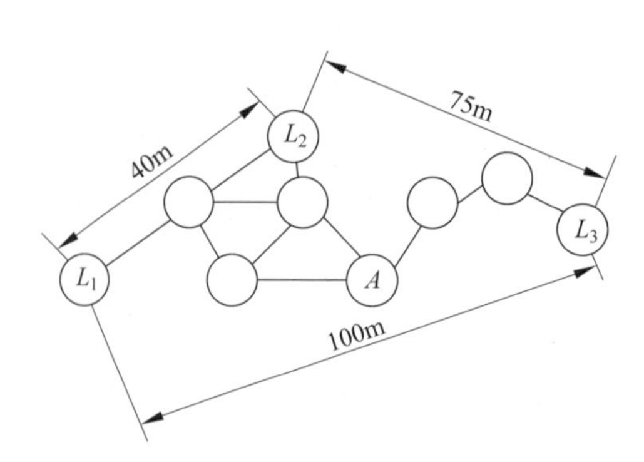

图 4.9 DV-Hop 算法定位过程的示例

4.2.4 定位系统的典型应用

位置信息有很多用途,在某些应用中可以起到关键性的作用。定位技术的用途大体可分为导航、跟踪、虚拟现实、网络路由等。

导航是定位系统的最重要应用,在军事上具有重要用途。导航是为了及时掌握移动物体在坐标系中的位置,并且了解所处的环境,进行路径规划,指导移动物体成功地到达目的地。最著名的定位系统是已经获得广泛应用的 GPS 导航系统。GPS 系统在户外空旷的地方有很好的定位效果,已经成功运用于车辆、船舶等交通工具。但是,室内的定位效果不理想,甚至完全失效。GPS 的定位精度最高可达到 1m,目前一般可以提供 5m 左右的精度。现在车辆、船舶、飞机等很多交通工具都已经配备了 GPS 导航系统。

除了导航以外,定位技术还有很多应用。例如,办公场所的物品、人员跟踪需要室内的精确定位。传感器网络具有覆盖室内、室外的能力,为解决像室内的高精确定位等难题提供了新途径。

基于位置的服务(Location Based Service,LBS)是利用一定的技术手段通过移动网络,来获取移动终端用户的位置信息,在电子地图平台的支持下为用户提供相应服务的一种业务。LBS 是移动互联网和定位服务的融合业务,它可以支持查找最近的宾馆、医院、车站等应用,为人们的出行活动提供便利。

跟踪是目前快速增长的一种应用业务。跟踪是为了实时地了解物体所处的位置和移动的轨迹。物品跟踪在工厂生产、库存管理和医院仪器管理等场合有广泛应用的迫切需求,主要是通过具有高精度定位能力的标签来实现跟踪管理。人员跟踪可以用于照顾儿童等场合,在超级市场、游乐场和监狱之类地方,采用跟踪人员位置的标签,可以很快找到相关的人员。

虚拟现实仿真系统中需要实时定位物体的位置和方向。参与者在场景中做出的动作,需要通过定位技术来识别并输入到系统回路中,定位的精度和实时性直接影响到参与者的真实感。

位置信息也为基于地理位置的路由协议提供了支持。基于地理位置的传感器网络路由是一种较好的路由方式,具有独特的优点。假设传感器网络掌握每个结点的位置,或者至少了解相邻结点的位置，那么网络就可以运行这种基于坐标位置的路由协议，完成路径优化选择的过程。在无线传感器网络中，这种路由方式可以提高网络系统的性能、安全性，并节省网络结点的能量。

4.3 数据融合

4.3.1 多传感器数据融合概述

多传感器数据融合研究的对象是各类传感器采集的信息，这些信息是以信号、波形、图像、数据、文字或声音等形式提供的。传感器本身对数据融合系统来说也是非常重要的。它们的工作原理、工作方式、给出的信号形式和测量数据的精度，都是我们研究、分析和设计多传感器信息系统，甚至研究各种信息处理方法所要了解或掌握的。

各种类型传感器是电子信息系统最关键的组成部分，它们是电子信息系统的信息来源。如气象信息可能是由气象雷达提供的，遥感信息可能是由合成孔径雷达(SAR)提供的，敌人用弹道导弹对我某战略要地的攻击信息可能是由预警雷达提供的等。这里之所以说“可能”，是因为每一种信息的获得，不一定只使用一种传感器。将各种传感器直接给出的信息称作源信息，如果传感器给出的信息是已经数字化的信息，就称作源数据，如果给出的是图像就是源图像。源信息是信息系统处理的对象。

信息系统的功能就是把各种各样的传感器提供的信息进行加工处理，以获得人们所期待的、可以直接使用的某些波形、数据或结论。当前基础科学理论的发展和技术的进步，使传感器技术更加成熟，特别在20世纪80年代之后，各种各样的具有不同功能的传感器如雨后春笋般相继面世，它们具有非常优良的性能，已经被广泛应用于人类生活的各个领域。源信息、传感器与环境之间的关系如图4.10所示[45]。

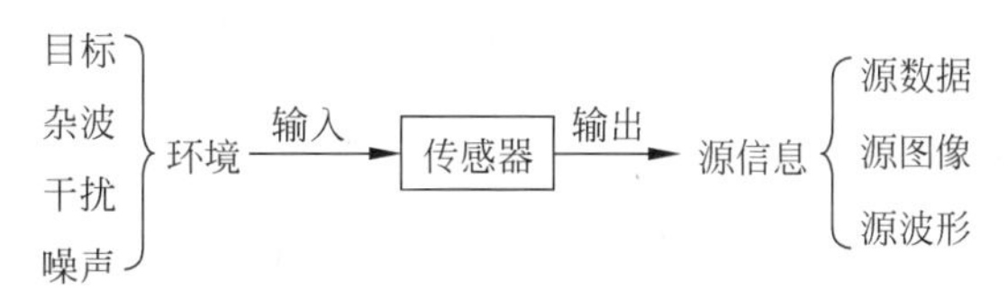

图4.10 传感器、源信息与环境的关系

各种传感器的互补特性为获得更多的信息提供了技术支撑。但是随着多传感器的利用，又出现了如何对多传感器信息进行联合处理的问题。消除噪声与干扰，实现对观测目标的连续跟踪和测量等一系列问题的处理方法，就是多传感器数据融合技术，有时也称为多传感器信息融合(Information Fusion，IF)技术或多传感器融合(Sensor Fusion，SF)技术，它是对多传感器信息进行处理的最关键技术，在军事和非军事领域的应用都非常广泛。

数据融合也被称作信息融合，是一种多源信息处理技术。它通过对来自同一目标的多源数据进行优化合成，获得比单一信息源更精确、完整的估计或判断。从军事应用的角度来看，Waltz和Llinas对数据融合的定义较为确切，即多传感器数据融合是一种多层次、多方面的处理过程，这个过程是对多源数据进行检测(detection)、互联(association)、相关

(correlation)、估计(estimation)和组合(combination)，以更高的精度、较高的置信度得到目标的状态估计和身份识别，以及完整的态势估计和威胁评估，为指挥员提供有用的决策信息。

这个定义实际上包含了三个要点。

(1) 数据融合是多信源、多层次的处理过程，每个层次代表信息的不同抽象程度；

(2) 数据融合过程包括数据的检测、关联、估计与合并；

(3) 数据融合的输出包括低层次上的状态身份估计和高层次上的总战术态势的评估。

传感器数据融合技术在军事领域的应用，包括海上监视、地面防空、战略防御与监视等，其中最典型的就是 C^3I 系统，即军事指挥自动化系统。在非军事领域的应用包括机器人系统、生物医学工程系统和工业控制自动监视系统等。

数据融合的方法普遍应用在日常生活中，比如在辨别一个事物的时候通常会综合各种感官信息，包括视觉、触觉、嗅觉和听觉等。单独依赖一种感官获得的信息往往不足以对事物做出准确判断，而综合多种感官数据，对事物的描述会更准确。

在多传感器系统中所用到的各种传感器分为有源传感器和无源传感器两种。有源传感器发射某种形式的信息，然后接收环境和目标对该信息的反射或散射信息，从而形成源信息，例如各种类型的有源雷达、激光测距系统和敌我识别系统等。无源传感器不发射任何形式的信息，完全靠接收环境和目标的辐射来形成源信息，如红外无源探测器、被动接收无线电定位系统和电视跟踪系统等，它们分别接收目标发出的热辐射信号、无线电信号和可见光信号。

具体地说，数据融合的内容主要包括多传感器的目标探测、数据关联、跟踪与识别、情况评估和预测。数据融合的基本目的是通过融合得到比单独的各个输入数据更多的信息。这一点是协同作用的结果，即由于多传感器的共同作用，使系统的有效性得以增强。

实质上数据融合是一种多源信息的综合技术，通过对来自不同传感器的数据进行分析和综合，可以获得被测对象及其性质的最佳一致估计。将经过集成处理的多种传感器信息进行合成，形成对外部环境某一特征的一种表达方式。

4.3.2 传感器网络中数据融合的作用

从广义上讲，数据融合的主要作用可归纳为以下几点。

(1) 提高信息的准确性和全面性。与一个传感器相比，多传感器数据融合处理可以获得更准确、全面的周围环境信息。

(2) 降低信息的不确定性。一组相似的传感器采集的信息存在明显的互补性，这种互补性经过适当处理后，可以对单一传感器的不确定性和测量范围的局限性进行补偿。

(3) 提高系统的可靠性。某个或某几个传感器失效时，系统仍能正常运行。

(4) 增加系统的实时性。

目前大多数传感器网络的应用都是由大量传感器结点来共同完成信息的采集过程，传感器网络的基本功能就是收集并返回传感器结点所在监测区域的信息。由于传感器网络结点的资源十分有限，主要体现在电池能量、处理能力、存储容量以及通信带宽等几个方面。

在收集信息的过程中，如果各个结点单独地直接传送数据到汇聚结点，则是不合适的，主要原因如下：

（1）浪费通信带宽和能量。在覆盖度较高的传感器网络中，邻近结点报告的信息通常存在冗余性，各个结点单独传送数据会浪费通信带宽。另外，传输大量数据会使整个网络消耗过多的能量，缩短网络的生存时间。

（2）降低信息收集的效率。多个结点同时传送数据会增加数据链路层的调度难度，造成频繁的冲突碰撞，降低了通信效率，从而影响信息收集的及时性。

为了避免上述问题的产生，传感器网络在收集数据的过程中需要使用数据融合（Data Fusion，DF）技术。数据融合是将多份数据或信息进行处理，组合出更有效、更符合用户需求的数据的过程。

传感器网络中的数据融合技术主要用于处理同一类型传感器的数据，或者输出复合型异构传感器的综合处理结果。例如，在森林防火的应用中，需要对温度传感器探测到的环境温度进行融合。在目标自动识别的应用中，需要对图像监测传感器采集的图像数据进行融合处理。

数据融合技术的具体实现与应用密切相关，例如在森林防火应用中只要处理传感器结点的位置和报告的温度数值，就实现了用户的要求和目标。但是，在目标识别应用中，由于各个结点的地理位置不同，针对同一目标所报告的图像的拍摄角度也不同，需要从三维空间的角度综合考虑，所以融合的难度也相对较大。

众所周知，传感器网络是以数据为中心的网络，数据采集和处理是用户部署传感器网络的最终目的。如果从数据采集和信号探测的角度来看，采用传感器数据融合技术会使数据采集功能相对于传统方法具有如下优点：

（1）增加测量维数，提高置信度和增加容错功能，改进系统的可靠性和可维护性。当一个甚至几个传感器出现故障时，系统仍可利用其他传感器获取环境信息，以维持系统的正常运行。

（2）提高精度。在传感器测量中，不可避免地存在各种噪声，而同时使用描述同一特征的多个不同信息，可以减小这种由测量不精确所引起的不确定性，显著提高系统的精度。

（3）扩展了空间和时间的覆盖，提高了空间分辨率，增强适应环境的能力。多种传感器可以描述环境中的多个不同特征，这些互补的特征信息，可以减小对环境模型理解的歧义，提高系统正确决策的能力。

（4）改进探测性能，增加响应的有效性，降低了对单个传感器的性能要求，提高信息处理的速度。在同等数量的传感器下，各传感器分别单独处理与多传感器数据融合处理相比，由于多传感器信息融合中使用了并行结构，采用分布式系统并行算法，可显著提高信息处理的速度。

（5）降低信息获取的成本。信息融合提高了信息的利用效率，可以用多个较廉价的传感器获得与昂贵的单一高精度传感器同样甚至更好的效果，因此可大大降低系统的成本。

在传感器网络中数据融合起着十分重要的作用，从总体上来看，它的主要作用在于：①节省整个网络的能量；②增强所收集数据的准确性；③提高收集数据的效率。

1. 节省能量方面

传感器网络是由大量的传感器结点覆盖在监测区域形成的体系架构。单个传感器结点的监测范围和可靠性是有限的。通常在部署网络时,需要使传感器结点达到一定的密度,以增强整个网络的鲁棒性和监测信息的准确性,有时甚至需要使多个结点的监测范围互相交叠。

这种监测区域的相互重叠导致邻近结点报告的信息存在一定程度的冗余。例如对于监测温度的传感器网络,每个位置的温度可能会有多个传感器结点进行监测,这些结点所报告的温度数据会非常接近或完全相同。在这种冗余程度很高的情况下,把这些结点报告的数据全部发送给汇聚结点与仅发送一份数据相比,除了使网络消耗更多的能量外,汇聚结点并未获得更多的有意义的信息。

数据融合就是要针对上述情况对冗余数据进行网内处理,即中间结点在转发传感器数据之前,首先对数据进行综合,去掉冗余信息,在满足应用需求的前提下将需要传输的数据量最小化。网内处理利用的是结点的计算资源和存储资源,其能量消耗与传送数据相比要少很多。

美国加州大学伯克利分校计算机系研制开发了微型传感器网络结点(Micadot 系列结点),研究试验结果表明,该结点发送一个比特的数据所消耗的能量约为 4000nJ,而处理器执行一条指令所消耗的能量仅为 5nJ,即发送一个比特数据的能耗可以用来执行 800 条指令。

因此在一定程度上尽量进行网内处理,可以减少数据传输量,有效地节省能量。如果在理想的融合情况下,中间结点可以把 n 个长度相等的输入数据分组合并成 1 个等长的输出分组,只需要消耗不进行融合所消耗能量的 $1/n$ 即可完成数据传输。在最差的情况下,融合操作并未减少数据量,但通过减少分组个数,可以减少信道的协商或竞争过程造成的能量开销。

2. 获得更准确的信息方面

传感器网络由大量低廉的传感器结点组成,部署在各种各样的应用环境中。人们从传感器结点获得的信息存在着较高的不可靠性,这些不可靠因素主要来源于以下方面:

(1) 受到成本和体积的限制,结点装配的传感器元器件的探测精度一般较低;

(2) 无线通信的机制使得传送的数据更容易受到干扰而遭到破坏;

(3) 恶劣的工作环境除了影响数据传送以外,还会破坏结点的功能部件,令其工作异常,可能报告出错误的数据。

由此看来,仅收集少数几个分散的传感器结点的数据,是难以保证所采集信息的正确性。因此需要通过对监测同一对象的多个传感器所采集的数据进行综合,有效地提高所获得信息的精度和可信度。另外,由于邻近的传感器结点也在监测同一区域,它们所获得信息之间的差异性很小。如果个别结点报告了错误的或误差较大的信息,很容易在结点本地通过简单的比较算法进行排除。

需要指出的是,虽然可以在数据全部单独传送到汇聚结点后再进行集中融合,但这种方法得到的结果往往不如在网内预先进行融合处理的结果精确,有时甚至会产生融合错误。数据融合一般需要数据源所在地局部信息的参与,如数据产生的地点、产生数据的结点所在的组(簇)等。

3. 提高数据的收集效率方面

在传感器网络内部进行数据融合,可以在一定程度上提高网络收集数据的整体效率。数据融合减少了需要传输的数据量,可以减轻网络的传输拥塞,降低数据的传输延迟。即使有效数据量并未减少,但通过对多个分组进行合并减少了分组个数,能减少网络数据传输的冲突碰撞现象,也可以提高无线信道的利用率。

传感器网络是以数据为中心的网络,用户感兴趣的是数据而不是网络和传感器硬件本身。如何建立以数据为中心的传感器网络?数据融合方法是传感器网络的关键技术之一。

4.3.3 数据融合技术的分类

传感器网络的数据融合技术可以从不同的角度进行分类,这里介绍三种分类方法:①依据融合前后数据的信息含量进行分类;②依据数据融合与应用层数据语义的关系进行分类;③依据融合操作的级别进行分类。

1. 根据融合前后数据的信息含量分类

根据数据进行融合操作前后的信息含量,可以将数据融合分为无损失融合和有损失融合两类。

1）无损失融合

在无损失融合中,所有的细节信息均被保留,只去除冗余的部分信息。此类融合的常见做法是去除信息中的冗余部分。如果将多个数据分组打包成一个数据分组,而不改变各个分组所携带的数据内容,那么这种融合方式属于无损失融合。它只是缩减了分组头部的数据和为传输多个分组而需要的传输控制开销,保留了全部数据信息。

时间融合是无损失融合的另一个例子。在远程监控应用中,传感器结点汇报的内容可能在时间属性上具有一定联系,可以使用一种更有效的表示手段来融合多次汇报的结果。例如一个结点以一个短时间间隔进行了多次汇报,每次汇报中除时间戳不同外,其他内容均相同,或者收到这些汇报的中间结点可以只传送时间戳最新的一次汇报,以表示在此时刻之前,被监测的事物都具有相同的属性,因而可以大大地节省网络数据的传输量。

2）有损失融合

有损失融合通常会省略一些细节信息或降低数据的质量,从而减少需要存储或传输的数据量,以达到节省存储资源或能量资源的目的。在有损失融合中,信息损失的上限是要保留应用所必需的全部信息量。

很多有损失融合都是针对数据收集的需求而进行网内处理,例如温度监测应用中,需要查询某一区域范围内的平均温度或者最低、最高温度时,网内处理将对各个传感器结点所报告的数据进行运算,并只将结果数据报告给查询者。从信息含量的角度来看,这份结果数据相对于传感器结点所报告的原始数据来说,损失了绝大部分的信息,但是它能完全满足数据收集者的要求。

2. 根据数据融合与应用层数据语义之间的关系分类

数据融合技术可以在传感器网络协议栈的多个层次中实现，既能在 MAC 协议中实现，也能在路由协议或应用层协议中实现。根据数据融合是否基于应用数据的语义①，将数据融合技术分为三类：依赖于应用的数据融合（Application Dependent Data Aggregation，ADDA）、独立于应用的数据融合（Application Independent Data Aggregation，AIDA），以及结合以上两种技术的数据融合。

1）依赖于应用的数据融合

通常数据融合都是针对应用层数据，即数据融合需要了解应用层数据的语义。从实现角度来看，数据融合如果在应用层实现，则与应用数据之间没有语义间隔，可以直接对应用数据进行融合；如果在网络层实现，则需要跨协议层来理解应用层数据的含义。

ADDA 技术可以根据应用需求获得最大限度的数据压缩，但可能导致数据中损失的信息过多，另外，它带来的跨层理解语义问题也给协议栈的实现带来了困难。

2）独立于应用的数据融合

独立于应用的数据融合技术不需要了解应用层数据的语义，直接对数据链路层的数据包进行融合。例如，将多个数据包拼接成一个数据包进行转发。这种技术把数据融合作为独立的层次来实现，简化了各层之间的关系。

AIDA 保持了网络协议层的独立性，不对应用层数据进行处理，从而不会导致信息丢失，但是数据融合效率没有 ADDA 好。

3）结合以上两种技术的数据融合

这种方式结合上面两种技术的优点，同时保留 AIDA 层次和其他协议层内的数据融合技术，因此可以综合使用多种机制，得到更符合应用需求的融合效果。

3. 根据融合操作的级别分类

根据对传感器数据的操作级别，可将数据融合技术分为以下三类。

1）数据级融合

数据级融合是最底层的融合，操作对象是传感器采集得到的数据，因而是面向数据的融合。对传感器的原始数据及预处理各阶段上产生的信息分别进行融合处理，尽可能多地保持了原始信息，能够提供其他层次融合所不具有的细微信息。这类融合在大多数情况下仅依赖于传感器类型，不依赖于用户需求。例如在目标识别的应用中，数据级融合即为像素级融合，进行的操作包括对像素数据进行分类或组合，去除图像中的冗余信息等。

它的局限性主要是所要处理的传感器信息量大，故处理代价较高，另外融合是在信息最低层进行的，由于传感器的原始数据的不确定性、不完全性和不稳定性，要求在融合时有较高的纠错能力。

---

① 语义可以简单地看作数据所对应的现实世界中事物所代表概念的含义，以及这些含义之间的关系，是数据在某个领域的解释和逻辑表示。对于计算机科学来说，语义一般是指用户对于那些用来描述现实世界的计算机表示（即符号）的解释，是用户用来联系计算机表示和现实世界的途径。

2）特征级融合

特征级融合通过一些特征提取手段将数据表示为一系列的特征向量来反映事物的属性。作为一种面向监测对象特征的融合，它是利用从各个传感器原始数据中提取的特征信息，进行综合分析和处理的中间层次过程。

通常所提取的特征信息应是数据信息的充分表示量或统计量，据此对多传感器信息进行分类、汇集和综合。例如在温度监测的应用场合，特征级融合可以对温度传感器的输出数据进行综合，表示成“地区范围，最高温度，最低温度”的形式；在目标监测应用中，特征级融合可以将图像的颜色特征表示成 RGB 值。

特征级融合可以分为目标状态信息融合和目标特性融合两种类型。目标状态信息融合主要应用于多传感器目标跟踪领域。融合系统首先对传感器数据进行预处理以完成数据配准。在数据配准后，融合处理主要实现参数相关和状态向量估计。目标特性融合主要用于特征层的联合识别。具体的融合方法主要采用模式识别的相应技术，在融合前必须先对特征进行相关处理，对特征向量进行分类组合。在模式识别、图像处理和计算机视觉等领域，已经对特征提取和基于特征的分类问题进行了深入的研究，有许多方法可以借鉴。

3）决策级融合

决策级融合根据应用需求进行较高级的决策，是最高级的融合。决策级融合的操作可以依据特征级融合提取的数据特征，对监测对象进行判别、分类，并通过简单的逻辑运算，执行满足应用需求的决策。因此，决策级融合是面向应用的融合。

决策级融合是在信息表示的最高层次上进行的融合处理。不同类型的传感器观测同一个目标，每个传感器在本地完成预处理、特征抽取、识别或判断，以建立对所观察目标的初步结论，然后通过相关处理、决策级融合判决，最终获得联合推断结果，从而直接为决策提供依据。

因此决策级融合是直接针对具体决策目标，充分利用特征级融合所得出的目标各类特征信息，并给出简明而直观的结果。决策级融合的优点在于实时性好，另外，如果出现一个或几个传感器失效时，仍能给出最终决策，因而具有良好的容错性。例如针对灾难监测问题，决策级融合可能需要综合多种类型的传感器信息，包括温度、湿度或震动等，进而对是否发生了灾难事故进行判断。在目标监测应用中，决策级融合需要综合监测目标的颜色特征和轮廓特征，对目标进行识别，最终只传输识别的结果。

在传感器网络的具体应用与实现中，这三个层次的融合技术可以根据应用的特点加以综合运用。例如在有的应用场合，传感器数据的形式比较简单，不需要进行较低层的数据级融合，而需要提供灵活的特征级融合手段。另外，如果有的应用要处理大量的原始数据，则需要具备强大的数据级融合功能。

4.3.4 数据融合的主要方法

通常数据融合的大致过程如下：首先将被测对象的输出结果转换为电信号，然后经过 A/D 转换形成数字量；数字化后电信号经过预处理，滤除数据采集过程中的干扰和噪声；对经过处理后的有用信号进行特征抽取，实现数据融合，或者直接对信号进行融合处理；最后输出融合的结果。

目前数据融合的方法主要有如下几种[46]。

1. 综合平均法

该方法是把来自多个传感器的众多数据进行综合平均。它适用于同类传感器检测同一个检测目标。这是最简单、最直观的数据融合方法。该方法将一组传感器提供的冗余信息进行加权平均，结果作为融合值。

如果对一个检测目标进行了 k 次检测，则综合平均的结果为

$$\overline{S}=\frac{\sum_{i=1}^{k}W_iS_i}{\sum_{i=1}^{k}W_i} \tag{4.12}$$

其中，W_i 为分配给第 i 次检测的权重，S_i 为第 i 次检测的结果数据。

2. 卡尔曼滤波法

卡尔曼滤波法用于融合低层的实时动态多传感器冗余数据。该方法利用测量模型的统计特性，递推地确定融合数据的估计，且该估计在统计意义下是最优的。如果系统可以用一个线性模型描述，且系统与传感器的误差均符合高斯白噪声模型，则卡尔曼滤波将为融合数据提供唯一统计意义上的最优估计。

卡尔曼滤波器的递推特性使得它特别适合在那些不具备大量数据存储能力的系统中使用。它的应用领域涉及目标识别、机器人导航、多目标跟踪、惯性导航和遥感等。例如，应用卡尔曼滤波器对 n 个传感器的测量数据进行融合后，既可以获得系统的当前状态估计，又可以预报系统的未来状态。所估计的系统状态可以表示移动机器人的当前位置、目标的位置和速度、从传感器数据中抽取的特征或实际测量值本身。

3. 贝叶斯估计法

贝叶斯估计是融合静态环境中多传感器低层信息的常用方法。它使传感器信息依据概率原则进行组合，测量不确定性以条件概率表示。当传感器组的观测坐标一致时，可以用直接法对传感器测量数据进行融合。在大多数情况下，传感器是从不同的坐标系对同一环境物体进行描述，这时传感器测量数据要以间接方式采用贝叶斯估计进行数据融合。

多贝叶斯估计把每个传感器作为一个贝叶斯估计，将各单独物体的关联概率分布组合成一个联合后验概率分布函数，通过使联合分布函数的似然函数最小，可以得到多传感器信息的最终融合值。

4. D-S 证据推理法

D-S(Dempster-Shafer)证据推理法是目前数据融合技术中比较常用的一种方法，是由 Dempster 首先提出，由 Shafer 发展的一种不精确推理理论。这种方法是贝叶斯方法的扩展，因为贝叶斯方法必须给出先验概率，证据理论则能够处理这种由不知道引起的不确定性，通常用来对目标的位置、存在与否进行推断。

在多传感器数据融合系统中，每个信息源提供了一组证据和命题，并且建立了一个相应的质量分布函数。因此，每一个信息源就相当于一个证据体。D-S 证据推理法的实质是在同一个鉴别框架下，将不同的证据体通过 Dempster 合并规则并成一个新的证据体，并计算证据体的似真度，最后采用某一决策选择规则，获得融合的结果。

5. 统计决策理论

与多贝叶斯估计不同，统计决策理论中的不确定性为可加噪声，从而不确定性的适应范围更广。不同传感器观测到的数据必须经过一个鲁棒综合测试，以检验它的一致性，经过一致性检验的数据用鲁棒极值决策规则进行融合处理。

6. 模糊逻辑法

针对数据融合中所检测的目标特征具有某种模糊性的现象，利用模糊逻辑方法对检测目标进行识别和分类。建立标准检测目标和待识别检测目标的模糊子集是此方法的基础。模糊子集的建立需要有各种各样的标准检测目标，同时必须建立合适的隶属函数。

模糊逻辑实质上是一种多值逻辑，在多传感器数据融合中，将每个命题及推理算子赋予 0 到 1 间的实数值，以表示其在登记处融合过程中的可信程度，又被称为确定性因子，然后使用多值逻辑推理法，利用各种算子对各种命题(即各传感源提供的信息)进行合并运算，从而实现信息的融合。

7. 产生式规则法

这是人工智能中常用的控制方法。一般要通过对具体使用的传感器的特性及环境特性进行分析，才能归纳出产生式规则法中的规则。通常系统改换或增减传感器时，其规则要重新产生。这种方法的特点是系统扩展性较差，但推理过程简单明了，易于系统解释，所以也有广泛的应用范围。

8. 神经网络方法

神经网络方法是模拟人类大脑行为而产生的一种信息处理技术，它采用大量以一定方式相互连接和相互作用的简单处理单元(即神经元)来处理信息。神经网络具有较强的容错性和自组织、自学习和自适应能力，能够实现复杂的映射。神经网络的优越性和强大的非线性处理能力，能够很好地满足多传感器数据融合技术的要求[47]。

神经网络方法的特点如下：①具有统一的内部知识表示形式，通过学习方法可将网络获得的传感器信息进行融合，获得相关网络的参数(如连接权矩阵、结点偏移向量等)，并且可将知识规则转换成数字形式，便于建立知识库；利用外部环境的信息，便于实现知识自动获取及进行联想推理；②能够将不确定环境的复杂关系，经过学习推理，融合为系统能理解的准确信号；③神经网络具有大规模并行处理信息的能力，使得系统信息处理速度很快。

神经网络方法实现数据融合的过程如下：①用选定的 N 个传感器检测系统状态；②采集 N 个传感器的测量信号并进行预处理；③对预处理后的 N 个传感器信号进行特征选择；④对特征信号进行归一化处理，为神经网络的输入提供标准形式；⑤将归一化的特征信息与已知的系统状态信息作为训练样本，输入神经网络进行训练，直到满足要求为止。将训练好的网络作为已知网络，然后只要将归一化的多传感器特征信息作为输入送入该网络，则输出的结果就是被测系统的状态结果。

以上介绍的数据融合主要方法，目前都在无线传感器网络的应用中得到体现，例如用于机动目标的可靠探测、识别、位置跟踪等。

4.3.5 传感器网络应用层的数据融合示例

由于传感器网络具有以数据为中心的特点，尽管在网络层和其他层次结构上也可以采用数据融合技术，但是在应用层实现数据融合最为常见。通常应用层的设计需要考虑以下几点：

(1) 应用层的用户接口需要对用户屏蔽底层的操作，用户不必了解数据具体是如何收集上来的，即使底层实现有了变化，用户也不必改变原来的操作习惯。

(2) 传感器网络可以实现多任务，应用层应该提供方便、灵活的查询提交手段。

(3) 既然通信的代价相对于本地计算的代价要高，应用层数据的表现形式应便于进行网内计算，以大幅度减少通信的数据量，减小能量消耗。

为了满足上述要求，分布式数据库技术被应用于传感器网络的数据收集过程，应用层接口可以采用类似“结构化查询语言”(Structured Query Language，SQL)[①]的风格。SQL 在多年的发展过程中，已经证明可以在基于内容的数据库系统中工作得很好。

传感器网络采用类 SQL 语言的优点在于：

(1) 对用户需求的表达能力强，易于使用；

(2) 可以应用于任何数据类型的查询操作，能够对用户完全屏蔽底层的实现；

(3) 它的表达形式非常易于通过网内处理进行查询优化，中间结点均理解数据请求，可以对接收到的数据和自己的数据进行本地运算，只提交运算结果；

(4) 便于在研究领域或工业领域进行标准化。

在传感器网络应用中，SQL 融合操作一般包括 5 个基本操作符：COUNT、MIN、MAX、SUM 和 AVERAGE。与传统数据库的 SQL 应用类似，COUNT 用于计算一个集合中的元素个数；MIN 和 MAX 分别计算最小值和最大值；SUM 计算所有数值的和；AVERAGE 用于计算所有数值的平均数。

例如，如果传感器结点的光照指数(Light)大于 10，则下面语句可以返回关于结点温度(Temp)的平均值和最高值的查询请求：

```
SELECT AVERAGE(Temp),MAX(Temp)
    FROM Sensors
    WHERE Light > 10
```

对于不同的传感器网络应用，可以扩展不同的操作符来增强查询和融合的能力。例如可以加入 GROUP 和 HAVING 两个常用的操作符，或者一些较为复杂的统计运算符，像直

---

① SQL 是数据库使用的标准数据查询语言。它作为一种高级的非过程化编程语言，允许用户在高层数据结构上工作，不要求用户指定对数据的存放方法。具有完全不同底层结构的各种数据库系统，可以使用相同的 SQL 语言作为数据输入与管理的接口。

方图等。GROUP 可以根据某一属性将数据分成组,它可以返回一组数据,而不是只返回一个数值。HAVING 用于对参与运算的数据的属性值进行限制。

下面通过一个简单的例子,说明数据收集是如何在传感器网络中进行的。假设需要查询建筑物的第 6 层房间中温度超过 25℃的房间号及其最高温度,可以使用下面的查询请求:

```
SELECT Room,MAX(Temp)
       FROM Sensors
       WHERE Floor = 6
       GROUP BY Room
       HAVING Temp > 25
```

假设 6 层有 4 个房间,房间内传感器的位置以及通信路径如图 4.11 所示。为了突出数据收集的过程,便于简化讨论,这里假设以下三项条件能得到满足:

(1) 所有结点都已通过某种方法(如简单的扩散)知道了查询请求;

(2) 各结点的数据传输路径已经由某种路由算法确定,例如图中虚线代表的树形路由;

(3) 图中走廊尽头的黑色结点负责将查询结果提交给用户,即此结点为本楼层的数据汇聚结点。

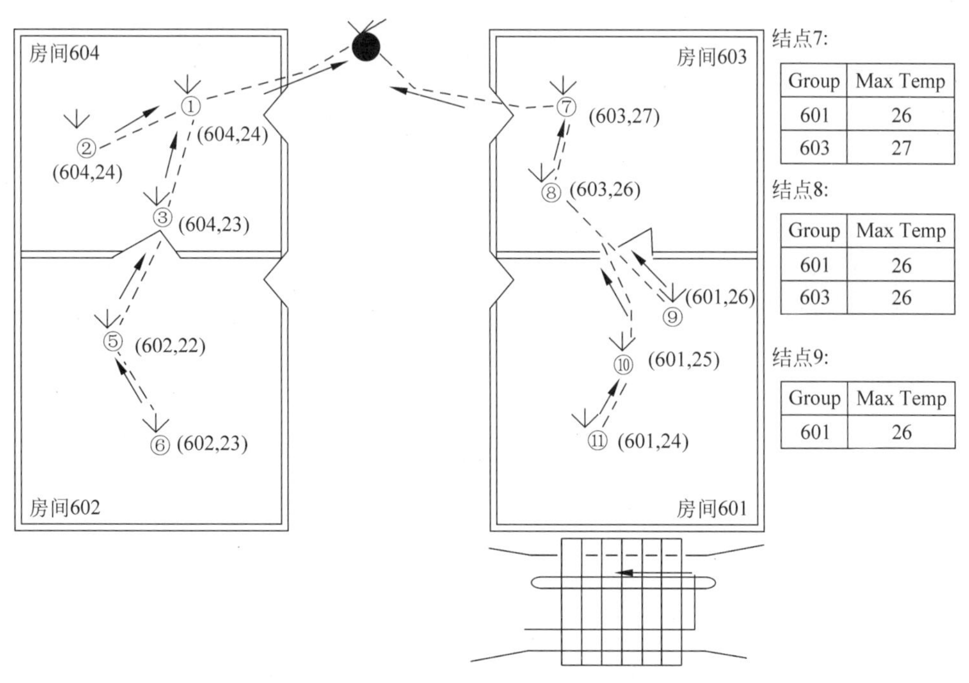

结点7:

Group	Max Temp
601	26
603	27

结点8:

Group	Max Temp
601	26
603	26

结点9:

Group	Max Temp
601	26

图 4.11　根据类 SQL 语言进行网内处理的示例

图中的各传感器结点均已准备好一份数据,并以(Room,Temp)的形式表示。一种简单的实现可以操作如下:

(1) 由于各个结点均理解查询请求,它们会首先检查自己的数据是否符合 HAVING 语句的要求(即温度值是否高于 25℃),以决定自己的数据是否参与运算或需要发送。

(2) 各个结点在接收到其他结点发送来的数据后,进行本地运算,运算内容包括将数据按照房间号进行分组，并比较得出目前已知的此房间最高温度，运算结果将被继续向上游结点提交。

(3) 中间结点如果在一段时间内没有收到邻居结点发送来的数据，可以认为自邻居结点以下，没有需要提交的数据。

按照上面的操作原则，由于1～6号结点以及10、11号结点的温度值不满足大于25的条件，所以不会发送数据。8号结点将结果传送给7号结点，7号结点通过本地融合，将两者之间比较大的发送给汇聚结点，一共传送了2个数据包；9号结点将自己的计算结果发送给8号结点，8号结点接收到数据后进行本地计算，并将最大值再次发送给7号结点；7号结点更新8号结点发送来的计算结果后，发送给汇聚结点；汇聚结点等待一段时间确信没有其他数据需要接收后，将查询结果提交，数据收集过程结束。

如果将一组(Room，Temp)值视为一份数据，上述过程总共在网内传送了5份数据。假如不使用任何数据融合手段，让各个结点单独发送数据到汇聚结点，由汇聚结点集中计算结果，则网络需要传送25份数据。

上述例子中的实现方法很简单，但一个不能回避的问题就是查询效率比较低。每个中间结点均要等待一段时间以确定邻居结点没有数据发送，而传输路径为树形结构，这将导致高层结点需要等待的时间与树的深度成正比。

为了改进这种情况，可以令不需要发送数据的结点发送一个非常短的分组，用于通知上游邻居结点自己没有数据需要发送，而不是完全沉默。这是一种用少量的能量消耗来换取时间性能的折中办法。即使这样，与不进行网内处理的方法相比，仍能够显著减少数据通信量，有效地节省能量。

4.4 能量管理

4.4.1 能量管理的意义

对于无线自组网、蜂窝网等无线网络，考虑的首要目标是提供良好的通信服务质量和高效地利用无线网络带宽，其次才是节省能量。传感器网络存在着能量约束问题，它的一个重要设计目标就是高效使用传感器结点的能量，在完成应用要求的前提下，尽量延长整个网络系统的生存期。

传感器结点采用电池供电，工作环境通常比较恶劣，一次部署终生使用，所以更换电池就比较困难。如何节省电源、最大化网络生命周期？低功耗设计是传感器网络的关键技术之一。

传感器结点中消耗能量的模块有传感器模块、处理器模块和通信模块。随着集成电路工艺的进步，处理器和传感器模块的功耗都很低。无线通信模块可以处于发送、接收、空闲或睡眠状态，空闲状态就是侦听无线信道上的信息，但不发送或接收。睡眠状态就是无线通信模块处于不工作状态。

网络协议控制了传感器网络各结点之间的通信机制，决定无线通信模块的工作过程。传感器网络协议栈的核心部分是网络层协议和数据链路层协议。网络层主要是路由协议，选择采集信息和控制消息的传输路径，就是决定哪些结点形成转发路径，路径上的所有结点都要消耗一定的能量来转发数据。数据链路层的关键是MAC协议，控制相邻结点之间无线信道的使用方式，决定无线收发模块的工作模式（发送、接收、空闲或睡眠）。因此，路由协议和MAC协议是影响传感器网络能量消耗的重要因素。

通常随着通信距离的增加，能耗急剧增加。通常为了降低能耗，应尽量减小单跳通信距离。简单地说，多个短距离跳的数据传输比一个长跳的传输能耗会低些。因此，在传感器网络中要减少单跳通信距离，尽量使用多跳短距离的无线通信方式。

无线传感器网络的能量管理（Energy Management，EM）主要体现在传感器结点电源管理（Power Management，PM）和有效的节能通信协议设计。在一个典型的传感器结点结构中，与电源单元发生关联的有很多模块，除了供电模块以外，其余模块都存在电源能量消耗。从传感器网路的协议体系结构来看，它的能量管理机制是一个囊括物理层到应用层的跨层协议设计问题。

从能量管理的角度来看，传感器结点通常由四部分组成：处理器单元、无线传输单元、传感器单元和电源管理单元，如图4.12所示。其中传感器单元的能耗与应用特征相关，采样周期越短、采样精度越高，则传感器单元的能耗越大。可以通过在应用允许的范围内，适当地延长采样周期，采用降低采样精度的方法来降低传感器单元的能耗。事实上，由于传感器单元的能耗要比处理器单元和无线传输单元的能耗低得多，有时候几乎可以忽略，因此通常只讨论处理器单元和无线传输单元的能耗问题。

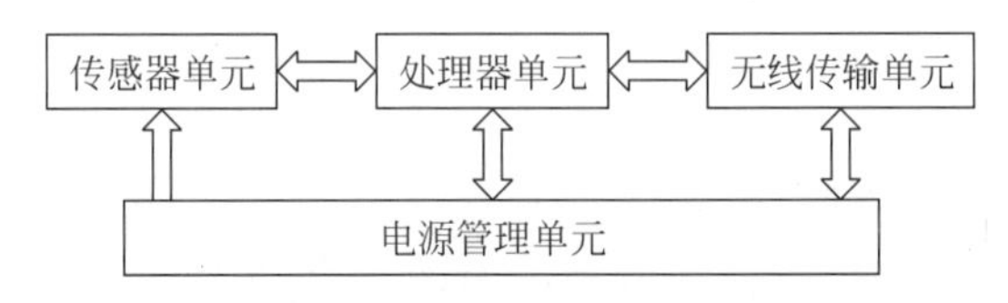

图4.12　传感器网络结点的单元构成

（1）处理器单元能耗。处理器单元包括微处理器和存储器，用于数据存储与预处理。结点的处理能耗与结点的硬件设计、计算模式紧密相关。目前对能量管理的设计都是在应用低能耗器件的基础上，在操作系统中使用能量感知方式进一步减少能耗，延长结点的工作寿命。

（2）无线传输能耗。无线传输单元用于结点间的数据通信，它是结点中能耗最大的部件。因此，无线传输单元的节能是通常设计的重点。传感器网络的通信能耗与无线收发器以及各个协议层紧密相关，它的管理体现在无线收发器的设计和网络协议设计的每一个环节。

4.4.2　传感器网络的电源节能方法

目前人们采用的节能策略主要有休眠机制、数据融合等，它们应用在计算单元和通信单元的各个环节。

1. 休眠机制

休眠机制的主要思想是，当结点周围没有感兴趣的事件发生时，计算与通信单元处于空闲状态，把这些组件关掉或调到更低能耗的状态，即休眠状态。该机制对于延长传感器结点的生存期非常重要。但休眠状态与工作状态的转换需要消耗一定的能量，并且产生时延，所以状态转换策略对于休眠机制比较重要。如果状态转换策略不合适，不仅无法节能，反而会导致能耗的增加。

通过休眠实现节能的策略主要体现在以下几方面。

1）硬件支持

目前很多处理器如 StrongARM 和 MSP430 等芯片，都支持对工作电压和工作频率的调节，为处理单元的休眠提供了有力的支持。

图 4.13 描述了传感器结点各模块的能量消耗情况例子[48]。从图中可知，传感器结点的绝大部分能量消耗在无线通信模块上，而且无线通信模块在空闲状态和接收状态的能量消耗接近。

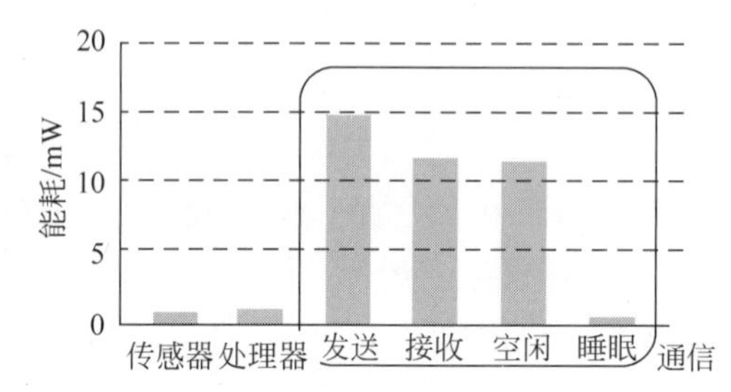

图 4.13 传感器网络结点各单元的能量消耗情况

现有的无线收发器也支持休眠，而且可以通过唤醒装置来唤醒休眠中的结点，从而实现在全周期运行时的低能耗。无线收发器有四种操作模式：发送、接收、空闲和休眠。表 4.1 给出了图 4.13 中相应无线收发器的能耗情况，除了休眠状态外，其他三种状态的能耗都很大，空闲状态的能耗接近于接收状态，所以如果传感器结点不再收发数据时，最好把无线收发器关掉或进入休眠状态以降低能耗。

表 4.1 无线收发器各个状态的能耗

无线收发器状态	能耗/mW	无线收发器状态	能耗/mW
发送	14.88	空闲	12.36
接收	12.50	休眠	0.016

无线收发器的能耗与其工作状态相关。在低发射功率的短距离无线通信中，数据收/发能耗基本相同。收发器电路中的混频器、频率合成器、压控振荡器、锁相环和能量放大器是主要的能耗部件。收发器启动时，由于锁相环的锁存时间较长，导致启动时间一般需要几百微秒，因此收发器的启动能耗是节能操作中必须考虑的因素。若采用无数据收发时关闭收发器的节能方法，则必须考虑收发器启动能耗与持续工作能耗之间的关系。

2）采用休眠机制的网络协议

通常无线传感器网络的 MAC 协议都采用休眠机制，例如 S-MAC 协议。在 S-MAC 协议中，在数据发送时，如果结点既不是数据的发送者，也不是数据的接收者，就转入休眠状态，在醒来后有数据发送就竞争无线信道，无数据发送就侦听其是否为下一个数据接收者。S-MAC 协议通过建立周期性的侦听和休眠机制，减少侦听时间，从而实现节能。

3）专门的结点功率管理机制

① 动态电源管理。动态电源管理(Dynamic Power Management,DPM)的工作原理是，当结点周围没有感兴趣的事件发生时，部分模块处于空闲状态，应该把这些组件关掉或调到更低能耗的状态(即休眠状态)，从而节省能量[49]。

这种事件驱动式能量管理对于延长传感器结点的生存期十分必要。在动态电源管理中，由于状态转换需要消耗一定的能量，并且带有时延，所以状态转换策略非常重要。如果状态转换过程的策略不合适，不仅无法节能，反而会导致能耗的增加。需要指出的是，如果结点进入完全休眠的状态，则可能会引起事件的丢失，所以结点进入完全休眠状态的时机和时间长度必须合理控制。

② 动态电压调度。对于大多数传感器结点来说，计算负荷的大小是随时间变化的，因而并不需要结点的微处理器在所有时刻都保持峰值性能。根据CMOS电路设计的理论，微处理器执行单条指令所消耗的能量 Eop 与工作电压 V 的平方成正比，即 $Eop \propto V^2$。

动态电压调节(Dynamic Voltage Scaling,DVS)技术就是利用了这一特点，动态改变微处理器的工作电压和频率，使其刚好满足当时的运行需求，从而在性能和功耗之间取得平衡[50]。很多微处理器如StrongARM和Crusoe，都支持电压频率的动态调节。

动态电压调节要解决的核心问题是实现微处理器计算负荷与工作电压及频率之间的匹配。如果计算负载较高，而工作电压和频率较低，则计算时间将会延长，甚至会影响某些实时性任务的执行。但由于传感器网络的任务往往具有随机性，因而在动态电压调节过程中必须对计算负载进行预测。

动态电压调节技术提供了一种基于自适应滤波的负荷预测机制，基本的预测过程如下：

$$\omega_p[n+1] = \sum_{k=0}^{N-1} h_n[k] \times \omega[n-k] \tag{4.13}$$

式中，$\omega_p[n+1]$为$(n+1)$时刻的负荷预测值；$\omega[n]$为在$(n-1)T \leqslant t \leqslant nT$内的平均归一化负荷；$h_n[k]$为 N 阶自适应有限长冲击响应滤波器，该系数应根据处理器频率与预测到的实际负荷之间的误差进行不断修正。

2. 数据融合

相对于计算所消耗的能量，无线通信所消耗的能量要更多。例如研究表明，传感器结点使用无线方式将1比特数据进行100m距离的传输，所消耗的能量可供执行3000条指令。通常传感器结点采集的原始数据的数据量非常大，同一区域内的结点所采集的信息具有很大的冗余性。通过本地计算和融合，原始数据可以在多跳数据传输过程中进行处理，仅发送有用信息，有效地减少通信量。

数据融合的节能效果主要体现在路由协议的实现上。路由过程的中间结点并不是简单地转发所收到的数据，由于同一区域内的结点发送的数据具有很大的冗余性，中间结点需要对这些数据进行数据融合，将经过本地融合处理后的数据路由到汇聚点，只转发有用的信息。数据融合有效地降低了整个网络的数据流量。

LEACH路由协议就具有这种功能，它是一种自组织的在结点之间随机分布能量负载的分层路由协议，工作原理如下：相邻的结点形成簇并选举簇首，簇内结点将数据发送给簇首，由簇首融合数据并把数据发给用户。其中，簇首完成簇内数据的融合工作，负责收集簇中各个结点的信息，融合产生出有用的信息，并对数据包进行压缩，然后才发送给用户，这样就可以大大地减少数据流量，从而实现节能的目的。

4.5 安全机制

4.5.1 传感器网络的安全问题

网络安全一直是网络技术的重要组成部分，加密、认证、防火墙、入侵检测、物理隔离等都是网络安全保障的主要手段。无线传感器网络作为一种起源于军事应用领域的新型无线网络，主要采用了射频无线通信，它的安全性问题显得尤为重要。传感器网络的安全性需求主要来源于通信安全和信息安全两个方面。

1. 通信安全需求

1）结点的安全保证

传感器结点是构成无线传感器网络的基本单元，结点的安全性包括结点不易被发现和结点不易被篡改。通常传感器结点的分布密度大，少数结点被破坏不会对网络造成太大影响。但是一旦结点被俘获，入侵者可能从中读出密钥、程序等机密信息，甚至可以重写存储器将结点变成一个“卧底”。为了防止为敌所用，要求结点具备抗篡改的能力。

2）被动抵御入侵的能力

传感器网络安全机制的基本要求是：在网络局部发生入侵时，保证网络的整体可用性。被动防御是指当网络遭到入侵时，网络具备的对抗外部攻击和内部攻击的能力，它对抵御网络入侵至关重要。

外部攻击者是指那些没有得到密钥，无法接入网络的结点。外部攻击者虽然无法有效地注入虚假信息，但可以通过窃听、干扰、分析通信量等方式，为进一步的攻击行为收集信息，因此对抗外部攻击首先需要解决保密性问题。其次，要防范能扰乱网络正常运转的简单网络攻击，如重放数据包等，这些攻击会造成网络性能的下降。另外，要尽量减少入侵者得到密钥的机会，防止外部攻击者演变成内部攻击者。

内部攻击者是指那些获得了相关密钥，并以合法身份混入网络的攻击结点。由于传感器网络不可能阻止结点被篡改，而且密钥可能被对方破解，因而总会有入侵者在取得密钥后以合法身份接入网络。由于至少能取得网络中一部分结点的信任，内部攻击者能发动的网络攻击种类更多，危害性更大，也更隐蔽。

3）主动反击入侵的能力

主动反击能力是指网络安全系统能够主动地限制甚至消灭入侵者，为此至少需要具备以下能力。

① 入侵检测能力。和传统的网络入侵检测相似，首先需要准确识别网络内出现的各种入侵行为并发出警报。其次，入侵检测系统还必须确定入侵结点的身份或者位置，只有这样才能在随后发动有效攻击。

② 隔离入侵者的能力。网络需要具有根据入侵检测信息调度网络正常通信来避开入

侵者,同时丢弃任何由入侵者发出的数据包的能力。这相当于把入侵者和己方网络从逻辑上隔离开来,可以防止它继续危害网络。

③ 消灭入侵者的能力。由于传感器网络的主要用途是为用户收集信息,因此让网络自主消灭入侵者是较难实现的。一般的做法是,在网络提供的入侵信息引导下,由用户通过人工方式消灭入侵者。

2. 信息安全需求

信息安全就是要保证网络中传输信息的安全性。对于无线传感器网络而言,具体的信息安全需求内容包括如下:

① 数据的机密性——保证网络内传输的信息不被非法窃听。

② 数据鉴别——保证用户收到的信息来自己方结点而非入侵结点。

③ 数据的完整性——保证数据在传输过程中没有被恶意篡改。

④ 数据的实效性——保证数据在时效范围内被传输给用户。

相应地,传感器网络安全技术的设计也包括两方面内容,即通信安全和信息安全。通信安全是信息安全的基础。通信安全保证传感器网络内部的数据采集、融合和传输等基本功能的正常进行,是面向网络功能的安全性;信息安全侧重于网络中所传信息的真实性、完整性和保密性,是面向用户应用的安全。

传感器网络在大多数的民用领域,如环境监测、森林防火、候鸟迁徙跟踪等应用中,安全问题并不是一个非常紧要的问题。但在另外一些领域,如商业小区的无线安防网络、军事上在敌控区监视敌方军事部署的传感器网络等,则对数据的采样、传输过程,甚至结点的物理分布需要重点考虑安全问题,很多信息都不能让无关人员或者敌方人员了解。

传感器网络的安全问题和一般网络的安全问题相比而言,它们的出发点是相同的,都需要解决如下问题。

(1) 机密性问题。所有敏感数据在存储和传输的过程中都要保证机密性,让任何人在截获物理通信信号的时候不能直接获得消息内容。

(2) 点到点的消息认证问题。网络结点在接收到另外一个结点发送过来的消息时,能够确认这个数据包确实是从该结点发送出来的,而不是其他结点冒充的。

(3) 完整性鉴别问题。网络结点在接收到一个数据包的时候,能够确认这个数据包和发出来的时候完全相同,没有被中间结点篡改或者在传输中通信出错。

(4) 新鲜性问题。数据本身具有时效性,网络结点能够判断最新接收到的数据包是发送者最新产生的数据包。导致新鲜性问题一般有两种原因:一是由网络多路径延时的非确定性导致数据包的接收错序而引起;二是由恶意结点的重放攻击而引起。

(5) 认证组播/广播问题。认证组播/广播解决的是单一结点向一组结点/所有结点发送统一通告的认证安全问题。认证广播的发送者是一个,而接收者是很多个,所以认证方法和点到点通信认证方式完全不同。

(6) 安全管理问题。安全管理包括安全引导和安全维护两部分。安全引导是指一个网络系统从分散的、独立的、没有安全通道保护的个体集合,按照预定的协议机制,逐步形成统一完整的、具有安全信道保护的、连通的安全网络的过程。安全引导过程对于传感器网络来说是最重要、最复杂,而且也是最富挑战性的内容,因为传统的解决安全引导问题的各种方法，由于其计算复杂性在传感器网络中基本上不能使用。安全维护主要涉及通信中的密钥更新，以及网络变更引起的安全变更，其方法往往是安全引导过程的一个延伸。

这些安全问题在网络协议的各个层次都应该充分考虑，只是侧重点不尽相同。物理层主要侧重在安全编码方面；链路层和网络层考虑的是数据帧和路由信息的加解密技术；应用层在密钥的管理和交换过程中，为下层的加解密技术提供安全支撑。

由于网络攻击无处不在，安全性是传感网络设计的重要问题，如何保护机密数据和防御网络攻击是传感器网络的关键技术之一。

传感器网络安全问题的解决方法与传统网络安全问题不同，主要原因如下：

(1) 有限的存储空间和计算能力。传感器结点的资源有限特性导致很多复杂、有效、成熟的安全协议和算法不能直接使用。公私钥安全体系是目前商用安全系统最理想的认证和签名体系，但从存储空间上看，一对公私钥的长度就达到几百字节，还不包括各种中间计算需要的空间；从时间复杂度上看，用功能强大的台式计算机一秒钟也只能完成几次到几十次的公私钥签名/解签运算，这对内存和计算能力都非常有限的传感器网络结点来说是无法完成。即使是对称密钥算法，密钥过长、空间和时间复杂度大的算法也不适用。目前 RC4/5/6 算法是一系列可以定制的流加密和块加密算法，对于传感器网络比较实用。

(2) 缺乏后期结点布置的先验知识。在使用传感器网络结点进行实际组网时，结点往往是被随机布设在一个目标区域，任何两个结点之间是否存在直接连接，这在布置之前是未知的。无法使用公私钥安全体系的网络要实现点到点的动态安全连接是一个比较大的挑战。

(3) 布置区域的物理安全无法保证。传感器网络往往要散布在敌占区域，它的工作空间本身就存在不安全因素。结点很有可能遭到物理上或逻辑上的俘获，所以传感器网络的安全设计中必须要考虑及时撤除网络中被俘结点的问题，以及因为被俘结点导致的安全隐患扩散问题，即因为该结点的被俘导致更多结点的被俘，最终导致整个网络被俘或者失效。

(4) 有限的带宽和通信能量。目前传感器网络采用的都是低速、低功耗的通信技术，因为一个没有持续能量供给的系统，要想长时间工作在无人值守的环境中，必须要在各个设计环节上考虑节电问题。这种低功耗的特征要求安全协议和安全算法所带来的通信开销不能太大。这是在常规有线网络中较少考虑的因素。

(5) 侧重整个网络的安全。Internet 的网络安全通常是端到端、网到网的访问安全和传输安全。传感器网络往往是作为一个整体来完成某项特殊的任务，每个结点既完成监测和判断功能，同时又要担负路由转发功能。每个结点在与其他结点通信时存在信任度和信息保密的问题。除了点到点的安全通信之外，传感器网络还存在信任广播的问题。当基站向全网发布查询命令的时候，每个结点都能够有效判定消息确实来自于有广播权限的基站，这对资源有限的传感器网络来说是要重点解决的问题。

(6) 应用相关性。传感器网络的应用领域非常广泛，不同的应用对安全的需求也不相同。在金融和民用系统中，对于信息的窃取和修改比较敏感；而对于军事领域，除了信息可靠性以外，还必须对被俘结点、异构结点入侵的抵抗力进行充分考虑。因此，传感器网络必须采用多样化的、精巧的、灵活的方式解决安全问题。

4.5.2 传感器网络的安全设计分析

传感器网络的安全隐患在于网络部署区域的开放特性和无线电通信的广播特性。网络部署区域的开放特性是指传感器网络通常部署在应用者无法直接进入的区域,存在受到无关人员或者敌方人员破坏的可能性。

无线电通信的广播特性是指通信信号在物理空间上是暴露的,如果任意一台设备的调制方式、频率、振幅和相位与发送信号匹配,就能够获得完整的通信信号。这种广播特性使传感器网络的部署非常高效,只要保证结点部署密度符合一定的条件,就能很容易地实现网络的连通特性;但同时也带来了信息泄漏和空间攻击等安全隐患。

传感器网络的协议栈由物理层、数据链路层、网络层、传输层和应用层组成,下面逐一介绍传感器网络在协议栈的各个层次可能受到的攻击和主要防御方法。

1. 物理层

物理层面临的主要问题是无线通信的干扰和结点的沦陷,遭受的主要攻击包括拥塞攻击和物理破坏。

1) 拥塞攻击

由于无线环境是一个开放的空间,所有无线设备共享这个空间,所以如果两个结点发射的信号在同一个频段上,或者是频点很接近,则会因为彼此干扰而不能正常通信。拥塞攻击只要获得或者检测到目标网络通信频率的中心频率,就可以通过在这个频点附近发射无线电波进行干扰,因此拥塞攻击对单频点无线通信网络非常有效。

如果要抵御单频点的拥塞攻击,使用宽频和跳频的方法是可行的。在检测到所在空间频率遭受攻击以后,网络结点将通过唯一的策略跳转到另外一个频率进行通信。对于全频长期持续的拥塞攻击,转换通信模式是唯一能够使用的方法,光通信和红外线等通信方式也是有效的备选方法。

由于全频持续拥塞攻击在实施时存在很多困难,攻击者一般不采用全频段持续攻击,因此传感器网络可以采取一些更加积极有效的办法应对拥塞攻击。例如,当攻击者使用能量有限的持续拥塞攻击时,结点采取不断降低自身工作占空比的方法,可以有效对付这种攻击。当攻击者为了节省能量,采用间歇式拥塞攻击方法时,结点可以利用攻击间歇进行数据转发。如果攻击者采用的是局部攻击,结点可以在间歇期间使用高优先级的数据包通知基站遭受拥塞攻击的事实。

2) 物理破坏

由于传感器网络结点往往分布在较大的区域内,所以保证每个结点的物理安全是不可能的,敌方人员很可能捕获一些结点,进行物理上的分析和修改,并利用它干扰网络正常功能。针对无法避免的物理破坏,需要传感器网络采用更精细的控制保护机制。

① 完善物理损害感知机制。结点能够根据收发数据包的情况、外部环境的变化和一些敏感信号的变化,判断是否遭受物理侵犯。一旦感知到物理侵犯就可以采用具体的应对策略,使敌人不能正确分析系统的安全机制,从而保护网络的其余部分免受安全威胁。

② 信息加密。现代安全技术依靠密钥来保护和确认信息,而不是依靠安全算法,所以

通信加密密钥、认证密钥和各种安全启动密钥需要严密的保护。由于传感器结点使用方面的诸多条件限制，它的有限计算能力和存储空间使得基于公钥的密码体制难以应用。为了节省传感器网络的能量开销和提供整体性能，也要尽量采用轻量级的对称加密算法。

2. 链路层

1）碰撞攻击

碰撞指的是当两个设备同时发送数据时，它们的输出信号会因信道冲突而相互叠加，从而导致数据包的损坏。发生在链路层协议的这种冲突称为“碰撞”。针对碰撞攻击，可以采用如下两种处理办法：

① 使用纠错编码。纠错码原本是为了解决低质量信道的数据通信问题，通过在通信数据增加冗余信息来纠正数据包中的错误位。纠错码的纠正位数与算法的复杂度与数据信息的冗余度相关，通常使用1～2位纠错码。如果碰撞攻击者采用的是瞬间攻击，只影响个别数据位，那么使用纠错编码是有效的。

② 使用信道侦听和重传机制。结点在发送前先对信道进行一段随机时间的侦听，在预测一段时间为空闲的时候开始发送，降低碰撞的概率。对于有确认的数据传输协议，如果对方没有收到正确的数据包，需要将数据重新发送。

2）耗尽攻击

耗尽攻击就是利用协议漏洞，通过持续通信的方式使结点能量资源耗尽。应对耗尽攻击这种方法，可以采取限制网络发送速度，结点自动抛弃那些多余的数据请求，当然这样会降低网络效率。另外一种方法就是在协议实现的时候，制定一些执行策略，对过度频繁的请求不予理睬；对同一个数据包的重传次数进行限制，避免恶意结点无休止的干扰和导致结点能源耗尽。

3）非公平竞争

如果网络数据包在通信机制中存在优先级控制，恶意结点或者被俘结点可能会不断在网络上发送高优先级的数据包来占据信道，从而导致其他结点在通信过程中处于劣势。这是一种弱DoS攻击方式，需要敌方完全了解传感器网络的MAC层协议机制，并利用MAC协议来进行干扰性攻击。

解决的办法是采用短包策略，即在MAC层不允许使用过长的数据包，这样就可以缩短每包占用信道的时间。另外一种办法就是弱化优先级之间的差异，或者不采用优先级策略，而采用竞争或者时分复用方式来实现数据传输。

3. 网络层

通常在无线传感器网络中，大量的传感器结点密集地分布在同一个区域，消息可能需要经过若干结点才能到达目的地，而且由于传感器网络具有动态性，没有固定的拓扑结构，所以每个结点都需要具有路由的功能。由于每个结点都是潜在的路由结点，因而更容易受到攻击。

网络层的主要攻击有以下几种：

(1) 虚假的路由信息。通过欺骗、更改和重发路由信息，攻击者可以创建路由环，吸引或者拒绝网络信息流通量，延长或者缩短路由路径，形成虚假的错误消息、分割网络、增加端到端的时延等。

(2) 选择性的转发。结点收到数据包后,有选择地转发或者根本不转发收到的数据包,导致数据包不能到达目的地。

(3) Sinkhole 攻击。攻击者通过声称自己电源充足、可靠而且高效等手段,吸引周围点选择它作为路由路径中的结点,然后和其他的攻击(如选择攻击、更改数据包的内容等)结合起来,达到攻击的目的。由于传感器网络的固有通信模式,即通常所有的数据包都发到同一个目的地,因而特别容易受到这种攻击。

(4) Sybil 攻击。在这种攻击中,单个结点以多个身份出现在网络中的其他结点面前,使其更容易成为路由路径中的结点,然后和其他攻击方法结合使用,达到攻击的目的。

(5) Wormhole 攻击。这种攻击通常需要两个恶意结点相互串通,合谋进行攻击,如图 4.14 所示。在通常情况下一个恶意结点位于 sink(即簇头结点)附近,另一个恶意结点离 sink 较远。较远的那个结点声称自己和 sink 附近的结点可以建立低时延和高带宽的链路,从而吸引周围结点将数据包发给它。Wormhole 攻击可以和其他攻击(如选择转发、Sybil 攻击等)结合使用。

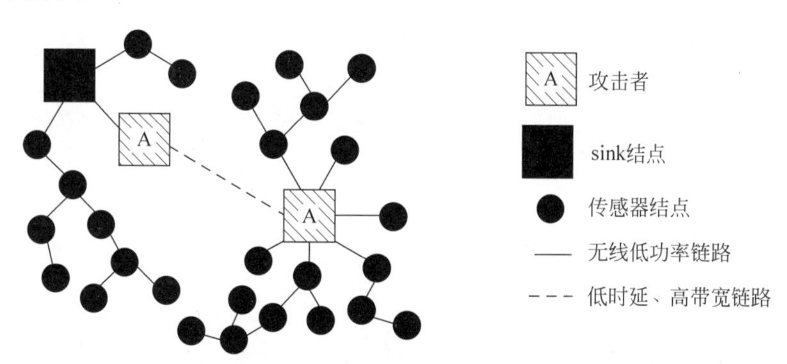

图 4.14 Wormhole 攻击示意

(6) HELLO flood 攻击。很多路由协议需要传感器结点定时发送 HELLO 包,以声明自己是它们的邻居结点。但是一个较强的恶意结点能以足够大的功率广播 HELLO 包时,收到 HELLO 包的结点会认为这个恶意的结点是它们的邻居。在以后的路由中,这些结点很可能会使用这条到恶意结点的路径,向恶意结点发送数据包。事实上,由于该结点离恶意结点距离较远,以普通的发射功率传输的数据包根本到不了目的地。

(7) 确认欺骗。一些传感器网络路由算法依赖于潜在的或者明确的链路层确认。由于广播媒介的内在性质,攻击者能够通过窃听通向临近结点的数据包,发送伪造的链路层确认。目标包括使发送者相信一个弱链路是健壮的,或者是相信一个已经失效的结点还是可以使用的。

因为沿着弱连接或者失效连接发送的包会发生丢失,攻击者能够通过引导目标结点利用那些链路传输数据包,从而有效地使用确认欺骗进行选择性转发攻击。

以上攻击类型可能被敌方单独使用,也可能组合使用,攻击手段通常是以恶意结点的身份充当网络成员的一部分,被网络误当作正常的路由结点来使用。恶意结点在冒充数据转发结点的过程中,可能随机丢掉其中的一些数据包,或者通过修改源和目的地址,选择一条错误路径发送出去,从而破坏网络的通信秩序,导致网络的路由混乱。解决的办法之一就是使用多路径路由。这样即使恶意结点丢弃数据包，数据包仍然可以从其他路径送到目标结点。

对于层次式路由机制，可以使用输出过滤方法。该方法用于在 Internet 上抵制方向误导攻击。这种方法通过认证源路由的方式确认一个数据包是否是从它的合法子结点送过来的，直接丢弃不能认证的数据包。这样攻击数据包在前几级的结点转发过程中丢弃，从而达到保护目标结点的目的。

4. 传输层

传输层用于建立无线传感器网络与 Internet 或者其他外部网络的端到端的连接。由于传感器网络结点的内部资源条件限制，结点无法保存维持端到端连接的大量信息，而且结点发送应答消息会消耗大量能量，因此目前关于传感器结点的传输层协议的安全性技术并不多见。sink 结点是传感器网络与外部网络的接口，传输层协议一般采用传统网络协议，这里可以采取一些有线网络上的传输层安全技术。

5. 应用层

应用层提供了传感器网络的各种实际应用，因而也面临着各种安全问题。在应用层，密钥管理和安全组播为整个传感器网络的安全机制提供了安全基础设施，它主要集中在为整个传感器网络提供安全支持，也就是密钥管理和安全组播的设计技术。

4.5.3 传感器网络安全框架协议：SPINS

SPINS 安全协议簇是最早的无线传感器网络的安全框架之一，包含了 SNEP(Secure Network Encryption Protocol)和 μTESLA(micro Timed Efficient Streaming Loss-tolerant Authentication Protocol)两个安全协议。SNEP 协议提供点到点通信认证、数据机密性、完整性和新鲜性等安全服务；μTESLA 协议则提供对广播消息的数据认证服务。

1. 网络安全加密协议 SNEP

在 SNEP 协议中，通信双方共同维护两个计数器，分别代表两种数据传输方向。每发送一块数据后，通信双方共同维护两个计数器，分别代表两种数据传输方向。SNEP 协议的通信开销比较低。基于计数器交换协议，通信双方可以进行计数器同步。

在 SNEP 协议中，使用消息认证码(Message Authentication Code，MAC)提供认证和数据完整性服务。假设通信双方 A、B 和基站共享一个主密钥χ_{AB}，并且可用伪随机函数 F 从 χ_{AB} 导出一些独立的密钥。如：$K_{AB}=F\chi_{AB}(1)$，$K_{BA}=F\chi_{AB}(3)$分别作为从 A 到 B 和从 B 到 A 的加密密钥，而相应的 MAC 密钥为 $K'_{AB}=F\chi_{AB}(2)$和 $K'_{BA}=F\chi_{AB}(4)$。不同的密钥用于加密和 MAC 操作，目的是防止引入任何安全脆弱性。

MAC 认证可以保证点到点认证和数据完整性。在这里采用密文认证方式，可以加快接收者认证数据包的速度：接收者在收到数据包后马上可以对密文进行认证，发现问题直接丢弃，无须对数据包进行解密。另外，逐跳认证方式只能选择密文认证的方式，因为中间

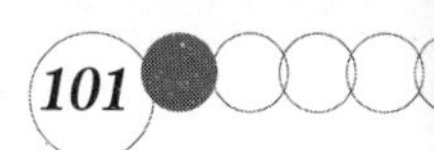

结点没有端到端的通信密钥，不能对加密的数据包进行解密。

同时，在消息中嵌入计数器值 C_A，简单 SNEP 提供弱数据新鲜性。所谓弱数据新鲜性是指消息中只提供消息块的顺序，不携带时延信息。在 MAC 计算中加入一个随机数 Nonce 即可实现强新鲜性保证。Nonce 是一个唯一标识当前状态的、任何无关者都不能预测的数，通常使用真随机数发生器来产生。所谓强新鲜性是指通过一组有序的请求-应答过程，允许进行时延估计，常用于时间同步。

支持强新鲜性的完整 SNEP 协议消息交换过程如下：

$$A \to B: N_A, R_A$$

$$B \to A: \{R_B\}_{<K_{BA}, C_B>}, \mathrm{MAC}(K'_{BA}, N_A \parallel C_B \parallel \{R_B\}_{<K_{BA}, C_B>})$$

这里结点 A 在发送给 B 的请求消息 R_A 中增加一个随机数 N_A，结点 B 在应答消息时让 N_A 参与应答包的 MAC 计算。这样 A 就可以通过验证应答包的 MAC，得知这个应答是针对 N_A 标识的请求消息 R_A 给出的。

在 SNEP 协议中，计数器交换协议的目的是在每次消息发送后，同步通信双方的共享计数值。协议过程如下：

$$A \to B: C_A$$

$$B \to A: C_B, \mathrm{MAC}(K'_{BA}, C_A \parallel C_B)$$

$$A \to B: \mathrm{MAC}(K'_{AB}, C_A \parallel C_B)$$

注意计数器值是明文发送，将它们用作 Nonce，并假设在协议的多次运行中计数值都不同，则可实现强新鲜性。同时如果 A 发现计数器值不同步时，可以使用额外的 Nonce，请求 B 的计数器值：

$$A \to B: N_A$$

$$B \to A: C_B, \mathrm{MAC}(K'_{BA}, N_A \parallel C_B)$$

2. μTESLA 协议

μTESLA 协议是为低功耗设备如传感器结点专门设计的实现广播认证的微型化 TESLA 协议版本。μTESLA 协议中使用数字签名实现认证，每个包的协议负载达 24B，这些特性均不适合在传感器结点中实现。在基站和结点松散同步的假设情况下，μTESLA 协议基于对称密钥体制通过延迟公开广播认证密钥来模拟非对称认证。μTESLA 协议分别实现了基站广播认证数据过程和结点广播认证消息过程。

在基站广播认证数据过程中，基站用一个密钥计算 MAC。基于松散时间同步，结点知道同步误差上界，因而了解密钥公开时槽，从而知晓特定消息的认证密钥是否已经被公开。如果该密钥尚未公开，结点可以确信在传送过程中消息不会被篡改。结点接着缓存消息，直至基站广播公开相应密钥。如果结点收到正确密钥，就用该密钥认证缓存中的消息。如果密钥不正确或者消息晚于密钥到达，该消息可能被恶意篡改，必须放弃这条消息。

在 μTESLA 协议中，基站的 MAC 密钥来自一个单向散列密钥链，单向散列函数 F 是公开的。

首先，基站随机选择密钥 K_n 作为密钥链中的第一个密钥；接着重复如下过程，运用函数 F 产生其他密钥：

$$K_i = F(K_{i+1}), \quad 0 \leqslant i \leqslant n-1$$

密钥链中每个密钥都关联一个时槽，因而基站即可根据消息发送的相应时槽选择密钥来计算 MAC。

在如图 4.15 所示的示例中，假设接收者已知 K_0，并和发送方实现松散时间同步，密钥延后两个时槽公开。数据包 P_1 和 P_2 在时槽 1 使用密钥 K_1，计算各自的 MAC。同理，P_3 用 K_2 计算其 MAC。

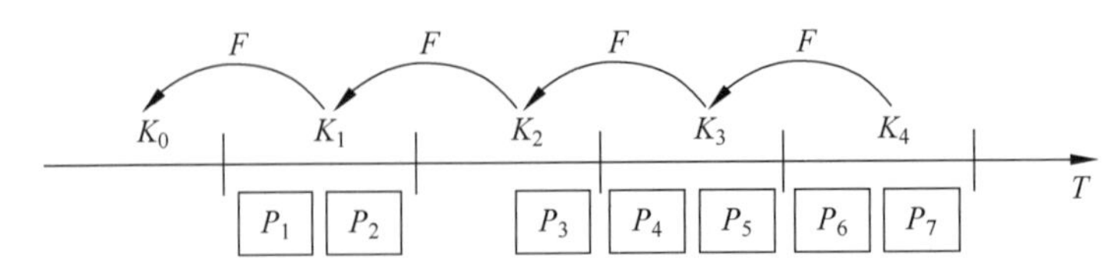

图 4.15 μTESLA 协议单向密钥链的示例

如前面所述，接收者在两个时槽后才能进行认证。设 P_4、P_5 和 P_6 丢失，其中一个为公开 K_1 的广播包。这时接收者仍然不能验证已经接收到 P_1 和 P_2。然而当接收者收到 P_7，比如说是基站发送的 K_2 公开广播包，接收者即可验证 P_3，同时恢复 K_1，操作如下：若 $K_0=F(F(K_2))$，则 $K_1=F(K_2)$。类似地，接收者也可以验证 P_1 和 P_2。

这里有两种方法可以实现结点消息的认证广播：一种是通过 SNEP 协议将消息发给基站，由基站来广播；另一种方法是由结点广播消息。由于基站存储密钥链，因此基站先发送相应密钥给发送方，随后还得负责该密钥的公开广播。

4.5.4 SPINS 协议的实现问题与系统性能

SPINS 定义的是一个协议框架，在使用的时候还需要考虑很多具体的实现问题。例如，使用什么样的加密、鉴别、认证、单向密钥生成算法和随机数发生器，如何在有限资源内融合各种算法以达到最高效率等。下面简要介绍这些问题。

1. 加密算法的选择

传感器网络的计算能力和存储能力要求只能使用对称密钥的块加密算法。一种比较合适的算法是 RC5 算法。RC5 算法简单高效，不需要很大的表来支持。最重要的就是该算法是可定制的加密算法。可定制的参数包括分组大小（32/64/128 位可选）、密钥大小（0～2040 位）和加密轮数（0～255 轮）。对于要求不同、结点能力不同的应用可以选择不同的定制参数，非常方便和灵活。该分组算法的基本运算单元包括加法、异或和 32 位循环移位。RC5 的加密过程是数据相关的，加上三种算法混合运算，有很强的抗差分攻击和线性攻击的能力。不过对于 8 位处理器来说，32 位循环移位开销会比较大。

RC6 是另外一个比较合适的加密算法。RC6 是基于 RC5 算法，之所以被提出是为了让 RC5 算法能够满足 AES 加密标准的定义要求。RC6 对 RC5 的很多过程进行了改进。首先引入了乘法，虽然乘法增加了计算消耗，但是因为乘法加快了算法的发散速度，所以加密轮数可以缩减。

RC5 算法有几种运行模式，如果使用 CBC 方式，其加解密过程不一样，需要两段代码完成；如果使用计数器(CTR)模式，加解密过程相同，节省代码空间，而且同样保留 CBC 模式所拥有的语义安全特性。所以我们可以选择计数器模式实现 RC5 算法。

RC5 算法 CTR 模式的过程如图 4.16 所示，它处理的不是明/密文，而是密钥和一个计数器的值，所以对于分组数据来说，加密和解密过程是一样的。计数器主要是保证算法的语义安全设计的一个无限状态机。最简单的实现方法就是使用一个自增长的计数器，该计数器的计数空间足够大，能够保证在结点的生命周期内不会重复。Nonce 是为了屏蔽计数器使用的一个伪随机数。为了减少基站与结点之间的通信量，该随机数可以在初始化的时候由结点和基站分别使用主密钥作为种子，通过伪随机数发生单元计算得到。因为基站和结点之间共享相同的主密钥和伪随机数发生器，所以计算得到的 Nonce 值是相同的。

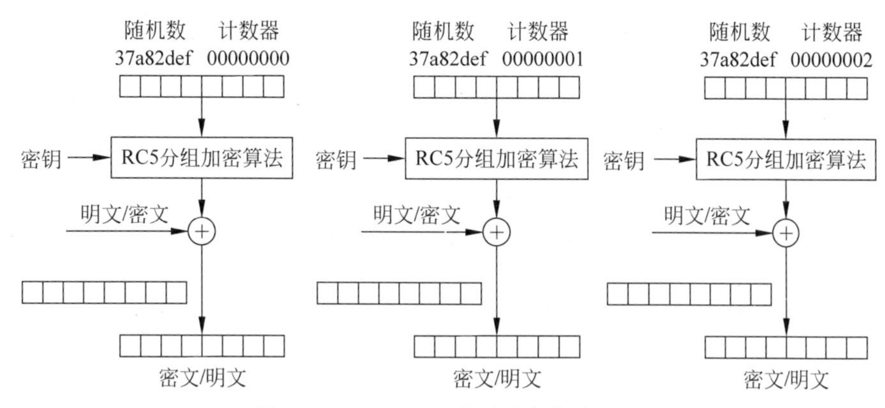

图 4.16 RC5-CTR 算法的加解密过程

2. 消息认证算法的选择

消息完整性和新鲜性保证都需要消息认证算法。消息认证算法通常使用单向散列函数。目前最常用的单向散列函数有 MD5、SHA、CBC-MAC 等。如果要复用加密算法，可以选择 CBC-MAC 算法。该算法使用 CBC 块加密算法完成数据的认证和鉴别，如图 4.17 所示。

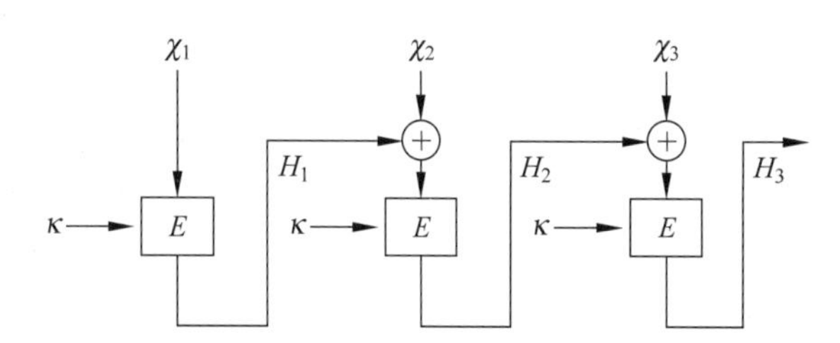

图 4.17 CBC-MAC 认证算法的实现过程

不过使用 CBC 模式的分组加密算法进行认证，效率会比直接使用散列函数低。这里提到 CBC 模式分组算法和上面介绍的 CTR 模式算法似乎有点冲突，因为 CBC 模式的加解密是不同的，实际上并不需要维护加解密两段代码。因为这里只是计算消息认证码，加密函数即可满足要求。使用 CBC-MAC 进行消息认证在代码长度方面并没有增加太多的额外负担。

3. 密钥生成算法

基站和结点之间共享的主密钥对是在网络部署之前就确定了的，不是这里讨论的重点。这里主要讨论由主密钥对生成的通信密钥和认证广播密钥的生成算法。伯克利模型中通信密钥和认证广播的密钥生成都是通过单向散列函数完成的。通信密钥是通过单向散列函数作用在主密钥上产生的。对于密钥更新问题，SPINS 中没有过多考虑，为了保证通信密钥的前向保密，不能用单向散列函数多次作用于主密钥的方式来更新密钥，否则攻击者在破解当前通信密钥后，能够通过同样的散列过程推算出后续通信密钥。

一种办法是通过已有安全通道协商一个完全不同的密钥，这种方法通信开销大；另一种方法就是通过一个更加巧妙的方法，利用单向散列函数和通信密钥生成不相关的、免协商的密钥。

评定单向散列算法优劣的标准有两个：一个是逆向运算函数不存在或者计算复杂度很高，避免通过结果恢复自变量的值；另一个就是算法发散度要绝对大，自变量的细微变化（一位变化）可以导致结果的完全不同，或者说很难找到相似度很大的自变量对应的散列结果完全相同，还有一种等价的说法是散列冲突的可能性非常小。

消息认证码 MAC 算法一般都具有很好的散列特性，鉴于节省代码空间的考虑，直接使用上面提到的 CBC-MAC 算法作为密钥生成函数是非常实用的。其他一些独立的单向散列函数如 SHA 算法等，在资源允许的情况下也可以考虑使用。

4. 随机数发生器

任何一个系统中都会有随机数的应用，只是多少的不同。大多数系统对随机数的要求不高，只是希望获得一个相对不确定的数让系统看起来更奇妙一些，如游戏机系统。但是对于安全系统来说，随机数的使用是严格的，劣质随机数会严重降低系统的安全性。随机数不仅要求看起来是杂乱无章的，而且从分布上也应该是接近均匀的和与上下文无关的。

随机数发生器一般分为真随机数发生器和伪随机数发生器两种。真随机数发生器一般把各种自然界中无序变化的物理量作为随机数源，所以前后随机数可以保证完全无关。伪随机数发生器往往是通过一个函数连续产生一串看起来无序的数据串。伪随机数产生函数因为是一个确定的函数，所以对相同的输入，输出也必然是相同的。从横向上看，相同的启动种子，伪随机数发生器计算得到的随机数序列一定是相同的；从纵向上看，伪随机数发生器产生的随机数序列一定是周期循环的。一旦某一个随机数是前面出现过的，那么后面产生的随机数序列将重复以前的结果。为了避免伪随机数发生器循环，往往要定期修改种子，或者使用生成较慢的真随机数作为伪随机数的种子。种子改变，随机数序列的顺序就会改变，从而有更好的随机效果。

传感器网络结点在产生随机数方面有天然的独到资源——物理噪声源。结点本身可能具有多个能探测环境参数的传感器，每个传感器都能够通过读取周围随机变化的物理参数来产生随机数。

不过，考虑到结点在绝大多数情况下都要休眠，如果专门为收集随机数而耗费过多资源并不划算，所以在实现的时候一般也会考虑使用伪随机数发生算法。

伪随机数发生算法种类很多，具有散列特性的函数通常都有很好的随机特性，为了提高代码的重用性，建议使用生成密钥的单向散列函数产生伪随机数。不过伪随机数毕竟是一个软件实现的算法，如果敌方通过捕获结点的方法获得了伪随机数发生器和主密钥，那么他们将很容易掌握系统的密钥产生规律，危及整个系统的安全。定期采样环境变量作为伪随机数函数的种子是一个提高随机数质量的有效方法。

5. 安全模型系统的性能验证

美国加州大学伯克利分校电子工程与计算机科学系为 SPINS 协议开发了模型系统，该系统的实现算法和性能评估结果如表 4.2 所示[51]。

表 4.2　模型算法和性能评估结果

协　议	算　法	协议代码量/B	内存占用/B	运行指令数（指令数/包）
加密协议	RC5-CTR	392	80	120
		508		
		802		
认证协议	RC5-CBC-MAC	480	20	600
		596		
		1210		
广播认证密钥建立协议	RC5-CBC-MAC	622	120	8000
		622		
		686		

这个安全系统为了避免使用过多的缓冲，定义 μTESLA 的密钥公开延迟数为 2，同时要求系统不能过多丢失密钥公布的数据包。尽管如此，μTESLA 协议占用的内存缓冲仍然比较大，所以需要进一步优化 μTESLA 的处理过程。

从表 4.2 可以看出，这个安全协议占用的代码存储空间最高为 2.7KB，占用的数据存储空间最高为 200B，这对于一般的单片机系统来说是可以接受的。广播认证协议的密钥建立过程虽然耗费资源，但是在结点的生命周期内运行次数非常少，所以并不会对系统效率造成太大的影响。

如果按照每秒处理大小为 30B 的 20 个数据包来计算，数据包处理大约占用试验结点处理器 50%的计算资源。如果进行一次密钥建立过程，每包进行一次加密和一次认证，该结点的处理能力足够对所有的包进行加密和认证保护，能够提供安全加密的功能。因此，我们可以参照这个模型系统来设计自己的传感器网络安全协议。

思考题

(1) 传感器网络实现时间同步的作用是什么？
(2) 常见的传感器网络时间同步机制有哪些？
(3) 简述 TPSN 时间同步协议的设计过程。
(4) 传感器网络定位问题的含义是什么？
(5) 如何对传感器网络的定位方法进行分类？

（6）简述以下概念术语的含义：锚点、测距、连接度、到达时间差、接收信号强度指示、视距关系。

（7）如何定义传感器网络的平均定位误差？

（8）如何评价一种传感器网络定位系统的性能？

（9）RSSI测距的原理是什么？

（10）简述ToA测距的原理。

（11）举例说明TDoA的测距过程。

（12）举例说明AoA测角的过程。

（13）试描述传感器网络多边定位法的原理。

（14）简述Min-max定位方法的原理。

（15）简述质心定位算法的原理及其特点。

（16）举例说明DV-Hop算法的定位实现过程。

（17）什么是数据融合技术？它在传感器网络中的主要作用是什么？

（18）简述数据融合技术的不同分类方法及其类型。

（19）什么是数据融合的综合平均法？

（20）常见的数据融合方法有哪些？

（21）无线通信的能量消耗与距离的关系是什么？它反映出传感器网络数据传输的什么特点？

（22）简述节能策略休眠机制的实现思想。

（23）简述传感器网络结点各单元能量消耗的特点。

（24）动态电源管理的工作原理是什么？

（25）传感器网络的安全性需求包括哪些内容？

（26）什么是传感器网络的信息安全？

（27）简述在传感器网络中实施Wormhole攻击的原理过程。

（28）SPINS安全协议簇能提供哪些功能？

（29）如何选择传感器网络安全协议的加密算法？

（30）如何设计安全协议的随机数发生器？

第5章 传感器网络的应用开发基础

俗话说："万丈高楼平地起，一力承担靠地基"。传感器网络的应用开发基础技术就是它的成功应用和优秀方案设计的"地基"。传感器网络的应用开发基础技术是传感器网络完成应用功能的关键，这里主要介绍它的仿真平台、工程测试床、网络结点的硬件开发、操作系统和软件开发等内容。

5.1 仿真平台和工程测试床

5.1.1 传感器网络的仿真技术概述

1. 网络研究与设计方法

通常计算机网络的研究与设计方法包括分析方法、实验方法和模拟方法。

分析方法是对所研究对象和所依存的网络系统进行初步分析，根据一定的限定条件和合理假设，对研究对象和系统进行描述，抽象出研究对象的数学分析模型。这种方法是通过数学推理证明，或与现实实例对照，或与模拟的结果进行比较等手段，验证模型的有效性和精确性，对模型进行校验修正，最后利用数学分析模型对问题进行解答。其优点在于灵活性好，不受硬件或软件性能等物质资源的限制，但模型的有效性和精确性受假设条件的限制很大。当一个网络系统很复杂时，无法采用一些限制性假设来对系统进行详细描述。这种方法可以适用于网络结点协议理论研究和简单的网络行为分析。

实验方法的主要内容是建立测试床和实验室。它对所研究的对象和所依存的网络系统进行初步分析，设计出研究所需要的合理硬件和软件配置环境，建立有特定特性的实际网络，在现实的网络上实现对网络协议、网络行为和网络性能的研究。这种方法具有针对性，可以获得更真实的数据，不会丢失重要的详细资料。缺点是成本很高，重新配置或共享资源难，运用起来不灵活，只适用于小规模的网络性能评估，不能实现网络中的多种通信流量和拓扑的融合。

模拟方法主要是应用网络模拟软件来仿真网络系统的运行效果。它对所研究的对象和所依存的网络系统进行初步分析，自己开发或选用一个网络模拟工具，设计一个实际的或理论的网络系统模拟模型，在计算机上运行这个模型，并分析运行的输出结果。模拟方法比较灵活，可以根据需要设计所需的网络模型，以相对少的时间和费用来了解网络在不同条件下的各种特性，获取网络研究的丰富有效的数据。缺点是受软件和硬件资源的限制，无法同时展现现实网络的全部特性。模拟方法适用于网络协议研究、网络性能研究和各种网络设计。

2. 网络仿真的应用意义

近年来随着网络技术的迅速发展，人们一方面要为未来网络的发展考虑新的协议和算法等基础技术，另一方面要研究如何对现有网络进行整合、规划设计，使其达到最高性能。最初网络规划和设计采用经验、数学建模分析和物理测试试验的方法。在网络发展初期，网络规模较小，网络拓扑结构比较简单，网络流量不大，通过数学建模分析和物理测试，结合网络设计者的个人经验，基本上能够满足网络的设计要求。

随着网络规模的逐渐扩大，网络结构的日益复杂，网络流量也迅速增长，网络规划和设计者面临着严重的挑战，对大型复杂网络的数学建模分析往往显得非常困难，也几乎不可能开展与完成网络规模相近的物理试验测试，网络仿真技术应运而生。

网络仿真技术是一种通过建立网络设备、链路和协议模型，并模拟网络流量的传输，从而获取网络设计或优化所需要的网络性能数据的仿真技术。从应用的角度来看，网络仿真技术具有以下特点：

(1) 全新的模拟实验机理，使得这项技术具有在高度复杂的网络环境下得到高可信度结果的特点。网络仿真的预测功能是其他任何方法都无法比拟的。

(2) 使用范围广，既可以用于现有网络的优化和扩容，也可以用于新网络的设计，而且特别适用于大中型规模网络的设计和优化。

(3) 初期应用成本不高，而且建好的网络模型可以延续使用，后期投资还会不断下降。

计算机网络的仿真工作主要包括研究开发网络建模和模拟工具、使用这些工具研究网络的动态行为。无论对网络模拟进行哪一方面的研究，都要经过网络仿真的一般过程：模型建立和配置、仿真实现、结果分析。

网络仿真通过对网络设备、通信链路、网络流量等进行建模，模拟网络数据在网络中的传输、交换等过程，并通过统计分析获得网络各项性能指标的估计，使设计者较好地评价网络性能，并做必要的修改完善，优化网络运行的性能。

网络仿真技术一方面能够通过快速建立网络模型，方便地修改网络模型参数，通过仿真可以为网络设计规划提供可靠的依据；另一方面还能通过对多个设计方案（网络结构、路由设计、网络配置等）分别建模仿真，获得相应的网络性能估计，为设计方案的可行性验证和多个方案的比较选择提供可靠依据。

通常网络仿真的模拟软件体系结构如图5.1所示，下面分别给予简略介绍。

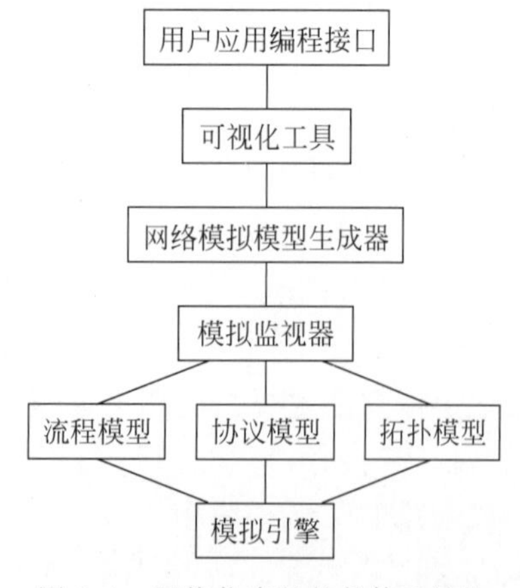

图5.1 网络仿真的软件体系结构

用户应用编程接口负责提供各层用户编程接口，以便用户增加新的模型、新的工具等。

可视化工具包括：

(1) 网络模拟动态显示工具。动态显示网络模拟的全过程，按需求对不同的采集数据进行选择性的显示，网络性能参数的统计和分析图形显示。

（2）分析统计工具。对网络模拟数据进行统计分析，以图表、图形显示出结果。

网络模拟模型生成器负责通过图形化的方法生成网络模拟模型，利用加载对象的方法对网络进行不同的配置，它包括网络拓扑模拟模型的建立（网络结点、链接和属性）、选择流量模型、网络动态运行行为（包括结点和链接故障）。

模拟监视器的任务包括如下：

（1）跟踪和监测网络模拟的全过程，采集模拟网络的状态参数和结果数据，包括网络的各种性能参数（带宽、延迟、延迟抖动、丢包率、拥塞状况等），形成统计数据。

（2）提供配置各种监测粒度和范围的参数接口，提供跟踪网络行为和获取网络模拟过程中的各种网络性能参数的功能函数。

（3）设置基于阈值的报警，设置探测例程。

网络仿真工具中的模型包括如下三种。

（1）流量模型。它负责提供产生各种类型流量的模型，在模拟过程中根据用户的配置（速率、包的大小和分布等）加载到网络模拟模型中，产生模拟网络中的动态数据流。

（2）协议模型。这种模型负责模拟网络协议的操作过程，对模拟网络中的动态数据流进行相应的操作，例如链路协议、路由协议等。

（3）拓扑模型。这种模型提供网络拓扑的基本组件，包括各类结点、各种链路、各种拓扑原型等。

模拟引擎是模拟器的核心部分，包括线程调度、处理器分配、事件队列、同步设置的功能等，根据设定的模拟模型进行调度、控制整个模拟过程的执行。

3. 传感器网络仿真的特点

通常的无线传感器网络属于大规模网络，物理试验测试技术难以实行。网络仿真成为目前无线传感器网络系统研究、开发和设计的重要手段之一。

根据无线传感器网络不同于传统无线网络的特点，在它实现仿真时一般需要处理好如下问题。

① 分布性。无线传感器网络属于一种分布式的网络系统，每个结点一般只处理自己周围的局部信息。

② 动态性。正如前面提到的，在实际应用中无线传感器网络的整个系统应该是处于较为频繁的动态变化过程，网络模型是否能够较好地反映出这种动态变化，会影响仿真结果的可靠性。

③ 综合性。与传统无线网络相比，无线传感器网络集成了传感、通信和处理功能，这就要求网络仿真具有相应的综合性。

传感器网络的仿真包括仿真体系结构的设计和网络系统模型的设计。体系结构是对实际目标和物理环境中反映网络各因素及其相互联系进行抽象所得的结果。网络系统模型设计是实现网络仿真的基础。

例如，传感器网络仿真模型的设计可以涉及结点能耗模型设计、网络流量模型设计和无线信道模型设计，具体介绍如下：

① 结点能耗模型。目前人们对结点能耗模型的研究主要集中在无线电能耗模型、CPU能耗模型和电池模型，其中最主要的是无线电能耗模型。事实上传感器结点的能耗模型还

与结点分布密度、网络流量分布等诸多因素有关。

② 网络流量模型。传感器网络是面向应用的监控系统，在不同的应用背景和物理环境下，网络流量是不一样的。如果在被监控事件出现的地点附近部署传感器结点比较密集，网络将会产生瞬时的爆发流量；而在某些野外环境监控任务中，传感器结点采集数据比较固定，相应地网络流量就要稳定得多。另外，采用不同的网络协议和信息处理方法也会影响网络的整体流量。

通常我们可以把网络流量分为固定比特和可变比特两部分，分别对应稳定流量和爆发流量。在网络流量的模型分析中，人们大都将网络中数据包的到达假设为泊松过程。虽然理论上泊松过程对网络传输的性能评价具有较好的效果，但实际中未必都真正符合这一概率统计规律。

③ 无线信道模型。传感器结点之间需要通过无线信道进行通信，传统的无线网络对无线信道的传播特性和模型的建立已有较为成熟的成果。不过由于无线信道本身的不稳定性，影响因素复杂多变，而且传感器网络结点分布较为密集，使得无线信道模型的建立过程复杂。因此无线信道模型的建立是无线传感器网络研究的主要内容之一。

5.1.2 常用网络仿真软件平台

1. TOSSIM

1）简介

TinyOS 是为传感器网络结点而设计的一个事件驱动的操作系统，由加州大学伯克利分校开发，采用 nesC 编程语言。它主要应用于无线传感器网络领域，采用基于一种组件的架构方式，能够快速实现各种应用。

TOSSIM 是 TinyOS 自带的仿真工具，可以同时模拟传感器网络的多个结点运行同一个程序，提供运行时的调试和配置功能。它可以实时监测网络状况，并向网络注入调试信息，还可以与网络进行交互式的操作[52]。

由于 TOSSIM 仿真程序直接编译来自实际运行于硬件环境的代码，因而可以用来调试最后实际真正运行的程序代码。

TOSSIM 仿真软件工具的体系结构内容如下：

① 编译器支持。TOSSIM 改进了 nesC 编译器，通过选择不同的选项，用户可以把硬件结点上的代码编译成仿真程序。

② 执行模式。TOSSIM 的核心是仿真事件队列。与 TinyOS 不同的是，硬件中断被模拟成仿真事件插入队列，仿真事件调用中断处理程序，中断处理程序又调用 TinyOS 的命令或触发 TinyOS 的事件。这些 TinyOS 的事件和命令处理程序可以生成新的任务，并将新的仿真事件插入队列，重复此过程直到仿真过程结束。

③ 硬件模拟。TinyOS 把结点的硬件资源抽象为一系列的组件，通过将硬件中断替换成离散事件，以替换硬件资源。TOSSIM 通过模拟硬件资源被抽象后的组件的行为，为上层提供与硬件相同的标准接口。硬件模拟为模拟真实物理环境提供了接入点。通过修

改硬件抽象组件,可以为用户提供各种性能的硬件环境,满足不同用户和不同仿真配置的需求。

④ 无线模型。TOSSIM 允许开发者选择具有不同精确度和复杂度的无线模型。这种无线模型独立于仿真器,可以保证仿真器的简单性和高效性。用户可以通过一个有向图指定不同结点对之间的通信误码率,表示在该链路上发送数据时可能出现错误的概率。

⑤ 仿真监控。用户可以自行开发应用软件来监控 TOSSIM 的仿真执行过程,二者通过 TCP/IP 进行通信。TOSSIM 为监控软件提供实时的仿真数据,包括在 TinyOS 源代码中加入的 Debug 信息、各种数据包和传感器的采样值等。监控软件可以根据这些数据显示仿真执行情况;同时允许监控软件以命令调用的方式更改仿真程序的内部状态,达到控制仿真进程的目的。TinyOS 提供了一个自带的仿真监控软件界面软件 TinyViz(TinyOS Visualizer)。

总之,TOSSIM 是一个支持基于 TinyOS 的在 PC 上运行的模拟器,它能模拟 nesC 程序在 mote 等硬件上运行的过程。在建立一个 TinyOS 程序后,可以先在 TOSSIM 模拟器上运行和调试。TinyOS 模拟器提供运行时的调试输出信息,允许用户从不同的角度分析和观察程序的执行过程。用户通过 TinyViz 程序可以输入信息,也可以输出调试信息。

2) TOSSIM 模拟器运行 TinyOS 程序

下面介绍如何采用 TOSSIM 模拟器运行 TinyOS 程序。

在 PC 上安装好 TinyOS 之后,可以按照如下关键步骤打开 TinyViz 界面来执行某个应用程序的仿真任务:

① DoS 到应用的目录

② $ make pc

③ 若 TinyViz 还没有建立,则

- cd tools/java/net/tinyos/sim/tinyviz
- make

④ 将 tinyviz 复制到应用目录

⑤ $ DBG=sim

⑥ $ ./tinyviz -run build/pc/main.exe 10

如果输入 make mica2 命令,表示建立 mica2 目录,可以编译生成 mote 上的 exe、srec 和 ihex 文件。

例如我们希望针对 TinyOS 自带的 Blink 应用程序,模拟编译出可以在 TOSSIM 模拟器上运行的程序,主要是在应用程序目录下运行“make pc”命令,就可以把源代码编译在 TOSSIM 模拟器上运行 Blink 应用程序。Blink 应用程序可以在 mote 硬件结点上以频率 1Hz 让 LED 红灯显示。如果执行命令:$ ./tinyviz -run build/pc/main.exe 30,会出现图 5.2 所示的界面。

下面详细介绍如何在 TOSSIM 模拟器运行 Blink 应用程序,可按以下步骤操作:

```
cd app/Blink
make pc
```

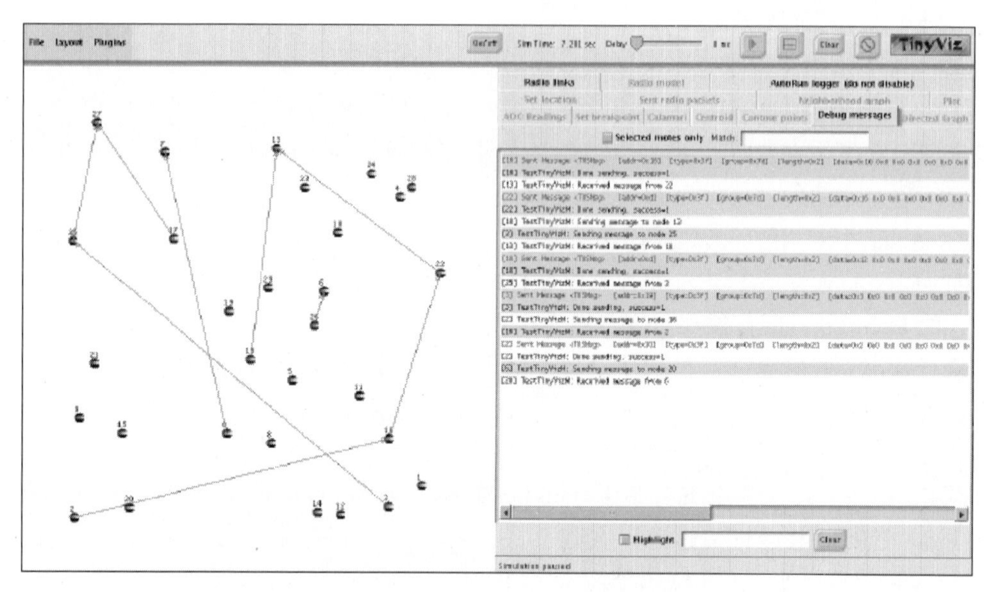

图 5.2　TOSSIM 运行结果的界面显示

这时会出现如下编译信息：

```
mkdir -p build/pc
compiling Blink to a pc binary
ncc  -o build/pc/main.exe  -g  -O0  -board=micasb  -pthread  -target=pc
    -Wall  -Wshadow  -DDEF_TOS_AM_GROUP  =  0x7d
    -WnesC-all  -fnesC-nido-tosnodes =  1000
    -fnesC-cfile =  build/pc/app.c   Blink.nc  -lm
compiled Blink to build/pc/main.exe
   24784 bytes in ROM
   617960 bytes in RAM
```

最终编译器在 blink/build/pc 下生成可执行文件 main. exe。按照下面的命令运行 main. exe，在默认条件下，TOSSIM 打印出所有的调试信息如下：

```
[root@localhost Blink]# ./build/pc/main.exe 1
SIM: Initializing sockets
SIM: Created server socket listening on port 10584.
SIM: Created server socket listening on port 10585.
SIM: clientAcceptThread running.
SIM: commandReadThread running.
SIM: EEPROM system initialized.
SIM: spatial model initialized.
SIM: RFM model initialized at 40 kbit/sec.
```

按 Ctrl＋C 可以终止该程序的运行。通过设置环境变量 export DBG＝crc 可以关闭调试信息。通过输入"build/pc/mian. exe-help"能够打印出所有选项。

3）使用 gdb 调试程序

gdb 是一个强大的命令行调试工具，一般来说主要调试 C/C++程序。TOSSIM 的一个显著优点就是它可以运行在 PC 上，这样可以运用传统的调试工具来调试 nesC 程序。不过，gdb 不是为 nesC 设计的。nesC 中的组件描述意味着单个命令可能有多个提供者。所以单个命令必须指定所处的模块、配件或者接口，才能唯一地确定究竟是哪个命令，例如：

```
module BlinkM {
        provides {
                interface StdControl;
                }
        uses {
            interface Timer;
            interface Leds;
            }
        }
  Configuration SingleTimer {
                provides interface Timer;
                provides interface StdControl;
                }
```

编译生成 C 代码时就将它们的名字分别改写，比如 StdControl 接口中的 init()命令在编译为 C 代码的时候，被改写为 BlinkM $ StdControl $ init()和 SingleTimer $ StdControl $ init()。

使用 gdb 进行调试与采用传统的调试方法大致相同，只是使用命令(如在命令处设断点)时必须按照上面的规则。例如，调试 Blink 程序的过程如下：

```
[root@localhost Blink] # gdb build/pc/main.exe
GNU gdb Red Hat Linux
Copyright 2003 Free Software Foundation,Inc.
GDB is free software,covered by the GNU General Public License,and you are welcome to change it
and/or distribute copies of it under certain conditions.
Type "show copying" to see the conditions.
There is absolutely no warranty for GDB. Type "show warranty" for details.
This GDB was configured as "i386 - redhat - linux - gnu"
(gdb) break main
Breakpoint 1 at 0xS049e10: file Nido.nc,line 113.
(gdb) run
Starting program: /opt/TinyOS/tinyos - 2.x/apps/Blink/build/pc/main.exe
[New Thread 1074102912(LWP 5803)]
[Switching to Thread 1074102912(LWP 5803)]

Breakpoint 1,main(argc = 1,argv = 0xbffff714) at Nido.nc: 113
113        int num nodes start = -1;
(gdb) s
115        unsigned long long maxrun_time = 0;
(gdb) break * BlinkM $ StdControl $ init
Note: breakpoint 1 also set at pc 0xS04d894.
Breakpoint 2 at 0xS04d894: file BlinkM.nc,line 52.
(gdb)
```

注意在这里 BlinkM $ Std Control $ init 是必要的，因为只有这样 gdb 才能够正确解析该命令。

2. OMNeT++

OMNeT++是 Objective Modular Network Testbed 的简写，也被称作离散事件模拟系统（Discrete Event Simulation System，DESS）。它是一种面向对象的、离散事件建模仿真器，属于免费的网络仿真软件[53]。

与大部分的网络模拟器一样，为了更有效地模拟实际网络的运行功能，并使整个系统具有较好的可扩充性，OMNeT 采用了将网络结构定义与网络功能定义分开的方式。对于网络的拓扑结构，由于在模拟的过程中可能需要根据不同的条件进行反复的重定义，并且可能会经常进行相关参数的改动，因此根据这个特点，即不具有很高的复杂度，但要求具有较好的可重用性和较短的开发周期，这种仿真软件工具采用了特别定义的 NED 语言来完成。

对于主要的模块实现和算法实现部分，由于常常会涉及很复杂的数据结构定义，并且在引入面向对象的编程方法后，通过封装也可以实现良好的可扩展性，因此采用了 C++语言来作为功能实现语言。

与其他网络模拟器不同的是，OMNeT++采用的是以 C++为核心的工作模式。用 NED 语言生成的网络拓扑结构的脚本，在生成模拟器的目标文件时，是通过特殊的编译器改写成 C 语言代码，再嵌入到整个工程当中的。在 C++部分所进行的模拟功能部分的实现时，则充分引入和利用了面向对象的编程方法，即由 OMNeT++的开发者通过类封装的方式，向用户提供包含了各种不同的基本的网络器件和相关操作的库，而用户则根据自己的需要，通过对这些包含了基本功能和底层实现接口的库（类）进行重载，从而适应不同应用场合的需要。

这种工作方式可以将较为复杂的底层实现操作与上层用户隔离开来，同时由于采用了封装的方式，使各个功能模块之间具有较好的功能独立性，从而大大降低了实现的复杂程度，同时也方便调试，缩短开发周期。

在 OMNeT++中，网络功能的模拟是针对每一个具体网络来进行的。在每一个具体实现中，所模拟的网络被设计成若干个模块（Module）的集合，对应不同类型的模块在 NED 文件中通过专用对象互相连接成网络。

在 OMNeT++中，所有的网络元素都是以模块形式实现的，每一种网络元素在 C++代码中对应一个特定的类，用户可以对基本类进行重载来加入自己的算法。关键是 OMNeT++允许用户进行模块的嵌套定义，即由若干个基本模块组成一个复合模块，从而可以实现复杂的网络功能定义。

有些网络模拟器在模拟任务的运行方面所采取的方式，是将用户所编写的与本次任务有关的代码，与其他所有代码一起编译到一个共同的可执行文件中。当执行模拟任务时，用户通过另外编写一个运行脚本，指示可执行文件的动作。这一方式与 UNIX 中的内核编程方式比较相似，所生成的可执行文件实际上是一个命令解释器，通过它对脚本中的语句进行解释执行，从而生成网络拓扑，并执行相对应的功能。

OMNeT++在这方面所采用的方式则不同，它为每个模拟任务生成独立的可执行文件。当用户需要改变网络参数，或者需要改变网络动作时，则必须要重新修改源代码，再重新进行编译。OMNeT++的优点在于所生成的可执行文件只包含本次任务所需要的功能，所以在生成时间和稳定性上都有优势。但是，其不足在于可扩展性。一些网络仿真软件工具在改变网络拓扑、参数和网络动作时，只需要修改相应的脚本，而 OMNeT++要对源代码进行修改，再重新编译。

OMNeT++所采用的编译方式与大多数的网络编译器类似，也是通过使用一个预先生成的编译脚本(通常为 makefile. vc)，利用 C 语言的编译器 nmake 完成编译工作。OMNeT++提供相应的工具，根据不同的工程自动生成相应的编译脚本。

NED 语言是 OMNeT++的专用语言，用于生成静态的网络拓扑，设置网络的相关参数，并对这些参数进行初始化。在编译阶段 NED 代码通过专用的编译器转换为 C++代码，进行二次编译，其中网络拓扑结构和相关参数的设置也可以在 C++代码中进行动态的修改。

为了满足用户的不同需要，OMNeT++为模拟程序的运行提供了可选择的两种不同的方式，即通过命令行运行的 Cmdenv 方式和具有图形界面、便于直观分析的 Tkenv 方式。OMNeT++的模拟程序采用一种名为. vec 的文件格式，作为它的模拟输出，并提供相应的工具进行分析。

OMNeT++在模拟程序的运行和结果的分析方面，为用户提供了许多功能选项，这些选项中的绝大部分是在模拟工程的 omnetpp. ini 配置文件中设定的。omnetpp. ini 文件是每一个 OMNeT++模拟程序的默认配置文件，在模拟过程开始时，系统模块自动在当前目录寻找并读取这个文件，根据它的指令设置运行方式和相关参数。

3. MATLAB

MATLAB 是矩阵实验室(Matrix Laboratory)的意思。它除了具备卓越的数值计算能力外，还提供专业水平的符号计算、文字处理、可视化建模仿真和实时控制等功能，也可以进行网络仿真，用于模拟传感器网络的运行情况和某些应用算法的性能。

MATLAB 作为美国 MathWorks 公司开发的用于概念设计、算法开发、建模仿真的理想集成环境，是目前非常好的一种科学计算类软件。它作为和 Mathematica、Maple 并列的三大数学软件，其强项就是强大的矩阵计算和仿真能力。

MATLAB 的基本数据单位是矩阵，它的指令表达式与数学、工程中常用的形式十分相似。用户可以将自己编写的实用程序导入到 MATLAB 函数库，方便自己以后调用，此外许多 MATLAB 爱好者编写了一些经典的程序，用户可以直接进行下载使用，非常方便。

MATLAB 的基础是矩阵计算，开放性使 MATLAB 广受用户欢迎，除内部函数外，所有 MATLAB 主包文件和各种工具包都是可读、可修改的文件，用户通过对源程序的修改或加入自己编写的程序，可以构造出新的专用工具包。MATLAB 的官方网站地址为 http://www. mathworks. com。

在 MATLAB 软件工具中，典型的无线传感器网络应用程序是 WiSNAP(Wireless Image Sensor Network Application Platform)[54]。这是一个针对无线图像传感器网络而设计的基于 MATLAB 的应用开发平台，由斯坦福大学研制。它使得研究者能使用实际的目标硬件来研究、设计和评估算法应用程序，还提供了标准易用的应用程序接口(Application Program Interface，API)来控制图像传感器和无线传感器结点，而不需要详细了解硬件平台，另外开放的系统结构还支持虚拟的传感器和无线传感器结点。

4. OPNET

OPNET是MIL3公司开发的网络仿真软件产品。这是一种优秀的图形化、支持面向对象建模的大型网络仿真软件。它具有强大的仿真功能，几乎可以模拟任何网络设备、支持各种网络技术，能够模拟固定通信模型、无线分组网模型和卫星通信网模型。OPNET还提供交互式的运行调试工具和功能强大、便捷直观的图形化结果分析器，以及提供能够实时观测模型动态行为的动态观测器[55]。

OPNET产品主要面向专业人士，帮助客户进行网络结构、设备和应用的设计、建设、分析和管理。OPNET的产品主要针对三类客户，分成四个系列。三类客户是指网络服务提供商、网络设备制造商和一般企业。它的四个系列产品核心包括：

(1) OPNET Modeler。为技术人员提供一个网络技术和产品开发平台，可以帮助他们设计和分析网络和通信协议。

(2) ITGuru。帮助网络专业人士预测和分析网络和网络应用的性能、诊断问题、查找影响系统性能的瓶颈、提出并验证解决方案。

(3) ServiceProviderGuru。面向网络服务提供商的智能化网络管理软件。

(4) WDM Guru。用于波分复用光纤网络的分析、评测。

OPNET的主要特点包括以下几方面。

(1) 采用面向对象的技术。对象的属性可以任意配置，每一对象属于相应行为和功能的类，可以通过定义新的类来满足不同的系统要求。

(2) 提供了各种通信网络和信息系统的处理构件和模块。

(3) 采用图形化界面来建模，为使用者提供三层（网络层、结点层、进程层）建模机制来描述现实的系统。

(4) 在过程层次中使用有限状态机来对其他协议和过程进行建模，用户模型和OPNET的内置模型将会自动生成C语言，实现可执行的离散事件的模拟流程。

(5) 内建了很多性能分析器，自动采集模拟过程的结果数据。

(6) 几乎预定义了所有常用的业务模型，如均匀分布、泊松分布、爱尔朗分布等。

Modeler作为OPNET软件的核心工具，其应用领域包括端到端结构、系统级的仿真、新的协议开发和优化、网络和业务层配合如何达到最佳性能等方面。举例来说，在端到端结构的应用中，从IPv4网络升级为IPv6，分析采用哪种技术方式对转移效果比较好。在新协议的开发方面，如目前流行的3G无线协议，可以分析协议设计的运行效果。在系统级的仿真中，分析一种新的路由或调度算法如何使路由器或者交换机达到用户满意的服务质量。在网络和业务之间如何优化方面，可以分析新引进的业务对整个网络性能的影响、网络对业务的要求。由于实际中网络和业务是一对矛盾，通过Modeler模拟来查找网络和业务之间所能达到的最优指标。

Modeler采用阶层性的模拟方式，从协议间的关系来看，结点模块建模完全符合OSI标准，即业务层→TCP层→IP层→IP封装层→ARP层→MAC层→物理层。从网络层次关系来看，提供了三层建模机制，最底层为进程（Process）模型，采用状态机来描述协议；其次为结点（Node）模型，由相应的协议模型构成，反映设备特性；最上层为网络模型。三层模型和实际的协议、设备、网络完全对应，全面反映了网络的相关特性。

Modeler采用面向对象建模(Object-oriented Modeling,OOM)方式,每一类结点开始都采用相同的结点模型,再针对不同的对象,设置特定的参数。采用离散事件驱动的模拟机理,与时间驱动相比,计算效率得到了很大提高。例如在仿真路由协议时,如果要了解封包是否到达,不必要每隔很短时间周期性地查看一次,而是收到封包和事件到达才去查看。在Modeler中所有代码包括各种协议的代码都完全公开,每一个代码的注释也非常清楚,使得用户容易理解协议的内部运作。采用混合建模机制,把基于包的分析方法和基于统计的数学建模方法结合起来,既可得到非常细节的模拟结果,也大大提高了仿真效率。

在仿真引擎的效率方面,Modeler的仿真速度很高,这是它的一个显著优点,同时引入并行仿真,使得无论无线还是有线的仿真速度更加快速。Modeler还提供了多种业务模拟方式,具有丰富的收集分析统计量、查看动画和调试等功能。它可以直接收集常用的各个网络层次的性能统计参数,能够方便地编制和输出仿真结果的报告,如图5.3所示[56]。

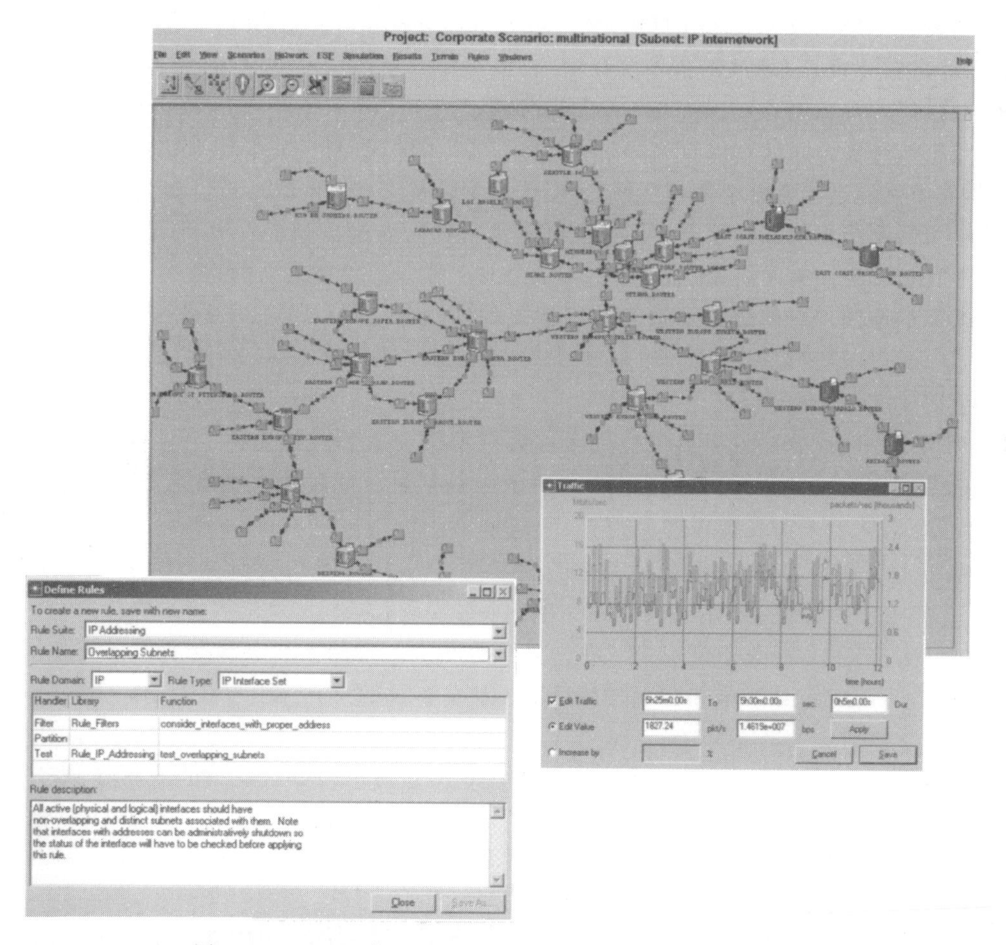

图5.3　OPNET的Modeler运行界面和仿真结果分析与显示

总之,OPNET网络仿真软件是目前世界上最为先进的网络仿真开发和应用平台之一。它曾被一些机构评选为“世界级网络仿真软件”第一名。由于其出众的技术而被许多大型通信设备商、电信运营商、军方和政府研发机构、高等教育院校、大中型企业所采用,也可以进行传感器网络的各种应用业务仿真和网络协议运行性能模拟。使用它的最大问题在于它作为一种商业化高端网络仿真产品，价格十分昂贵。

5. NS

NS(Network Simulator)是一种针对网络技术的源代码公开的、免费的软件模拟平台，研究人员使用它可以很容易地进行网络技术的分析。目前它所包含的模块内容已经非常丰富，几乎涉及网络技术的所有方面，成为目前学术界广泛使用的一种网络模拟软件。在每年国内外发表的有关网络技术的学术论文中，利用NS给出模拟结果的文章最多，通过这种方法得出的研究结果也是被学术界所普遍认可的[57]。

NS也可作为一种辅助教学的工具，广泛应用在网络技术的教学方面。这种网络仿真软件有多个版本，这里以NS2(Network Simulator，version 2)[58]为例进行介绍。作为一种面向对象的网络仿真器，NS2本质上是一个离散事件模拟器，由加州大学伯克利分校开发。它本身有一个虚拟时钟，所有的仿真都由离散事件驱动。NS2使用C++和OTcl作为开发语言。NS可以说是OTcl的脚本解释器，它包含仿真事件调度器、网络组件对象库以及网络构建模型库等。

事件调度器用来计算仿真时间，并且激活事件队列中的当前事件，执行一些相关的事件，网络组件通过传递分组来相互通信，但这并不耗费仿真时间。所有需要花费仿真时间来处理分组的网络组件都必须要使用事件调度器。它先为这个分组发出一个事件，然后等待这个事件被调度回来之后，才能做下一步的处理工作。事件调度器的另一个用处就是计时。由于效率的原因，NS将数据通道和控制通道的实现相分离。为了减少分组和事件的处理时间，事件调度器和数据通道上的基本网络组件对象都使用C++写出并编译的，这些对象通过映射对OTcl解释器可见。

当仿真完成以后，NS将会产生一个或多个基于文本的跟踪文件。只要在脚本中加入一些简单的语句，这些文件中就会包含详细的跟踪信息。这些数据可以用于下一步的分析处理，也可以将整个仿真过程展示出来。

在进行网络仿真之前，首先分析仿真涉及哪个层次，NS仿真分两个层次：一个是基于OTcl编程的层次。利用NS已有的网络元素实现仿真，无须修改NS本身，只需编写OTcl脚本。另一个是基于C++和OTcl编程的层次。如果NS中没有所需的网络元素，则需要对NS进行扩展，添加所需网络元素，即添加新的C++和OTcl类，编写新的OTcl脚本。

假设用户已经完成了对NS的扩展，或者NS所包含的构件已经满足了要求，那么进行一次仿真的步骤大致如下：

(1) 编写OTcl脚本。首先配置模拟网络拓扑结构，此时可以确定链路的基本特性，如延迟、带宽和丢失策略等。

(2) 建立协议代理，包括端设备的协议绑定和通信业务量模型的建立。

(3) 配置业务量模型的参数，从而确定网络上的业务量分布。

(4) 设置Trace对象。NS通过Trace文件来保存整个模拟过程。在仿真过程结束之后，用户可以对Trace文件进行分析研究。

(5) 编写其他的辅助过程，设定模拟结束时间，至此OTcl脚本编写完成。

（6）用 NS 解释执行刚才编写的 OTcl 脚本。

（7）对 Trace 文件进行分析，得出有用的数据。

（8）调整配置拓扑结构和业务量模型，重新进行上述模拟过程。

NS2 采用两级体系结构，为了提高代码的执行效率，NS2 将数据操作与控制部分的实现相分离。事件调度器和大部分基本的网络组件对象后台使用 C++实现和编译，称为编译层，主要功能是实现对数据包的处理。NS2 的前端是一个 OTcl 解释器，称为解释层，主要功能是完成模拟环境的配置和建立。

从用户角度来看，NS2 是一个具有仿真事件驱动、网络构件对象库和网络配置模块库的 OTcl 脚本解释器。NS2 中编译类对象通过 OTcl 连接建立了与之对应的解释类对象，这样用户间能够方便地对 C++对象的函数进行修改与配置，充分体现了仿真器的一致性和灵活性。

NS2 仿真器封装了许多功能模块，基本模块包括事件调度器、结点、链路、代理、数据包格式等。各个模块的大致情况简介如下：

（1）事件调度器。目前 NS2 提供了四种具有不同数据结构的调度器，分别是链表、堆、日历表和实时调度器。

（2）结点（node）。由 TclObject 对象组成的复合组件，在 NS2 中可以表示端结点和路由器。

（3）链路（link）。由多个组件复合而成，用来连接网络结点。所有的链路都是以队列的形式来管理分组的到达、离开和丢弃。

（4）代理（agent）。负责网络层分组的产生和接收，也可以用在各个层次的协议实现中。每个代理连接到一个网络结点上，由该结点给它分配一个端口号。

（5）包（packet）。由头部和数据两部分组成。一般情况下包只有头部、没有数据部分。

NS2 软件由 Tcl/Tk、OTcl、NS、Tclcl 构成。这里 Tcl 是一个开放脚本语言，用来对 NS2 进行编程。Tk 是 Tcl 的图形界面开发工具，可帮助用户在图形环境下开发图形界面。OTcl 是基于 Tcl/Tk 的面向对象扩展，有自己的类层次结构。NS 模块作为这种软件包的核心，是面向对象的仿真器，用 C++编写，以 OTcl 解释器作为前端。Tclcl 模块提供 NS 和 OTcl 的接口，使对象和变量出现在两种语言中。为了直观的观察和分析仿真结果，NS2 提供了可选的 Xgraphy、可选件 Nam。

5.1.3 仿真平台的选择和设计

1. 仿真平台的选择

无线传感器网络的仿真要能够在一个可控制的环境里，分析和研究它的网络性能和应用业务的实现情况，包括操作系统和网络协议栈，能够仿真数量众多的结点，并可以观察由不可预测的干扰和噪声引起的结点间的相互作用，从而获取结点间组网和数据传输的详细细节，提高结点投放后的网络运行成功率，减少投放后的网络维护工作。

在传感器网络中，通常单个传感器结点具有两个突出特点：一个特点是它的并发性很密集，另一个特点是传感器结点的模块化程度很高。上述这些特点使得无线传感器网络仿真需要解决可扩展性与仿真效率、分布与异步特性、动态性、综合仿真平台等问题。

通过对任务需求和现有仿真平台的分析，要了解选择的仿真平台是否满足需求。如果现有平台能够满足要求，则选择现有平台，否则需要设计新的仿真平台。

根据前面的内容介绍，我们知道现有的仿真平台种类较多、功能各异，每个仿真软件平台的侧重点也不同。仿真平台所采用的设计方法也不一样，例如面向对象设计和面向组件设计等，也会影响仿真平台的执行效率、速度、扩展性、重用性和易用性等。每个仿真器都是在某些性能方面比较突出，而在其他方面又不重视。在选择仿真平台时，需要综合考虑各个因素，在其中寻找一个平衡点以获得最佳的仿真效果。

2. 仿真平台的自主设计

如果开发者决定构建一个自己的传感器网络仿真工具，首先需要决定是在现有仿真平台上开发还是单独构建。如果开发时间有限并且只有一些需要用到的特定特性在现有工具中不存在，那么最好是在现有仿真平台上做开发。如果有足够的开发时间，并且开发者的设计思路比现有工具在仿真规模、执行速度、特点等方面优越，那么从头开始创建一个仿真工具是最有效的。

从底层构建一个仿真工具需要做许多工作，主要是做好方案的选择。开发者必须考虑不同的编程语言的优缺点、仿真驱动的方式（基于事件还是时间）、基于组件结构还是基于面向对象结构、仿真器的复杂程度、包括哪些特点以及不包括哪些、是否使用并行执行、与实际结点交互的能力。

为了提高效率，许多仿真器使用离散事件模型来驱动引擎。基于组件的结构比面向对象结构优越，但是通过模块化的方式比较难以实现。定义每个传感器为对象也可以确保结点之间的独立性。在面向对象设计中，不同协议之间新算法的移植也较容易。然而，通过仔细编程和实验，人们发现基于组件结构会表现更加有效。

通常自主构建仿真器的复杂程度与设计者的目的和时间有关。在大多数情况下，人们使用简单的 MAC 协议就足够满足传感器网络组网的无线通信仿真需求。其他的设计内容还取决于具体应用业务的特定场景、编程能力、设计时间等。

5.1.4 传感器网络工程测试床

在无线传感器网络中，仿真是一个重要的研究手段。但是仿真通常仅局限于特定问题的研究，并不能获取结点、网络和无线通信等运行的详细信息，只有实际的测试床（Testbed）才能够捕获到这些信息。

虽然在验证大型传感器网络方面有一些有效的仿真工具，但只有通过对实际的传感器网络测试床的使用，才能真正理解资源的限制、通信损失及能源限制等问题。另外，无线传感器网络的测试是比较困难的，在实验过程中需要对许多结点反复地进行重编程、调试，而且还需要获得其中的一些数据信息。通过测试床可以对无线传感器网络的许多问题进行研究，简化系统部署、调试等步骤，使得无线传感器网络的研究和应用变得相对容易。

最近几年来随着传感器、无线通信设备等的价格降低和尺寸减小，人们设计出了一些测试床来研究和验证这些系统的属性。这里主要介绍 3 种应用于无线传感器网络的测试床：

Motelab、SensoNet 和 IBM 的无线传感器网络测试床。

Motelab 是哈佛大学开发的一个开放的无线传感器网络实验环境，是基于 Web 的无线传感器网络测试床。它包括一组长期部署的传感器网络结点，以及一个中心服务器，体系结构如图 5.4 所示[59]。中心服务器负责处理重编程、数据访问，并提供创建和调度测试床的 Web 接口。Motelab 通过流线型结构访问大型和固定的网络设备，加速了应用程序的部署。各地用户通过互联网可以实现自动的数据访问，允许离线对传感器网络软件的性能进行验证，方便系统调试和开发。因此它的一个重要特点是允许本地和远程用户通过 Web 接口接入测试床，例如我们可以通过互联网上传自己的数据和文件，进行传感器网络测试。Motelab 已经用于多个项目的研究和开发，也可以用于教学用途。

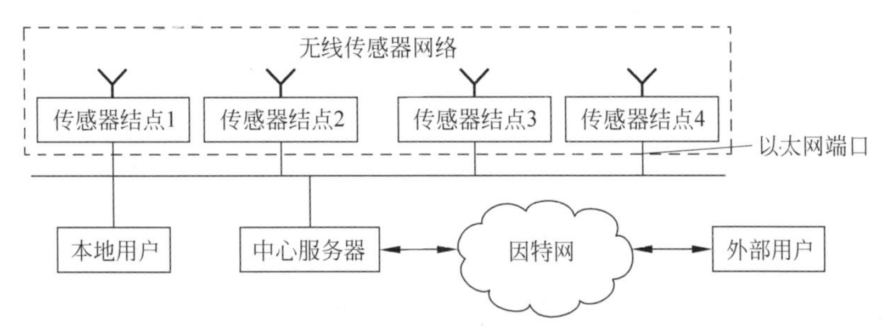

图 5.4 Motelab 工程测试床的结构组成

SensoNet 是美国亚特兰大市佐治亚州技术学院电子与计算机工程学校宽带与无线网络实验室研制的传感器网络试验床，其体系结构如图 5.5 所示[60]。

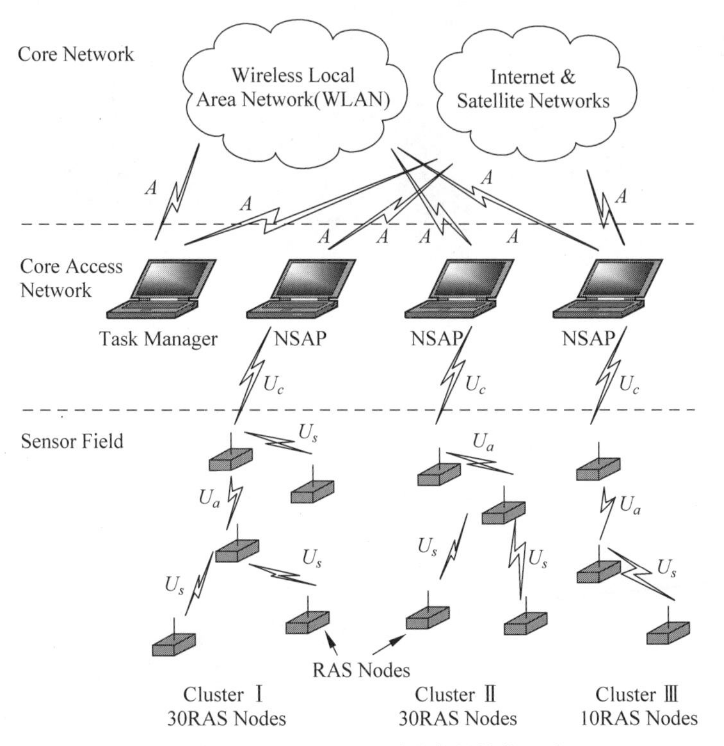

图 5.5 SensoNet 工程测试床的结构组成

SensoNet试验床是由三部分组成：核心网、核心接入网和传感器现场。核心网是整个传感器网络的主干，包括无线局域网（WLAN）、因特网和卫星网。核心接入网是由NSAP组成，即传感器网络的信宿，它是用笔记本电脑来模拟。NSAP将核心网中的协议与传感器网络中的协议结合在一起。传感器现场是一个区域，其中部署RAS（Route，Access，Sense）结点。每个RAS结点可以是移动的或者静止的，它由以下部分组成：

（1）MPR300CA MICA程序/无线主板：TinyOS分布式软件操作系统，Atmel Atmega 103L处理器（运行在4MHz，128KB的内部Flash），4KB的外部SRAM，4KB的外部EEPROM，RFM TR1000 916MHz无线收发器（最大速率为50Kb/s），MICA传感器为51针扩充连接器。

（2）MTS310CA MICA型号的光、温度、声音、加速计传感器。

（3）笔记本电脑，带有WLAN和916MHz的无线收发器。

（4）视频和音频获取装置。

（5）差分全球定位系统（GPS）。

（6）遥控车或者布朗李机动车。

试验床的部分场景和实物图片如图5.6所示。

图5.6　SensoNet工程测试床的场景和部分实物

IBM苏黎世研究实验室开发的测试床提供了完整的端到端解决方案，包括从传感器与执行机构到运行企业服务器上的应用软件。它由多种无线传感器网络、一个传感器网关、连接传感器网络和企业网络的中间件和传感器应用软件组成。这个测试床用于评估与传感器网络相关的无线通信技术（如IEEE 802.15.4/ZigBee网络、蓝牙无线局域网和IEEE 802.11b无线局域网）的性能，测试在传感器和应用服务器之间实现异步通信的轻量级消息协议，并可以开发具体的应用，例如实现远程测量和位置感知。具体地说，该测试床包括以下几部分[61]：

- 配有多种类型传感器的传感单元（如加速度计、温度计、陀螺仪等）；
- 一个无线传感器网络；
- 一个连接无线传感器网络和企业网络的网关；

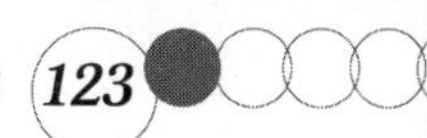

- 分发传感器数据到各个传感器应用的中间件组件；
- 传感器应用软件。

5.2 网络结点的硬件开发

5.2.1 硬件开发概述

1. 硬件系统的设计特点和要求

无线传感器网络具有很强的应用相关性，在不同应用场合下需要配套不同的网络模型、软件系统和硬件平台。传感器网络结点作为一种微型化的嵌入式系统，构成了传感器网络的基础层支撑平台。设计传感器网络的硬件结点需从以下方面考虑。

1）微型化

传感器结点应该在体积上足够小，保证对目标系统本身的特性不会造成影响，或者所造成的影响可忽略不计。

2）扩展性和灵活性

传感器网络结点需要定义统一、完整的外部接口，在需要添加新的硬件部件时可以在现有的结点上直接添加，而不需要开发新的结点。同时结点可以按照功能拆分成多个组件，组件之间通过标准接口自由组合。在不同应用环境下，选择不同的组件自由配置系统，这样不必为每一个应用都开发一套全新的硬件系统。

3）稳定性和安全性

稳定性要求结点的各部件都能够在给定的外部环境变化范围内正常工作。在给定的温度、湿度和压力等外部条件下，传感器结点的处理器、无线通信模块和电源模块要保证正常功能，同时传感器部件保证工作在各自量程范围内。

安全性设计主要包括代码安全和通信安全两方面。在代码安全方面，某些应用场合可能希望保证结点的运行代码不被第三方了解。例如在某些军事应用中，在结点被敌方捕获的情况下，结点的代码应该能够自我保护并锁死，避免被敌方获取。很多微处理器和存储器芯片都具有代码保护的能力。在通信安全方面，有些芯片能够提供一定的硬件支持，如CC2420具有支持基于AES-128的数据加密和数据鉴权能力。

4）低成本

这是传感器结点的基本要求，只有低成本才能大量布置在目标区域，表现出传感器网络的各种优点。低成本对传感器各个部件提出苛刻的要求。首先，供电模块不能使用复杂而且昂贵的方案；其次，能量的限制要求所有的器件都必须是低功耗；另外传感器不能使用精度太高、线性很好的部件，这样会造成传感器模块成本过高。

5）低功耗

传感器网络对低功耗的需求一般都远远高于目前已成熟的蓝牙、WLAN等无线网络。传感器结点的硬件设计直接决定了结点的能耗水平，还决定了各种软件通过优化（如网络各层通信协议的优化设计、功率管理策略的设计）可能达到的最低能耗水平。通过合理地设计硬件系统，可以有效降低结点能耗。

由于具体应用背景不同，目前国内外研制了多种无线传感器网络结点的硬件平台。典型的结点包括 Mica 系列、Sensoria WINS、Toles、μAMPS 系列、XYZnode、Zabranet 等。实际上各平台最主要的区别在于采用了不同的处理器、无线通信协议和与应用相关的不同传感器。常用的无线通信协议有 IEEE 802.11b、IEEE 802.15.4(ZigBee)、Bluetooth、UWB 和自定义协议。采用的处理器从 4 位的微控制器到 32 位 ARM 内核的高端处理器，还有一类结点如 WiseNet，采用集成了无线模块的单片机。

2. 硬件系统的设计内容

大多数传感器网络结点具有终端探测和路由的双重功能：一方面实现数据的采集和处理；另一方面实现数据的融合和路由，对本身采集的数据和收到的其他结点发送的数据进行综合，转发路由到网关结点。网关结点往往个数有限，而且常常能够得到能量补充。网关通常使用多种方式（如因特网、卫星或移动通信网络等）与外界进行通信。

通常普通的传感器网络结点数目大，采用不能补充的电池提供能量。传感器结点的能量一旦耗尽，那么该结点就不能进行数据采集和路由，直接影响整个传感器网络的健壮性和生命周期。因此，传感器网络设计的主要内容在于传感器网络结点。

由于具体应用不同，传感器网络结点的设计也不尽相同，但是基本结构通常大致是一样的。传感器结点的基本硬件模块组成如图 5.7 所示，主要由数据处理模块、换能器模块、无线通信模块、电源模块和其他外围模块组成。数据处理模块是结点的核心模块，用于完成数据处理、数据存储、执行通信协议和结点调度管理等工作；换能器模块包括各种传感器和执行器，用于感知数据和执行各种控制动作；无线通信模块用于完成无线通信任务；电源模块是所有电子系统的基础，电源模块的设计直接关系到结点的寿命；其他外围模块包括看门狗电路、电池电量检测模块等，也是传感器结点不可缺少的组成部分。

图 5.7 无线传感器网络结点的结构组成

5.2.2 传感器结点的模块化设计

1. 数据处理模块

分布式信息采集和数据处理是无线传感器网络的重要特征之一。每个传感器结点都具有一定的智能性，能够对数据进行预处理，并能够根据感知的情况做出不同处理。这种智能性主要依赖于数据处理模块来实现的，数据处理模块是传感器结点的核心模块之一。

从处理器的角度来看，传感器网络结点基本可以分为两类：一类采用以 ARM 处理器为代表的高端处理器。该类结点的能量消耗比采用微控制器大很多，多数支持 DVS（动态电压调节）或 DFS（动态频率调节）等节能策略，但是其处理能力也强很多，适合图像等高数据量业务的应用。另外，采用高端处理器来作为网关结点也是不错的选择。另一类是以采用低端微控制器为代表的结点。该类结点的处理能力较弱，但是能量消耗也很小。在选择处理器时应该首先考虑系统对处理能力的需要，然后再考虑功耗问题。

对于数据处理模块的设计，主要考虑如下五方面的问题。

1）节能设计

从能耗的角度来看，对于传感器结点，除通信模块以外，微处理器、存储器等用于计算和存储数据的模块也是主要的耗能部件。它们都直接关系到结点的寿命，因此应该尽量使用低功耗的微处理器和存储器芯片。

在选择微处理器时切忌一味追求性能，选择的原则应该是"够用就好"。现在微处理器运行速度越来越快，但性能的提升往往带来功耗的增加。一个复杂的微处理器集成度高、功能强，但片内晶体管多，总漏电流大，即使进入休眠或空闲状态，漏电流也变得不可忽视；而低速的微处理器不仅功耗低，成本也低。另外，应优先选用具有休眠模式的微处理器，因为休眠模式下处理器功耗可以降低 3～5 个数量级。

选择合适的时钟方案也很重要。时钟的选择对于系统功耗相当敏感，系统总线频率应当尽量降低。处理器芯片内部的总电流消耗可分为两部分，即运行电流和漏电流。理想的 CMOS 开关电路，在保持输出状态不变时是不消耗功率的。但在微处理器运行时，开关电路不断由"1"变"0"、由"0"变"1"，消耗的功率由微处理器运行所引起，称之为"运行电流"。运行电流几乎与微处理器的时钟频率成正比，尽量降低系统时钟的运行频率能够有效地降低系统功耗。

现代微处理器普遍采用锁相环技术，使其时钟频率可由程序控制。锁相环允许用户在片外使用频率较低的晶振，可以减小板级噪声；而且，由于时钟频率由程序控制，系统时钟可在一个很宽的范围内调整，总线频率往往能升得很高。但是，使用锁相环也会带来额外的功耗。如果仅针对时钟设计方案来说，使用外部晶振且不使用锁相环是功耗最低的一种方案选择。

2）处理速度的选择

过快的处理速度可能会增加系统的功耗，但如果处理器承担的处理任务较重，那么若能尽快完成任务，可以尽快转入休眠状态，从而降低能耗。另外，由于需要支持网络协议栈的实时运行，处理模块的速度也不能太低。

3）低成本

低成本是传感器网络实用化的前提条件。在某些情况下，例如在温度传感器结点中，数据处理模块的成本可能占到总成本的 90%以上。片上系统（SoC）需要的器件数量最少，系统设计最简单，成本最低，一般来说对于独立系统应用（如电灯开关等）而言，它是最合适的选择。但是基于 SoC 的设计通常仅对某些特殊的市场需求而言是最优的，由于 MCU 内核速度和内部存储器容量等不能随应用需求进行调整，必须有足够大的市场需求量才能使产品设计的巨大投资得到回报。

4）小体积

由于结点的微型化，应尽量减小数据处理模块的体积。

5）安全性

很多微处理器和存储器芯片提供内部代码安全保密机制，这在某些强调安全性的应用场合尤其必要。

微处理器单元是传感器网络结点的核心，负责整个结点系统的运行管理。表 5.1 所示为各种常见的微控制器性能比较。

表 5.1　各种常见的微控制器性能列表

厂　商	芯片型号	RAM 容量/KB	Flash 容量/KB	正常工作电流/mA	休眠模式下的电流/μA
Atmel	Mega103	4	128	5.5	1
	Mega128	4	128	8	20
	Mega165/325/645	4	64	2.5	2
Microchip	PIC16F87x	0.36	8	2	1
Intel	8051 8 位 Classic	0.5	32	30	5
	8051 16 位	1	16	45	10
Philips	80C51 16 位	2	60	15	3
Motorola	HC05	0.5	32	6.6	90
	HC08	2	32	8	100
	HCS08	4	60	6.5	1
TI	MSP430F14x16 位	2	60	1.5	1
	MSP430F16x16 位	10	48	2	1
Atmel	AT91 ARM Thumb	256	1024	38	160
Intel	XScale PXA27x	256	N/A	39	574
Samsung	S3C44B0	8	N/A	60	5

在选择处理器时应该首先考虑系统对处理能力的需要，然后再考虑功耗问题。不过对于功耗的衡量标准不能仅仅从处理器有几种休眠模式、每 MHz 时钟频率所耗费的能量等角度去考虑处理器自身的功耗，还要从处理器每执行一次指令所耗费的能量这个指标综合考虑。表 5.2 是目前一些常用处理器在不同的运行频率下每指令所耗费能量的数据列表。

表 5.2　常用处理器的每指令所耗费能量

芯片型号	运行电压/V	运行频率	单位指令消耗能量/nJ
ATMega128L	3.3	4MHz	4
ARM Thumb	1.8	40MHz	0.21
C8051F121	3.3	32kHz	0.2
IBM 405LP	1	152MHz	0.35
C8051F121	3.3	25MHz	0.5
TMS320VC5510	1.5	200MHz	0.8
Xscale PXA250	1.3	400MHz	1.1
IBM 405LP	1.8	380MHz	1.3
Xscale PXA250	0.85	130MHz	1.9

目前处理器模块中使用较多的是 Atmel 公司的单片机。它采用 RISC 结构，吸取了 PIC 和 8051 单片机的优点，具有丰富的内部资源和外部接口。在集成度方面，其内部集成了几乎所有关键部件；在指令执行方面，微控制单元采用 Harvard 结构，因此指令大多为单周期；在能源管理方面，AVR 单片机提供多种电源管理方式，尽量节省结点能量；在可扩展性方面，提供多个 I/O 口，并且和通用单片机兼容；此外，AVR 系列单片机提供的 USART(通用同步异步收发器)控制器、SPI(串行外围接口)控制器等与无线收发模块相结合，能够实现大吞吐量，高速率的数据收发。

TI公司的MSP430超低功耗系列处理器，不仅功能完善、集成度高，而且根据存储容量的多少提供多种引脚兼容的系列处理器，使开发者可以根据应用对象灵活选择。

另外，作为32位嵌入式处理器的ARM单片机，也已经在无线传感器网络方面得到了应用。如果用户可以接受它的较高成本，那么可以利用这种单片机来运行复杂的算法，完成更多的应用业务功能。

2. 换能器模块

所谓换能器(transducer)是指将一种物理能量变为另一种物理能量的器件，包括传感器和执行器两种类型。它涉及各种类型的传感器，如声响传感器、光传感器、温度传感器、湿度传感器和加速度传感器等。另外，传感器结点中还可能包含各种执行器，如电子开关、声光报警设备、微型电动机等。

大部分传感器的输出是模拟信号，但通常无线传感器网络传输的是数字化的数据，因此必须进行模/数转换。类似的，许多执行器的输出也是模拟的，因此也必须进行数/模转换。在网络结点中配置模/数和数/模转换器(ADC和DAC)，能够降低系统的整体成本，尤其是在结点有多个传感器且可共享一个转换器的时候。作为一种降低产品成本的方法，传感器结点生产厂商可以选择不在结点中包含ADC或DAC，而是使用数字换能器接口。

为了解决换能器模块与数据处理模块之间的数据接口问题，目前已制定了IEEE 1451.5智能无线传感器接口标准。IEEE 1451系列标准是由IEEE仪器和测量协会的传感器技术委员会发起并制定的，具体细节在本书第6章给予介绍。

3. 无线通信模块

无线通信模块由无线射频电路和天线组成，目前采用的传输介质主要包括无线电、红外、激光和超声波等，它是传感器结点中最主要的耗能模块，是传感器结点的设计重点。

现今传感器网络应用的无线通信技术通常包括IEEE 802.11b、IEEE 802.15.4(ZigBee)、Bluetooth、UWB、RFID和IrDA等，还有很多芯片的通信协议由用户自己定义，这些芯片一般工作在ISM免费频段，表5.3为目前传感器网络应用的常见无线通信技术列表。

表5.3 传感器网络的常用无线通信技术

无线技术	频率	距离/m	功耗	传输速率/$Kb \cdot s^{-1}$
Bluetooth	2.4GHz	10	低	10 000
802.11b	2.4GHz	100	高	11 000
RFID	50kHz～5.8GHz	<5	～	200
ZigBee	2.4GHz	10～75	低	250
IrDA	Infrared	1	低	16 000
UWB	3.1～10.6GHz	10	低	100 000
RF	300～1000MHz	10X～100X	低	10X
X表示数字1～9				

在无线传感器网络中应用最多的是ZigBee和普通射频芯片。ZigBee是一种近距离、低复杂度、低功耗、低数据速率、低成本的双向无线通信技术，完整的协议栈只有32KB，可以

嵌入到各种微型设备，同时提供地理定位功能。

对于无线通信芯片的选择问题，从性能、成本和功耗方面考虑，RFM 公司的 TR1000 和 Chipcon 公司的 CC1000 是理想的选择。这两种芯片各有所长，TR1000 功耗低，CC1000 灵敏度高、传输距离更远。WeC、Renee 和 Mica 结点均采用 TR1000 芯片；Mica2 采用 CC1000 芯片；Mica3 采用 Chipcon 公司的 CC1020 芯片，传输速率可达 153.6Kb/s，支持 OOK、FSK 和 GFSK 调制方式；Micaz 结点则采用 CC2420 ZigBee 芯片。

另外有一类无线芯片本身集成了处理器，例如 CC2430 是在 CC2420 的基础上集成了 51 内核的单片机；CC1010 是在 CC1000 的基础上集成了 51 内核的单片机，使得芯片的集成度进一步提高。WiseNet 结点就采用了 CC1010 芯片。常见的无线芯片还有 Nordic 公司的 nRF905、nRF2401 等系列芯片。传感器网络结点常用的无线通信芯片的主要参数如表 5.4 所示。

表 5.4　常用短距离无线芯片的主要参数

芯片/参数	频段/MHz	速率/Kb·s^{-1}	电流/mA	灵敏度/dBm	功率/dBm	调制方式
TR1000	916	115	3	−106	1.5	OOK/FSK
CC1000	300～1000	76.8	5.3	−110	20～10	FSK
CC1020	402～904	153.6	19.9	−118	20～10	GFSK
CC2420	2400	250	19.7	−94	−3	O～QPSK
nRF905	433～915	100	12.5	−100	10	GFSK
nRF2401	2400	1000	15	−85	20～0	GFSK
9Xstream	902～928	20	140	−110	16～20	FHSS

目前市场上支持 ZigBee 协议的芯片制造商有 Chipcon 公司和 Freescale 半导体公司。Chipcon 公司的 CC2420 芯片应用较多，该公司还提供 ZigBee 协议的完整开发套件。Freescale 半导体公司提供 ZigBee 的 2.4GHz 无线传输芯片包括 MC13191、MC13192、MC13193，该公司也提供配套的开发套件。

在无线射频电路设计中，主要考虑以下三个问题。

1）天线设计

在传感器结点设计中，根据不同的应用需求选择合理的天线类型。天线设计是无线收发的一个重要因素，直接关系到无线通信的质量，尤其关系到无线通信的距离和接收信号的质量。天线的设计指标有很多种，无线传感器网络结点使用的是 ISM/SRD 免证使用频段，主要从天线增益、天线效率和电压驻波比三个指标来衡量天线的性能。

天线增益是指天线在能量发射最大方向上的增益，当以各向同性为增益基准时，单位为 dBi；如果以偶极子天线的发射为基准时，单位为 dBd。天线的增益越高，通信距离就越远。当发射机采用高增益的定向天线时，能显著提高通信方向上的功率密度，而接收机采用高增益定向天线时能显著改善信号/噪声比，并提高接收场强，从而大幅度地提高通信距离。

天线效率是指天线以电磁波的形式发射到空中的能量与自身消耗能量的比值，其中自身消耗的能量是以热的形式散发。对于无线结点来说，天线辐射电阻较小，任何电路的损耗都会较大程度地降低天线的效率。

天线电压驻波比主要用来衡量传输线与天线之间阻抗失配的程度。当天线电压驻波比值越高,表示阻抗失配程度越高,则信号能量损耗越大。

在通常情况下,内置天线由于便于携带,且具有免受机械和外界环境损害等优点,常常是设计时的首选方案。这种采用电路板上的金属印刷线作为天线,其优点是不必购买、加工或安装任何形式的元件到电路板,因而成本低。另外这种天线非常薄,可以降低网络结点的体积,缺点是性能较差。如果选用低电阻率的铜材料,由于其厚度太薄,使得串联电阻相对较高,而且低品质的电路板材料也会增加介质损耗。印刷天线的调谐误差通常很大,这是由电路板加工过程的蚀刻误差引起的。

第二种天线是将简单的导线天线或金属条带天线作为元件,安装在电路板上。这种天线因损耗很低,并置于电路板上方,比印刷天线的通信性能有明显提高。导线天线可以是偶极子天线,也可以是环天线。导线天线需要介质材料(如塑料)支撑,从而使其机械外形和相应的谐振频率达到必要的容差要求。它们很难在自动装配线上进行安装,只能人工安装和焊接。总之导线天线是介于低成本、低效率的印刷天线与相对高成本、高效率的外置天线之间的一种很好的折中天线方案。

第三种选择是特殊的陶瓷天线元件。此类天线可以进行自动安装,尺寸比导线天线小,并且不需要调整。但价格比导线天线昂贵,且只在最常使用的频段(如 915MHz 和 2450MHz ISM 波段)才有成品。

外置天线通常没有内置天线那样的尺寸限制,通常离结点中的噪声源的距离较远,因而具有很高的无线通信传输性能。对那些需要尽可能大的距离、必须选用定向天线的应用来说,外置天线几乎是必选的。

2)阻抗匹配

射频放大输出部分与天线之间的阻抗匹配情况,直接关系到功率的利用效率。如果匹配不好,很多能量会被天线反射回射频放大电路,不仅降低了发射效率,严重时还会导致结点的电路发热,缩短结点寿命。由于传感器结点通常使用较高的工作频率,因而必须考虑导线和 PCB 基板的材质、PCB 走线、器件的分布参数等诸多可能造成失配的因素。

3)电磁兼容

由于传感器结点体积小,包括微处理器、存储器、传感器和天线在内的各种器件,它们聚集在相对狭小的空间,因而任何不合理的设计都可能带来严重的电磁兼容问题。例如,由于天线辐射造成传感器的探测功能异常,或微处理器总线上的数据异常等。

由于高频强信号是造成电磁兼容的主要原因,所以包括微处理器的外部总线、高速 I/O 端口、射频放大器和天线匹配电路等是电磁兼容设计中考虑的主要因素。

电磁兼容问题容易导致微处理器和无线接收器出现不正常的工作状况。因为微处理器有很多外部引脚,各引脚上的引线通常连接到结点内部的各个部位,受到干扰影响的可能性很大。无线接收器本身就是用于接收电磁信号的,因此如果信号或强信号的高次谐波分量落在接收电路的通带范围内,就可能造成误码和阻塞等问题。

4. 电源模块设计

电源模块是任何电子系统的必备基础模块。对传感器结点来说,电源模块直接关系到传感器结点的寿命、成本、体积和设计的复杂度。如果能够采用大容量电源,那么网络各层通信协议的设计、网络功率管理等方面的指标都可以降低，从而降低设计难度。容量的扩大通常意味着体积和成本的增加，因此电源模块设计必须首先合理选择电源种类。

众所周知，市电是最便宜的电源，不需要更换电池，而且不必担心电源耗尽。但在具体应用中，市电的应用一方面因受到供电线路的限制，削弱了无线结点的移动性和使用范围；另一方面，用于电源电压转换电路需要额外增加成本，不利于降低结点造价。对于一些市电使用方便的场合，比如电灯控制系统等，仍可以考虑使用市电供电。

电池供电是目前最常见的传感器结点供电方式。按照电池能否充电，电池可分为可充电电池和不可充电电池；根据电极材料，电池可以分为镍铬电池、镍锌电池、银锌电池、锂电池和锂聚合物电池等。一般不可充电电池比可充电电池能量密度高，如果没有能量补充来源，则应选择不可充电电池。在可充电电池中，锂电池和锂聚合物电池的能量密度最高，但是成本比较高；锂聚合物电池是唯一没有毒性的可充电电池。常见电池的性能参数如表5.5所示。

表5.5 常见电池的性能参数

电池类型	铅酸	镍镉	镍氢	锂离子	锂聚合物	锂锰	银铅
重量能量比 /(W·h·kg^{-1})	35	41	50～80	120～160	140～180	330	
体积能量比 /(W·h·L^{-1})	80	120	100～200	200～280	>320	550	1150
循环寿命/次	300	500	800	1000	1000	1	1
工作温度/℃	−20～60	20～60	20～60	0～60	0～60	−20～60	20～60
记忆效应	无	有	小	很小	无	无	无
内阻/mΩ	30～80	7～19	18～35	80～100	80～100		
毒性	有	有	轻毒	轻毒	无	无	有
价格	低	低	中	高	最高	高	中
可充电	是	是	是	是	是	否	否
漏电流(%/月)	30	30	15	8	8	20	25

原电池是把化学能转变为电能的装置，它以其成本低廉、能量密度高、标准化程度好、易于购买等特点而备受青睐。例如，我们日常使用的AA电池(即通常所说的5号电池，尺寸为直径14mm/高度49mm)、AAA电池(即通常所说的7号电池，尺寸为直径11mm/高度44mm)就是典型的原电池。

虽然使用可充电的蓄电池似乎比使用原电池好，但蓄电池也有缺点，例如它的能量密度有限。蓄电池的重量能量密度和体积能量密度远低于原电池，这就意味着要想达到同样的容量要求，蓄电池的尺寸和重量都要大一些。

另外与原电池相比，蓄电池自放电更严重，这就限制了它的存放时间和在低负载条件下的服务寿命。如果考虑到传感器网络规模庞大，蓄电池的维护成本也不可忽略。尽管有这些缺点，蓄电池仍然有很多可取之处，例如蓄电池的内阻通常比原电池要低，这在要求峰值电流较高的应用中有用途。

传感器结点在某些情况下可以直接从外界的环境获取足够的能量，包括通过光电效应、机械振动等不同方式获取能量。如果设计合理，采用能量收集技术的结点尺寸可以做得很小，因为它们不需要随身携带电池。最常见的能量收集技术包括太阳能、风能、热能、电磁能和机械能等。

结点所需的电压通常不止一种。这是因为模拟电路与数字电路所要求的最优供电电压不同，非易失性存储器和压电换能器需要使用较高的电源电压。任何电压转换电路都会有固定开销，即消耗在转换电路本身而不是在负载上。对于占空比非常低的传感器结点，这种开销占总功耗的比例可能比较大。

5. 外围模块设计

传感器网络结点的外围模块主要包括看门狗电路、I/O电路和低电量检测电路等。

看门狗(Watch Dog)是一种增强系统稳健性的重要措施，它能够有效地防止系统进入死循环或者程序跑飞。传感器结点工作环境复杂多变，可能由于干扰造成系统软件的运行混乱。

例如，在因干扰造成程序计数器计数值出错时，系统会访问非法区域而跑飞。看门狗解决这一问题的过程如下：在系统运行以后启动看门狗的计数器，看门狗开始自动计数。如果到达了指定的置位，那么看门狗计数器就会溢出，从而引起看门狗中断，造成系统复位，恢复正常程序流程。为了保证看门狗的正常动作，需要程序在每个指定的时间段内都必须至少置位看门狗计数器一次(俗称“喂狗”)。对于传感器结点而言，可用软件设定看门狗的反应时间。

通常休眠模式下微处理器的系统时钟将停止，由外部事件中断来重新启动系统时钟，从而唤醒CPU继续工作。在休眠模式下，微处理器本身实际上已经不消耗电流，要想进一步减小系统功耗，就要尽量将传感器结点的各个I/O模块关闭。随着I/O模块的逐个关闭，结点的功耗越来越低，最后进入深度休眠模式。需要注意的是，通常在让结点进入深度休眠状态前，需要将重要系统参数保存在非易失性存储器。

另外，由于电池寿命有限，为了避免结点工作中发生突然断电的情况，当电池电量将要耗尽时必须要有某种指示，以便及时更换电池或提醒邻居结点。噪声干扰和负载波动也会造成电源端电压的波动，在设计低电量检测电路时应予考虑。

5.2.3 传感器结点的开发实例

1. Mica系列结点

Mica系列结点是由美国加州大学伯克利分校研制，Crossbow公司生产的无线传感器结点[62]。Crossbow公司是第一家将智能微尘无线传感器引入大规模商业用途的公司，现在给一些财富百强企业提供服务和智能微尘产品。基于Crossbow的无线传感器平台，可实现功能强大、无线和自动化的数据采集和监控系统。它的产品的大部分部件属于即插即用，而且所有的组成部分是靠TinyOS操作系统运行的。Mica Processor/Radio boards (MPR)即所谓的Mica智能卡板组成硬件平台，它们由电池供能，传感器和数据采集模块与MPR集成在一起。

图5.8是Mica系列结点的组网示意图。Mica系列结点包括WeC、Renee、Mica、

Mica2、Mica2Dot～MicaZ。WeC、Renee 和 Mica 结点均采用 TR1000 芯片，Mica2 和 Mica2Dot 采用 CC1000 芯片，Micaz 结点采用 CC2420 ZigBee 芯片。

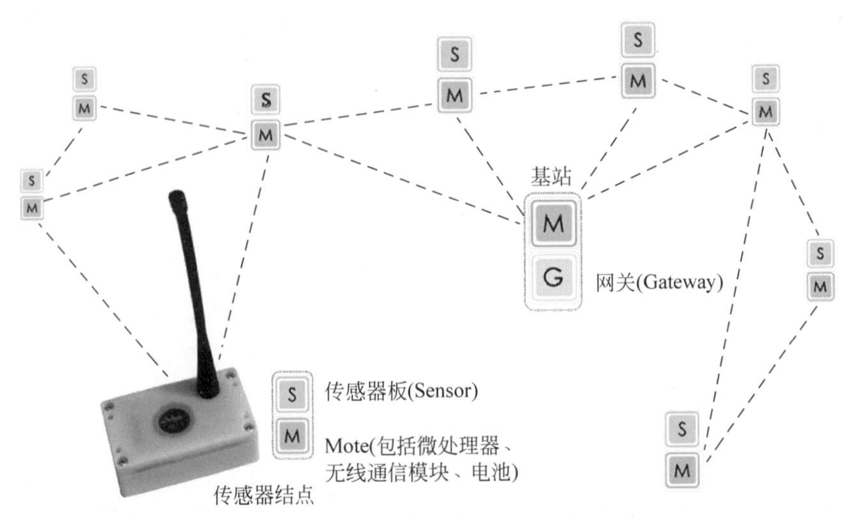

图 5.8　Mica 系列结点的组网示意图

表 5.6 列出了 Mica 系列网关和网络接口板，表 5.7 列出了 Mica 系列数据处理和通信板的型号和功能。

表 5.6　Mica 系列网关和网络接口板

型　　号	功　　能	Mote 接口	编　程　口	数　据　口
MIB500	并口编程器	MICA、MICA2(51 针连接器) MICA 系列传感板(51 针连接器) MICA2DOT(19 针圆形连接器)	并口	串口 (RS-232)
MIB510	串口编程器	MICA、MICA2(51 针连接器) MICA 系列传感板(51 针连接器) MICA2DOT(19 针圆形连接器)	串口 (RS-232)	串口 (RS-232)
MIB600	Ethernet 编程接口板	MICA、MICA2(51 针连接器) MICA2DOT(19 针圆形连接器)	Ethernet	Ethernet

表 5.7　Mica 系列数据处理和通信板

Mote 硬件平台		MICAz	MICA2	MICA2DOT	MICA
模块系列		MPR2400	MPR400/410/420	MPR500/510/520	MPR300/310
MCU	芯片	ATMega128L			ATMega103L
	参数	7.37MHz,8 位		4MHz,8 位	4MHz,8 位
	程序存储器容量/KB	128			
	SRAM 容量/KB	4			
传感器板接口	类型	51 脚		18 脚	51 脚
	10 位 A/D	7,0～3V 输入		6,0～3V 输入	7,0～3V 输入
	UART	2		1	2
	其他接口	DIO,I^2C		DIO	DIO,I^2C

续表

Mote 硬件平台		MICAz	MICA2	MICA2DOT	MICA
RF 收发器	芯片型号	CC2420	CC1000		TR1000
	RF 频率/MHz	2400	300～1000		916
	数据速率/(Kb/s)	250	78.6		115
	无线连接器	MMCX		PCB 焊孔	
Flash	芯片型号	AT45DB014B			
	通信接口	SPI			
	容量/KB	512			
电源	类型	AA,2×		纽扣电池(CR2354)	AA,2×
	容量/(mA·h)	2000		560	2000
	3.3V 升降压转换器	无			有

Crossbow 有三种 MPR 模块，即 MICAz(MPR2400)、MICA2(MPR400)和 MICA2DOT(MPR500)。MICAz 用于 2.4GHz ISM 频段，支持 IEEE 802.15.4 和 ZigBee 协议。MICA2 和 MICA2DOT 可以采用 315、433、868/900MHz 频段，支持的频率范围多。

在图 5.9 中，左上所示为 MICA2 系列 MPR4x0 的实物，右下为 MICA2DOT 系列 MPR5x0 的实物。

图 5.10 所示为 MICAz 系列 MPR2400 的实物。

图 5.9　MICA2 系列 MPR4x0(左上)和 MICA2DOT 系列 MPR5x0(右下)的实物

图 5.10　MICAz 系列 MPR2400 的实物

图 5.11(a)所示为 MICA2 多传感器模块 MTS300/310，图 5.11(b)所示为 MICA2DOT 多传感器模块 MTS510。MTS310 多传感器板包含光、温度、传声器、声音探测器、两轴加速计、两轴磁力计等探测设备，与 MICA、MICA2 相兼容，可以集成在一起使用。MTS510 传感器板包含光传感器、传声器、两轴加速计，只与 MICA2DOT 兼容，它可以应用在有关声音目标的跟踪、机器人技术、地震监测、事件检测和普适计算等应用领域。

图 5.12 所示为串行网关 MIB510，这种编码和串行接口板用作 MICA2 和 MICA2DOT 的编程连接器。例如，将 MICA2 插入到 MIB510，具有 RS-232 串行接口，可以采用交流电供电，通过 115Kb 串行端口，能将程序快速载入到网络结点。

(a)

(b)

图 5.11 多传感器模块 MTS300/310(a)和 MTS510(b)的实物

图 5.12 串行网关 MIB510 的实物

图 5.13 所示为 Stargate 网关 SPB400,由母板和子板组成,下层为母板,上层为子板。Stargate 是 Crossbow 公司的一款较为高端的产品,提供了非常齐全的接口,主要作为无线传感器网络的网关结点,负责网络数据的汇聚和与计算机等设备的接口,也可以作为普通传感器结点使用,具有较强的计算与处理能力。

图 5.13 Stargate 网关 SPB400 的实物

Stargate 作为一款高性能的单板机,具有较强的通信和传感器信号处理能力,采用 Intel 公司新一代的 X-Scale 处理器(PXA255)。Stargate 是 Intel 普适计算研发小组的研究成果,授权 Crossbow 生产。Stargate 板有 32MB 的 Intel StrataFlash 用于存储操作系统和应用程序,有 64MB SDRAM 内存足够支持较大的操作系统和应用程序,并可扩展包括串口、USB、以太网接口、WiFi、JTAG 等在内的多种接口形式。

2. Mica 系列处理器/射频板

1) 微处理器电路

Mica 系列产品的处理器均采用 Atmel 公司的 ATmega128L。ATmega128 为基于 AVR RISC 结构的 8 位低功耗 CMOS 微处理器。由于其先进的指令集以及单周期指令执行时间,ATmega128 的数据吞吐率高达 1MIPS/MHz,从而可以缓解系统在功耗和处理速度之间的矛盾。它的主要特点包括如下:

① 先进的 RISC 架构,内部具有 133 条功能强大的指令系统,而且大部分指令是单周期

的；32 个 8 位通用工作寄存器+外围接口控制寄存器。

② 内部有 128KB 的在线可重复编程 Flash、4KB 的 EEPROM 和 4KB 的 SRAM。

③ 有 53 个 I/O 引脚，每个 I/O 口分别对应输入、输出、功能选择、中断等多个寄存器，使功能口和 I/O 口可以复用，大大增强了端口功能和灵活性，提高了对外围模块的控制能力。

⑷ 内部有两个 8 位定时器/计数器和两个具有比较/捕捉寄存器的 16 位定时器/计数器；1 个具有独立振荡器的实时计数器；1 个可编程看门狗定时器；2 通道 8 位 PWM 通道；8 路 10 位 A/D 转换器；双向 I^2C 串行总线接口；主/从 SPI 串行接口；可编程串行通信接口；片内精确的模拟比较器等。

⑤ 功耗低。具有 6 种休眠模式：空闲模式、ADC 噪声抑制模式、省电模式、掉电模式、Standby 模式以及扩展的 Standby 模式。

在空闲模式时，CPU 停止工作，SR_AM、T/C、SPI 端口以及中断系统继续工作。在 ADC 噪声抑制模式时，CPU 和所有的 I/O 模块停止运行，而异步定时器和 ADC 继续工作，以降低 ADC 转换时的开关噪声。在省电模式时，异步定时器继续运行，以允许用户维持时间基准，器件的其他部分则处于休眠状态。在掉电模式时，晶体振荡器停止振荡，所有功能除了中断和硬件复位之外都停止工作，寄存器的内容则一直保持。在 Standby 模式时，振荡器工作而其他部分休眠，使得器件只消耗极少的电流，同时具有快速启动能力。在扩展 Standby 模式时，允许振荡器和异步定时器继续工作。

ATmega128L 的软件结构也是针对低功耗而设计的，具有内外多种中断模式。丰富的中断能力减少了系统设计中查询的需要，可以方便地设计出中断程序结构的控制程序、上电复位和可编程的低电压检测。

⑥ 带 JTAG 接口，便于调试。JTAG 仿真器通过该 JTAG 口，可以很方便地实现程序的在线调试和仿真。编译调试正确的代码通过 JTAG 口直接写入 ATmega128 的 Flash 代码区中。

另外，它还支持 Bootloader 功能，即 MCU 上电后，首先通过驻留在 Flash 中的 BootLoader 程序，将存储在外部媒介中的应用程序搬移到 ATmega128L 的 Flash 代码区。搬移成功后自动去执行代码，完成自启动。这对于产品化后程序的升级和维护提供了极大的方便。

⑦ 电源电压为 2.7～5.5V，动态范围较大，能够适应恶劣的工作环境。

ATmega128L 的上述特点非常适合传感器结点，尤其是其低功耗特性有利于延长结点寿命。

2）射频板

Mica 结点的无线通信射频芯片均采用 Chipcon 公司的 CCXXXX 系列射频产品。该系列产品是专门为低功耗、低速率的无线传感器网络开发的。例如，MICAz 结点采用了 CC2420 通信芯片。

CC2420 是 Chipcon 公司推出的首款符合 2.4GHz IEEE 802.15.4 标准的射频收发器。该器件是第一款适用于 ZigBee 产品的 RF 器件。CC2420 的选择性和敏感性指数超过了 IEEE 802.15.4 标准的要求，可确保短距离通信的有效性和可靠性。

CC2420 的主要性能参数如下：工作频带范围是 2.400～2.4835GHz，共有 16 个可用信道，单位信道带宽 2MHz，信道间隔 5MHz；采用 IEEE 802.15.4 规范要求的直接序列扩频方式；数据速率达 250Kb/s，码片速率达 2MChip/s，可以实现多点对多点的快速组网；采用 O-QPSK 调制方式；超低电流消耗（RX：19.7mA，TX：17.4mA）；高接收灵敏度（－94dBm）；抗邻频道干扰能力强（39dB）；内部集成有 VCO、LNA、PA 以及电源整流器；采用低电压供电（2.1～3.6V）；输出功率编程可控；IEEE 802.15.4 MAC 层硬件可支持自动帧格式生成、同步插入与检测、16bit CRC 校验、电源检测和完全自动 MAC 层安全保护（CTR，CBC-MAC，CCM）。

CC2420 只需要极少的外围元器件，外围电路包括晶振时钟电路、射频输入输出匹配电路和微控制器接口电路三部分。芯片本振信号既可由外部有源晶体提供，也可由内部电路提供。由内部电路提供时，须外加晶体振荡器和两个负载电容，电容的大小取决于晶体的频率和输入容抗等参数。射频输入输出匹配电路主要用来匹配芯片的输入输出阻抗，使其输入输出阻抗为 50Ω。

3. Mica 系列传感器板

Mica 系列传感器板是较早实现商用的无线传感器结点部件，它的电路原理图设计是公开的。这里简要介绍部分主要的电路设计内容。

1）传感器电源供电电路

一些传感电路的工作电流较强，应采用突发式工作的方式，即在需要采集数据时才打开传感电路进行工作，从而降低能耗。由于一般的传感器都不具备休眠模式，因而最方便的办法是控制传感器的电源开关，实现对传感器的状态控制。

对于仅需要小电流驱动的传感器，可以考虑直接采用 MCU 的 I/O 端口作为供电电源。这种控制方式简单而灵活，对于需要大电流驱动的传感器，宜采用漏电流较小的开关场效应管控制传感器的供电。在需要控制多路电压时，还可以考虑采用 MAX4678 等集成模拟开关实现电源控制。

2）温湿度和照度检测电路

MTS300CA 使用的温湿度和照度传感器，分别是松下公司的 ERT-J1VR103J 和 Clairex 公司的 CL9P4L。由于温湿度传感器和照度传感器的特性曲线一般不是线性的，因而信号经过 A/D 转换进入到 MCU 后，还需根据器件特性曲线进行校正。

3）磁性传感器电路

磁性传感器可用于车辆探测等场合。在嵌入式设备中，采用的最简单的磁性传感器是霍尔效应传感器。霍尔效应传感器是在硅片上制成，产生的电压只有几十毫伏/特[斯拉]，需要采用高增益的放大器，把从霍尔元器件输出的信号放大到可用的范围。霍尔效应传感器已经把放大器与传感器单元集成在相同的封装中。

当要求传感器的输出与磁场成正比时，或者当磁场超过某一水平时开关要改变状态，此时可以采用霍尔效应传感器。霍尔效应传感器适用于需要知道磁铁距离传感器究竟有多远的场合，最适宜探测磁铁是否逼近传感器。

图 5.14 是采用美国 Honeywell 公司生产的双通道磁性传感器 HMC1002 的参考设计电路。传感器输出经放大后送给两个 A/D 转换器，放大器增益的控制通过 I^2C 总线控制数字电位计（D/A 转换器）的输出电压来实现。HMC1002 的磁芯非常敏感，容易发生饱和现

象，而MTS300/310的电路中没有设计自动饱和恢复电路，因而不能直接应用在罗盘等需要直流输出电压信号的应用中。MTS310的PCB上预留了4个用于连接外部自动饱和恢复控制电路的引脚。

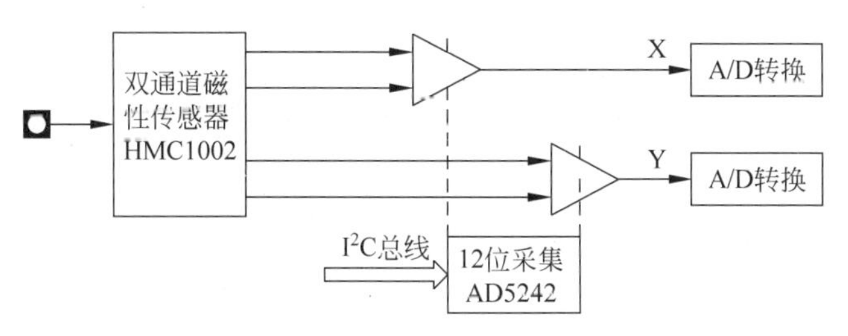

图5.14　MTS300CA传感器板的磁阻传感器电路设计框图

4. 编程调试接口板

Mica系列结点在很大程度上是作为教学和研究试验用途的，人们通过在由多个Mica结点组成的实验床验证自己的算法和体验多跳自组网的特性。为了方便开发，Crossbow公司开发了一系列的编程调试工具，比较常见的是MIB510和MIB600接口板[63]。

1）MIB300/MIB500/MIB510/MIB520接口板

MIB300/MIB500系列接口板是最早开发的编程调试工具，现在这两种开发工具已经由MIB510取而代之。使用MIB510串行接口板可以编程调试基于ATMega128处理器的MICAz/Mica/Mica2/Mica2DOT结点。

MIB510接口板上主要是一些用于连接不同种类Mica结点的接口，另外还有一个在系统处理器(In-System Processor，ISP)Atmega16L，它用于编程Motes结点。主机下载的代码首先通过RS-232串口下载到ISP，然后由ISP编程Motes结点。ISP和Motes共享同一个串口，ISP采用固定的115.2Kb/s的通信速率与主机通信。它不断监视串口数据包，一旦发现了符合固定格式的数据包(来自主机的命令)，则立刻关闭Mote结点的RX和TX串行总线，并接管串口，传输或转发调试命令。

MIB510支持基于JTAG口的在线调试。在编程Motes结点的过程中，要求主机中安装有TinyOS操作系统。有关TinyOS的内容请参阅本章的后续内容。

例如，MIB510CA型号的接口板可以将传感器网络数据汇总，并传输至PC或其他计算机平台。任何IRIS/MICAz/MICA2结点与MIB510连接，均可作为基站使用。除了用于数据传输，MIB510CA还提供RS-232串行编程接口。

由于MIB510带有一个板载处理器，可运行Mote处理器/射频板。处理器还能监测MIB510CA的电源电压，如果电压超出限制，则通过编程将其禁止。

总之，MIB510的作用在于：①编程接口；②RS-232串行网关；③可连接IRIS、MICAz和MICA2。它的连线和结点装配如图5.15所示。

在使用MIB510烧入程序时，需要指明编程板型号和串口号，如：

```
bash % MIB510 = /dev/ttyS1 make install mica2
```

图 5.15　MIB510 的连线和结点的装配

在 Linux 中串口对应的设备文件为/dev/ttyS＊，如果是 COM1 口，则对应/dev/ttyS0。如果不知道连接的是哪一个 COM 口，可以用以下命令测试：

```
bash% AT > /dev/ttyS1
```

若该端口不存在，会提示找不到相应的文件。

在 Windows 命令行中也可以使用"mode"命令查看串口信息。

MIB520 采用了 USB 总线与主机连接，使用更加方便。

2）MIB600

MIB600 较之前面的 MIBXXX 接口板的主要区别在于，它提供了与以太网直接互联的能力，即 MIB600 可作为以太网和 Motes 网络之间的网关。MIB600 的另一个特点是实现了局域网接口供电协议，在连接支持供电功能的交换机时可以直接从交换机取电。

由于具有上述两个特点，MIB600 不仅可以作为一般的编程接口板使用，而且可以通过以太网对远程结点配置、编程、收集数据或调试，大大方便了开发过程。另外，MIB600 可以配合 Mica2 结点，直接作为无线传感器网络的汇聚结点(Sink)使用。

5.3　操作系统和软件开发

5.3.1　网络结点操作系统

1. 网络结点操作系统的设计要求

这里先对常见的操作系统、嵌入式系统、嵌入式操作系统的概念进行简单介绍。

通常操作系统(Operating System，OS)是指电子计算机系统中负责支撑应用程序运行环境和用户操作环境的系统软件。它是计算机系统的核心与基石，职责包括对硬件的直接监管、对各种计算资源(如内存、处理器时间等)的管理，以及提供诸如作业管理之类的面向应用程序的服务等。在操作系统的帮助下，用户使用计算机时，避免了对计算机系统硬件的直接操作。对计算机系统而言，操作系统是对所有系统资源进行管理的程序的集合；对用户而言，操作系统提供了对系统资源进行有效利用的简单抽象的方法。人们将安装了操作系统的计算机称为虚拟机(Virtual Machine,VM),认为是对裸机的扩展。

嵌入式系统是指用于执行独立功能的专用计算机系统。它由微处理器、定时器、微控制器、存储器、传感器等一系列微电子芯片与器件,以及嵌入在存储器中的微型操作系统、控制应用软件组成,共同实现诸如实时控制、监视、管理、移动计算、数据处理等各种自动化处理任务。

嵌入式操作系统是一种支持嵌入式系统应用的操作系统软件,它是嵌入式系统的重要组成部分。嵌入式操作系统具有通用操作系统的基本特点,能够有效管理复杂的系统资源,并且把硬件虚拟化。

传感器网络结点作为一种典型的嵌入式系统,同样需要操作系统来支撑它的运行。传感器网络结点的操作系统是运行在每个传感器结点上的基础核心软件,它能够有效地管理硬件资源和任务的执行,并且使应用程序的开发更为方便。传感器网络操作系统的目的是有效地管理硬件资源和任务的执行,并且使用户不用直接在硬件上编程开发程序,从而使应用程序的开发更为方便。这不仅提高了开发效率,而且能够增强软件的重用性。

但是,传统的嵌入式操作系统不能适用于传感器网络,这些操作系统对硬件资源有较高的要求,传感器结点的有限资源很难满足这些要求。

由于传感器网络操作系统的设计是面向具体应用的,这是与传统操作系统设计的主要区别。在设计传统操作系统时,一般要求操作系统为应用开发提供一些通用的编程接口,这些接口是独立于具体应用的,只需调用这些编程接口就能开发出各种各样的应用程序。这样设计出来的传统操作系统需要实现复杂的进程管理和内存管理等功能,因而对硬件资源有较高的要求。只有针对具体应用,才能量体裁衣地开发出对硬件资源要求最低的操作系统。

根据传感器网络的特征,通常设计操作系统时需要满足如下要求:

(1) 由于传感器结点只有有限的能量、计算和存储资源,它的操作系统代码量必须尽可能小,复杂度尽可能低,从而尽可能降低系统的能耗。

(2) 由于传感器网络的规模可能很大,网络拓扑动态变化,操作系统必须能够适应网络规模和拓扑高度动态变化的应用环境。

(3) 对监测环境发生的事件能快速响应,迅速执行相关的处理任务。

(4) 能有效地管理能量资源、计算资源、存储资源和通信资源,高效地管理多个并发任务的执行,使应用程序能快速切换并执行频繁发生的多个并发任务。

(5) 由于每个传感器结点资源有限,有时希望多个传感器结点协同工作,形成分布式的网络系统,才能完成复杂的监测任务。传感器网络操作系统必须能够使多个结点高效地协作完成监测任务。

(6) 提供方便的编程方法。基于传感器网络操作系统提供的编程方法,开发者能够方便、快速地开发应用程序,无须过多地关注对底层硬件的操作。

(7) 有时传感器网络部署在危险的不可到达区域,某些应用要求对大量的传感器结点进行动态编程配置。在这种情况下,操作系统能通过可靠传输技术对大量的结点发布代码,实现对结点在线动态重新编程。

2. TinyOS 操作系统介绍

TinyOS 是一个开源的嵌入式操作系统，它是由加州大学伯克利分校开发，主要应用于无线传感器网络方面。它是一种基于组件(Component-Based)的架构方式，能够快速实现各种应用[64]。TinyOS 程序采用的是模块化设计，程序核心往往都很小。一般来说，核心代码和数据大概在 400B 左右，能够突破传感器存储资源少的限制，使得 TinyOS 可以有效地运行在无线传感器网络结点上，并负责执行相应的管理工作。

TinyOS 本身提供了一系列的组件，可以很方便地编制程序，用来获取和处理传感器的数据，并通过无线方式来传输信息。我们可以把 TinyOS 看成一个与传感器进行交互的 API 接口，它们之间能实现各种通信。

在构建无线传感器网络时，TinyOS 通过一个基地控制台即网关汇聚结点，来控制各个传感器子结点，并聚集和处理它们所采集到的信息。TinyOS 只要在控制台发出管理信息，然后由各个结点通过无线网络互相传递，最后达到协同一致的目的。

1) TinyOS 的安装

TinyOS 软件包是开放源代码的，用户可以从网站 http://www. tinyos. net 下载。下面介绍 1. 1. 0 版本的 TinyOS 软件包的安装过程，其他版本的 TinyOS 软件包的安装与此类似。

如果在 Windows 2000/XP 上安装，可下载 tinyos-1. 1. 0-lis. exe，按照提示逐步执行，就能自动完成安装，然后在 Cygwin 环境下操作命令。

Cygwin 是一个在 Windows 平台上运行的 Linux 模拟环境，是 Cygnus Solutions 公司开发的自由软件。人们通过 Cygwin 可以很容易地远程登录到任何一台 PC，在 UNIX/Linux 外壳下解决问题，在任何一台 Windows 操作系统的计算机上运行外壳脚本命令。高级外壳脚本命令可以用标准 shell、sed 和 awk 等创建。标准 Windows 命令行工具甚至可以与 UNIX/Linux 外壳脚本环境共同管理 Windows 操作系统。

Linux 作为一种计算机操作系统，它是自由软件和开放源代码发展中最著名的代表。如果在 Linux RedHat 9.0 上安装，需要手动安装软件包，执行步骤如下。

① 下载和安装 IBMs 1. 4JDK 和 javax. comm rpITIs 软件包，选择与 Intel 兼容的 IBM SDK for 32bit xSeries，注册并且下载 IBMJava2-SDK 和 IBMJava2-JA-VACOMM rpms，然后安装。

② 从 http://webs. cs. berkeley. edu/tos/dist-1. 1. 0/tools/linux 和 http://webs. cs. berkelev. edu/tos/dist-1. 1. 0/tinyos/linux 下载以下软件包：

```
avarice - 2.0.20030825 CVS - 1.i386.rpm
avr - binutils - 2.13.2.1 - 1.i386.rpm
avr - gcc - 3.3tinyos - 1.i386.rpm
avr - insight - pre6.0cvs.tinyos - 1.3.i386.rpm
avr - libe - 20030512cvs - 1.i386.rpm
graphviz - 1.10 - 1.i386.rpm
nesc - 1.1 - 1.i386.rpm
tinyos - tools - 1.1.0 - 1.i386.rpm
```

然后用“rpm-ivh *. rpm”命令将这些工具包安装在保存它们的目录。

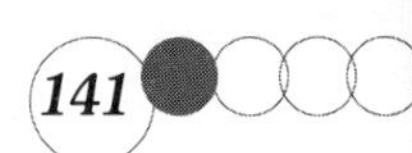

③ 通过命令“chmod 666/dev/ttyS＊”和“chmod 666/dev/parport0”，更改 TinyOS 将会使用的串口的权限。

④ 从网址 http://webs. cs. berkeley. edu/tos/dist-1. 1. 0/tinyos/linux/tinyos-1. 1. 0-1. noarch. rpm 下载 tinyos rpm 软件包，用以下命令将 TinyOS 安装到 TINYOSDIR/tinyos-1. x 目录：

```
rpm - ivh - prefix TINYOSDIR tinyos - 1.1.0 - 1.noarch.rpm
cd TINYOSDIR; chown - R USER.GROUP tinyos - 1.x
```

在 PC 的各种操作系统下安装完成 TinyOS 软件之后，还可以对软件进行升级。从 http://webs. cs. berkeley. edu/tos/dist-1. 1. 0/tinyos/linux 下载得到在 Linux 操作系统中升级 TinyOS 的 rpm 软件包，从 http://webs. cs. berkeley. edu/tos/dist-1. 1. 0/tinyos-/windows 可以下载到在 Windows 操作系统中升级 TinyOS 的 rpm 软件包。在下载这些软件包之后，可以用 rpm -Uvh <rpm file name>安装这些软件包，从而完成升级 TinyOS。

如果要检测 TinyOS 的环境是否搭建好，可以运行 tos-check-env 命令：

```
$ tos check - env
```

系统会检测各个程序是否正常，如果最后出现正确的提示，则表明 PC 上的 TinyOS 操作系统已经可以使用了。

2）创建应用程序

在安装 TinyOS 后，可以在 apps 目录下创建应用程序目录，用来存放应用程序文件。例如，可以在 apps 目录下创建 Blink 目录用来存放 Blink 程序的文件。用户为应用程序设计的每个组件都要独立地包含在单个文件中，而且文件名取为“组件名. nc”。例如，Blink 程序包含 Blink 和 BlinkM 两个组件，Blink 组件包含在 B1ink. nc 文件中，而 BlinkM 组件包含在 BlinkM. nc 文件中。这些文件可以用任何文本编辑软件来创建。

TinyOS 操作系统最初是用 C 语言实现的，产生的目标代码比较长。后来研究设计出基于组件化和并行模型的 nesC 语言，产生的目标代码相对较小。用 nesC 语言可开发 TinyOS 操作系统和其上运行的应用程序。

3）TinyOS 的特点

TinyOS 的主要特点如下。

① 采用基于组件的体系结构，这种体系结构已经被广泛应用在嵌入式操作系统中。组件就是对软、硬件进行功能抽象。整个系统由组件构成，通过组件提高软件重用度和兼容性，程序员只关心组件的功能和自己的业务逻辑，而不必关心组件的具体实现，从而提高编程效率。

在 TinyOS 这种体系结构中，操作系统用组件实现各种功能，只包含必要的组件，提高了操作系统的紧凑性，减少了代码量和占用的存储资源。通过采用基于组件的体系结构，系统提供一个适用于传感器网络开发应用的编程框架，在这个框架内将用户设计的一些组件和操作系统组件连接起来，构成整个应用程序。这使用户能够方便地构建应用程序。

② 采用事件驱动机制，能够适用于结点众多、并发操作频繁发生的无线传感器网络应用。当事件对应的硬件中断发生时，系统能够快速地调用相关的事件处理程序，迅速响应外

部事件，并且执行相应的操作处理任务。事件驱动机制可以使CPU在事件产生时迅速执行相关任务，并在处理完毕后进入休眠状态，有效提高了CPU的使用率，节省了能量。

③ 采用轻量级线程技术和基于先进先出(First In First Out，FIFO)的任务队列调度方法。轻线程主要是针对结点并发操作可能比较频繁，且线程比较短，传统的进程/线程调度无法满足的问题提出的，因为使用传统调度算法会在无效的进程互换过程中产生大量能耗。

由于传感器结点的硬件资源有限，而且短流程的并发任务可能频繁执行，所以传统的进程或线程调度无法应用于传感器网络的操作系统。轻量级线程技术和基于FIFO的任务队列调度方法，能够使短流程的并发任务共享堆栈存储空间，并且快速地进行切换，从而使TinyOS适用于并发任务频繁发生的传感器网络应用。当任务队列为空时，CPU进入休眠状态，外围器件处于工作状态，任何外部中断都能唤醒CPU，这样可以节省能量。

④ 采用基于事件驱动模式的主动消息通信方式，这种方式已经广泛用于分布式并行计算。主动消息是并行计算机中的概念。在发送消息的同时传送处理这个消息的相应处理函数和处理数据，接收方得到消息后可立即进行处理，从而减少通信量。由于传感器网络的规模可能非常大，导致通信的并行程度很高，传统的通信方式无法适应这样的环境。TinyOS的系统组件可以快速地响应主动消息通信方式传来的驱动事件，有效提高CPU的使用率。

4）TinyOS的应用程序示例

在介绍具体应用程序示例之前，我们先重点介绍这里的两个基本概念：接口和组件。

接口(interface)是一个双向通道，表明接口具有的功能和事件通知能力是双向的，向调用者提供命令和实现命令者进行事件通告。例如下面是一个接口的例子：

```
interface NAME {
    asy commandresult_t CNAME(pram p);
    asy eventresult_tENAME(pram p);
}
```

在接口中声明命令和事件实现不同的功能，命令是接口具有的功能，事件是接口具有通告事件发生的能力。asy可以在命令或事件中断处理程序中调用。

接口体现事件驱动功能和模块化。通过事件通告让使用接口者对事件进行响应；任何满足接口功能的实现者都可被其他需要这个接口功能的组件调用。

组件是配线文件或模块文件，是逻辑功能的抽象。程序员完全可直接调用组件进行程序开发。配线文件只是完成组件之间的接口连接，模块文件则具体实现接口中的命令和事件。

在这两个文件中都可使用provides、uses语句。provides表明这个组件可以提供哪些接口，实现这些接口的命令和事件通知。uses表明这个组件使用哪些接口，组件能以接口中提供的命令和实现对接口中事件进行响应。基于组件的思想，一个组件可通过多个组件实现一定的逻辑功能，对外声明需要哪些接口和提供哪些接口。

这里以TinyOS自带的一个简单应用程序Blink为例，说明基于TinyOS的应用程序结构、运行机理、编译和连接的过程，以及它的调度机制和事件驱动机制的实现。

B1ink程序包含两个文件BlinkM. nc和Blink. nc，它们是由TinyOS软件包1.1.0版本的apps/blink目录下Blink程序修改而成。BlinkM. nc文件包含了BlinkM模块的代码，而Blink. nc文件包含了Blink配件的代码。

下面首先分析 Blink 程序的配件和模块的代码，然后介绍 ncc 编译 nesC 程序的过程，以及 Blink 程序的运行过程，最后介绍 TinyOS 的调度机制和事件驱动机制的实现。

(1) Blink 程序的配件。

Blink 程序的 Blink 配件的代码如下：

```
configuration Blink{
    //Blink 配件没有提供或使用任何接口
}
implementation{
//Blink 配件包含了 Main 配件、BlinkM 模块、TimerC 配件
components Main,BlinkM,TimerC;
  // Main 使用的 StdControl 接口实现
  // 由 TimerC 和 BlinkM 提供的 StdControl 接口实现
// BlinkM 使用的 Timer 接口由 TimerC 提供的 Timer[unique("Timer")]接口实现
Main. StdControl -> TimerC. StdControl;
Main. StdControl -> BlinkM. StdControl;
BlinkM. StdControl -> TimerC. Timer[unique("Timer")];
}
```

这里 nesC 语句 A. C→B. C 代表 A 使用的接口 C 是由 B 提供的。在将 nesC 语句预编译为 C 语句时，该连接符会被转化为命令处理函数的调用。Blink 配件描述了 Blink 程序的整体结构，如图 5.16 所示。组件上部包含由该组件提供的接口，组件下部包含由该组件使用的接口，向下箭头代表调用命令处理程序，向上箭头代表触发事件处理程序。

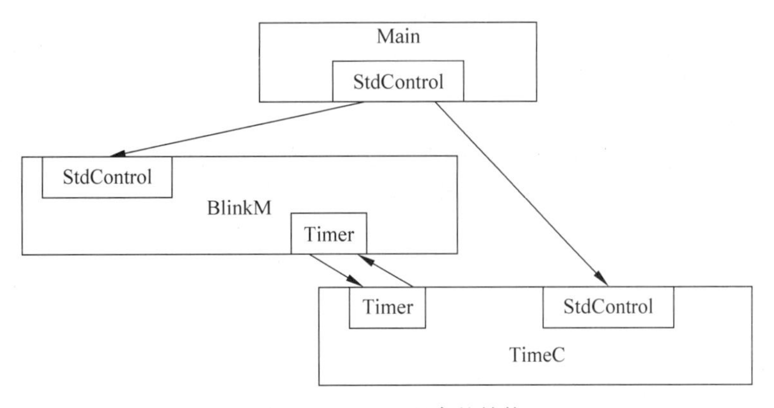

图 5.16 Blink 程序的结构

Main 配件和 TimerC 配件的实现细节如下。

① Main 配件在 Blink 程序的运行过程中发挥重要的作用。文件 tos/system/Main. nc 给出了 Main 配件的代码：

```
configuration Main{
                        uses interface StdControl;
                      }
implementation
{
    // Main 配件包含 RealMain 模块、PotC 配件、HPLinit 模块;
components RealMain,PotC,HPLinit;
```

```
StdControl = RealMain. StdControl;
RealMain. hardwareInit -> HPLinit;        // 将 HPLinit. init 缩写为 HPLinit
RealMain. Pot -> Pot;                     // 将 PotC. Pot 缩写为 PotC
```

在语句 StdControl= RealMain. StdControl 中，连接符"="表示如果给 Main 使用的 StdControl 接口指定了一个实现，那么 RealMain 使用的 StdControl 接口会采用相同的实现。这里使用 nesC 语句 A. C=B. C，代表接口 C 在模块 A 中的使用或实现等同于在模块 B 中的使用或实现，而且接口 C 被模块 A 和 B 同时使用或者同时提供，否则会产生编译错误。

Main 配件包含了 PotC 配件，文件 tos/system/PotC. nc 给出了 PotC 配件的代码：

```
configuration PotC{
                    provides interface Pot;
                  }
implementation{
    // PotC 配件包含 PotM 模块、HPLPotC 模块
components PotM,HPLPotC;
Pot = PotM;    // 这是 PotC. Pot = PotM. Pot 的缩写
PotM. HPLPot -> HPLPotC; // HPLPotC 为 HPLPotC. HPLPPot 的缩写
}
```

图 5.17 所示为 Main 配件的结构。

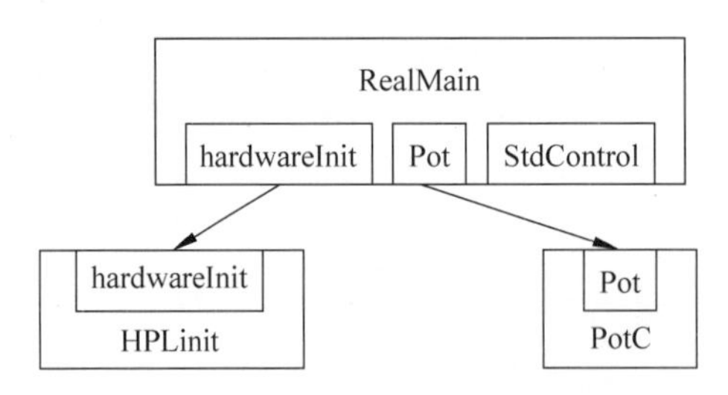

图 5.17　Main 配件的结构框图

② 文件 tos/system/TimerC. nc 给出了 TimerC 配件的代码：

```
configuration TimerC{
                      // 提供 StdControl 接口和参数化的 Timer 接口
                      provides interface Timer[unit8_id];
                      provides interface StdControl;
                    }
implementation{
    // TimerC 配件包含 TimerM 模块、ClockC 配件、NoLeds 模块和 HPLPowerMangement 模块
    components TimerM,ClockC,NoLeds,HPLPowerMangementM;
    TimerM. Leds -> NoLeds;
    TimerM. Clock -> ClockC;
    TimerM. PowerMangement -> HPLPowerMangementM;
    StdControl = TimerM; //这是 TimerC. StdControl = TimerM. StdControl 的缩写
    Timer = TimerM; //这是 TimerC. Timer = TimerM. Timer 的缩写
    TimerC 配件包含 ClockC 配件，文件 tos/system/ClockC. nc 给出了 ClockC 配件的代码：
configuration ClockC {
                       provides interface Clock;
```

```
                    provides interface StdControl;
                }
implementation
{
    // ClockC 配件包含 HPClock 模块
    components HPClock;
    TimerM.Leds -> NoLeds;
    Clock = HPClock;          //这是 Clock. Clock = HPClock. Clock 的缩写
    StdControl = HPClock;     //这是 ClockC. StdControl = HPClock. StdControl 的缩写
}
```

图 5.18 所示为 TimerC 配件的结构。

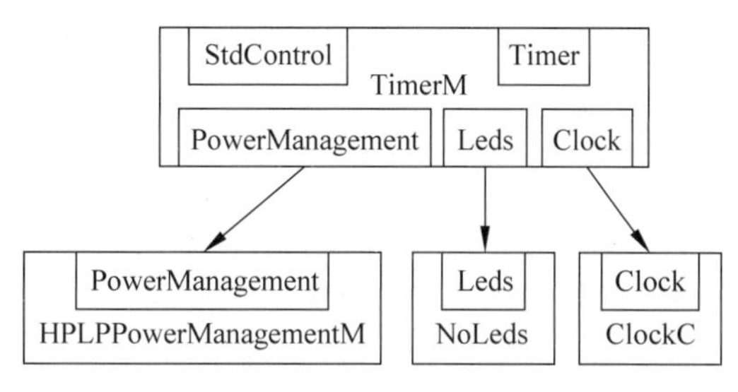

图 5.18 TimerC 配件的结构

(2) BlinkM 模块。

BlinkM 模块实现了 Blink 程序的主要功能,它的代码如下:

```
module BlinkM{
      provides{
    // BlinkM 提供 StdControl 接口,其他组件可以调用这个 StdControl 接口
    // StdControl 接口被声明为
    //    interface StdControl {
    //      command result_t_init();
    //      command result_t_start();
    //      command result_t_stop();
    //                          }
    //根据 nesC 语言规范,BlinkM 实现 StdControl 接口中的三个命令处理程序
    interface StdControl;
              }
      uses{
    //BlinkM 使用了 Timer 接口
    // Timer 接口被声明为
    //      interface Timer{
    //          command result_t statrt(char type,unit32_t interval);
    //                command result_t stop();
    //                event result_t fired();
    //                    }
    // 根据 nesC 语言规范,BlinkM 实现 Timer 接口中的 fired()事件处理程序
    // BlinkM 可以调用 Timer 接口中的两个命令处理程序
        interface Timer;
      }
    }
```

```
implementation {
// 以下代码实现了 StdControl 接口中的 init()命令处理程序
// 关键字 command 定义了一个命令处理程序
// result_t 是一个数据类型,在 tos/system/tos.h 中被定义为 unit8_t
// success 是一个枚举型数据,在 tos/system/tos.h 中被定义为
//   enum{FALL = 0,SUCCESS = 1};
command result_t StdControl.init(){
                              return SUCCESS;
                            }
// 以下代码实现了 StdControl 接口中的 start()命令处理程序
// 直接调用 Timer 接口的 start()设置并且开启定时器,call 代表调用
// TIMER_REPEAT 代表重复定时,TIMER_ONE_SHOT 则表示一次定时
// 定时的事件间隔是 1000 个单位事件
   command result_t StdControl.start() {
     return call Timer.start(TIMER_REPEAT,1000);
                                          }
// 以下代码实现了 StdControl 接口中的 stop()命令处理程序
// 直接调用 Timer 接口中的 stop()停止定时器
   command result_t StdControl.stop() {
                            return call Timer.stop();
                                          }
// 以下代码实现了 Timer 接口的 fired()事件处理程序
// 关键字 event 定义了一个事件处理程序
   event result_t Timer.fired() {
                            return SUCCESS;
                                   }
                }
```

(3) ncc 编译 nesC 程序。

ncc 可以将 nesC 语言编写的程序编译成可执行文件。ncc 是在 gcc 的基础上修改和扩充而来的,ncc 首先将 nesC 程序预编译为 C 程序,然后用交叉编译器将 C 程序编译成为可执行文件。

在编译 nesC 程序时,ncc 的输入通常是描述程序整体结构的顶层配件文件,例如包含 Blink 配件的 Blink.nc 文件。ncc 首先装入 tos.h 文件,该文件包含了基本的数据类型定义和一些基本函数;然后 ncc 装入需要的 C 文件、接口或者组件。具体步骤如下:

① 在装入 C 文件时,先定位 C 文件,然后进行预处理,例如展开宏定义和包含的头文件。

② 在装入接口时,先定位接口,然后装入该接口包含的头文件。

③ 在装入组件时,先定位组件,然后递归装入该组件使用的其他组件和相关文件。

④ ncc 装入顶层配件文件。

在将 nesC 语言程序预编译为 C 语言程序时,ncc 按照下面的规则,将 nesC 语言程序中的标识符转化为 C 语言程序中的标识符:

① 如果 C 文件包含的标识符与 nesC 的关键字相同,则在该标识符前加上前缀_nesC_keyworQ_;否则,标识符保持不变。例如,C 文件定义了变量 module,预编译后该变量被转化为_nesC_keyword_module。

② 组件 C 中的变量 V 被转化为 C$V。

③ 组件 C 中的函数 F 被转化为 C$F。

④ 组件 C 中的命令或事件 A 被转化为 C$A。

⑤ 组件 C 中的接口 I 中的命令或事件 A 被转化为 cIA。

(4) 应用程序导入结点。

通过仿真调试确认应用程序确实能够执行指定任务后，可以将应用程序编译成为在实际结点硬件上运行的可执行代码。TinyOS 支持多种硬件平台，每个硬件平台对应的文件存放在目录 tos/platform 内对应该硬件平台的子目录。

在应用程序所在的目录输入“make 平台名称”，就能编译出运行在该平台的可执行代码。例如，在 apps/blink 目录中输入 make mica2，就能编译出在 mica2 平台上的可执行代码 main. exe。

make 命令调用 ncc 执行编译任务。ncc 提供了一些选项，常用的选项包括：

```
-target = X             //指定硬件平台
-tosdir = dir           //指定 TinyOS 目录
-fnesC -file = file     //指定存放预编译生成的 C 代码的文件
```

至此，我们就把 Blink. nc 编译为在 mica 平台上运行的可执行文件 main. exe。但是此时还不能把 main. exe 载到结点中，必须先把 main. exe 转化为可下载的机器码。

硬件平台可能采用特定格式的机器码，例如 mica 平台采用 Motorola 公司定义的 srec 格式的机器码，而其他平台采用 Intel 公司定义的 hex 格式的机器码。srec 是摩托罗拉定义的 s-record 格式的二进制文件，另外一种常见的格式是 Intel 的 hex 格式文件。如果使用其他一些只支持 hex 的编程器(如 avr-studio)对目标系统编写程序，则需要转换成 hex 格式文件。

以下命令可以将 main. exe 转化为 srec 格式的机器码 main. srec：

```
avr -objecopy -output -target = srec main.exe main.srec
```

这时可以通过下载工具把 main. srec 下载到传感器网络结点中，这里是通过 uisp 下载的，可以分为三步进行：

① 擦除结点的 Flash 存放的原始代码；

② 把 main. srec 下载到结点的 Flash 中；

③ 验证写入程序和原始文件是否一致。

Crossbow 公司为 MICAz 结点提供了 MIB500、MIB510 和 MIB600 三种编程板，下面我们以 MIB510(串口)为例说明程序烧录过程。

首先生成 Blink 程序的原始二进制代码(为 Intel 的 hex 格式或 Motorola 的 s-record 格式)：

```
make micaz Blink
```

然后使用 uisp 工具将 Blink 程序烧录到结点的 Flash：

```
uisp -dprog = mib510 -dserial = COM -dpart = Atmega128 --erase --upload if = Blink.srec
```

下面是通过 uisp 下载的分步操作过程和程序烧录的各阶段结果演示：

```
uisp  -dprog = dapa - erase
```

```
pulse
Ateml AVR ATmega128 is found.
Erasing device …
pulse
Reinitializing device
Atmel AVR ATmega128 is found.
sleep 1
uisp - dprog = dapa -- upload if = build/mica.srec
pulse
Atmel AVR ATmega128 is Found.
Uploading: Flash
sleep 1
uisp - dprog = dapa -- upload if = build/main.srec
pulse
Atmel AVR ATmega128 is Found.
Verifying: Flash
```

5.3.2 软件开发

1. 传感器网络软件开发的特点和要求

传感器网络在环境监测、医疗监护、军事、家庭娱乐、工业、教育等领域的应用日趋广泛。在这些多样化的应用中，各类应用系统或中间件系统都是针对某类特定应用和特定环境的，开发传感器网络应用程序需要一定的周期。

传感器网络结点的软件系统用于控制底层硬件的工作行为，为各种算法、协议的设计提供一个可控的操作环境，同时便于用户有效管理网络，实现网络的自组织、协作、安全和能量优化等功能，从而降低传感器网络的使用复杂度。通常传感器网络的软件运行采用分层结构，如图 5.19 所示。

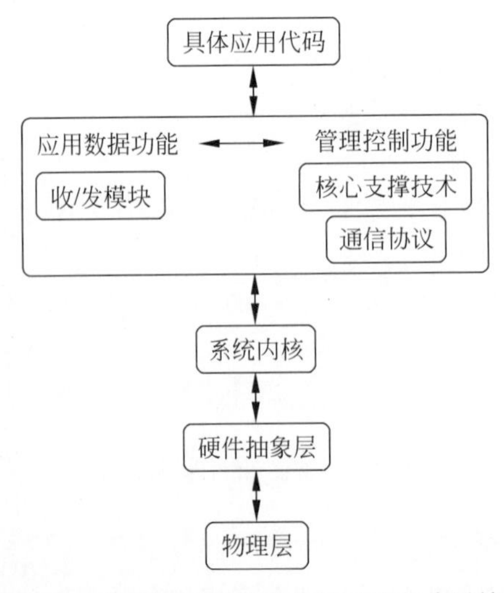

图 5.19　传感器网络结点软件系统的分层结构

这里硬件抽象层在物理层之上，用来隔离具体硬件，为系统提供统一的硬件接口，诸如初始化指令、中断控制、数据收发等。系统内核负责进程调度，为应用数据功能和管理控制功能提供接口。应用数据功能协调数据收发、校验数据，并确定数据是否需要转发。管理控制功能实现网络的核心支撑技术和通信协议。在编写具体应用代码时，我们要根据应用数据功能和管理控制功能提供的接口和一些全局变量来设计。

传感器网络因资源受限、动态性强和以数据中心，网络结点的软件系统开发设计具有如下特点。

(1) 具有自适应功能。由于网络变化不可预知，软件系统应能够及时调整结点的工作状态，设计层次不能过于复杂，且具有良好的事件驱动与响应机制。

(2) 保证结点的能量优化。由于传感器结点的电池能量有限，设计软件系统时尽可能考虑节能，用比较精简的代码或指令来实现网络的协议和算法，并采用轻量级的交互机制。

(3) 采用模块化设计。为了便于软件重用，保证用户根据不同的应用需求快速进行开发，将软件系统的设计模块化，让每个模块完成一个抽象功能，并制定模块之间的接口标准。

(4) 面向具体应用。软件系统面向具体的应用需求进行设计开发，运行性能满足用户的要求。

(5) 具有维护和升级功能。为了维护和管理网络，软件系统宜采用分布式的管理办法，通过软件更新和重配置机制来提高系统运行的效率。

2. 网络系统开发的基本内容

传感器网络软件开发的本质是从软件工程的思想出发，在软件体系结构设计的基础上开发应用软件。我们通常需要使用基于框架的组件，来支持传感器网络的软件开发。

这种框架运用自适应的中间件系统，通过动态地交换和运行组件，支撑起高层的应用服务架构，从而加速和简化应用系统的设计与开发。传感器网络软件设计的主要内容就是开发这些基于框架的组件，主要包括以下三方面的环节。

(1) 传感器应用。这种应用负责提供必要的传感器结点本地基本功能，包括数据采集、本地存储、硬件访问和直接存取操作系统等。

(2) 结点应用。这种应用包含针对专门应用的任务和用于建立与维护网络的中间件功能，它涉及操作系统、传感驱动和中间件管理三部分。结点应用层次的框架组件如图 5.20 所示。这里的各组件功能简介如下。

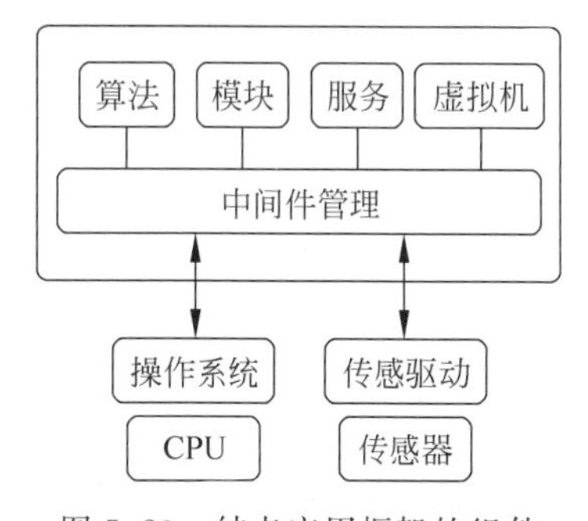

图 5.20 结点应用框架的组件

操作系统组件：由裁剪过的只针对特定应用的软件组成，专门处理与结点硬件设备相关的任务，包括启动载入程序、硬件初始化、时序安排、内存管理和过程管理等。

传感驱动组件：负责初始化传感器结点，驱动结点上的传感单元执行数据采集和测量任务，由于它封装了传感器探测功能，可以为中间件提供良好的 API 接口。

中间件管理组件：作为一个上层软件，用来组织分布式结点间的协同工作。

模块组件：负责封装网络应用所需的通信协议和核心支撑技术。

算法组件：用来描述模块的具体实现算法。

服务组件：负责与其他结点协作完成任务，提供本地协同功能。

虚拟机组件：负责执行与平台无关的一些程序。

(3) 网络应用。这种应用的设计内容描述了整个网络应用的任务和所需要的服务，为用户提供操作界面，管理整个网络并评估运行效果。网络应用层次的框架组件结构如图 5.21 所示。

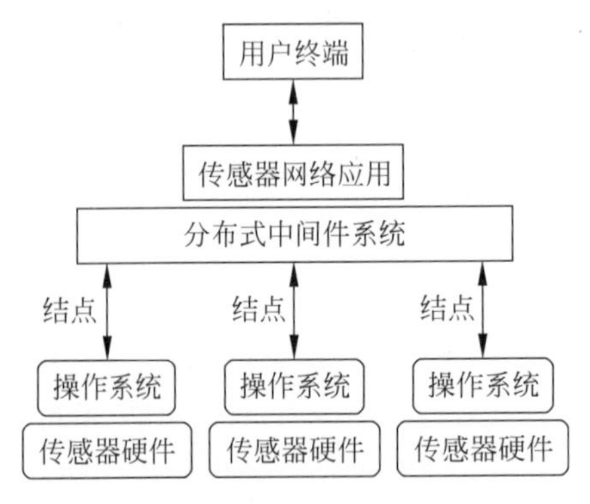

图 5.21　网络应用框架的组件

网络中的结点通过中间件的服务连接起来，协作地执行任务。中间件逻辑上是在网络层，但物理上仍存在于结点内，它在网络内协调服务间的互操作，灵活便捷地支撑起无线传感器网络的应用开发。

通常人们需要依据上述三个环节的应用，通过程序设计来开发实现各类组件，这也是传感器网络软件设计的主要内容。

3. 传感器网络的软件编程模式

传感器网络的软件开发需要采取一定的编程模式，运用适当的编程框架来指导具体的程序设计。通用软件的编程模式并不完全适合于传感器网络的软件开发，为此需要考虑设计适合于传感器网络开发特征的编程模式，这里主要简介 3 种常见的编程模式。

1) 抽象域编程

抽象域编程方式将网络底层的通信机制、数据采集、数据共享和路由机制等细节屏蔽起来，为用户提供基于本地域的高层程序接口，以便简化应用操作。采用这种编程模式的作用在于，使用户能够方便地控制网络的资源消耗、通信机制和探测精度，适应网络的变化状况。

抽象域为结点之间定义了“邻居”关系，这里具有邻居关系的结点是指包括 N 跳内的结点集合或者是距离小于某个确定值的结点集合等。每一个结点可以属于多个抽象域，通过初始化操作来发现邻居。在某个域内随着结点的加入或离开，这些变化情况要通知给该域内的每个结点。

抽象域还支持枚举操作(即返回参与该域的所有结点)和数据共享操作(即变量或数值可以在域内结点间共享)，以及约简操作(即通过一定的计算如求和、最值等来减少域内存储的数据)。

以 TinyOS 操作系统为例，它的并发模型要求实现并发的“执行上下文”，将应用程序分割成多个任务来执行。TinyOS 的同步操作并不要求全线程机制，而是用事件驱动代码来支持有限范围的模块操作，以便处理异步事件。抽象域编程使用 TinyOS 轻量级的、线程化的同步模型，以缺省的、事件驱动的上下文来支持单个模块的执行上下文。它采用模块化接口来简化应用设计，并非将应用拆分为一系列不同的事件句柄，而是采用简单的循环来编写代码。

2）以对象为中心的编程

针对传感器网络自身状况和外在环境动态多变的特点，以对象为中心的编程模式给编程者提供高级别的网络抽象，用“对象”来表示网络所要监测的物理现象，采用面向服务的方法来分析对象的活动行为。

这种编程框架主要包括四个部件。

① 终端用户编程接口。该接口负责将服务请求注入网络，终端用户使用记录在服务储存库里的服务写入一个应用。服务储存库类似于 Web Service 所使用的“统一描述、发现和集成协议”（UDDI）服务器，它负责保存所有在网络中发现的服务登记，输出服务请求。

② 服务规划。该组件将服务作为输入，产生一个由服务储存库里的服务所组成的服务图。通常一个服务请求被扩展成多个子服务，直到没有更多的服务需要被扩展。

例如车辆跟踪的应用场景，车辆跟踪服务需要将车辆类型和位置数据作为输入，车辆分类服务提供分类和位置数据，但需要在传感设备感知到车辆后才建立车辆的逻辑对象。

③ 网络服务调度。该组件在满足一些限制的条件下，如结点数目和位置等受限，对提供目标感知功能的传感器结点服务进行调度。它的输出包含服务配置消息，该消息被传送到结点，从而组成服务图。

④ 结点管理。该组件负责使用配置信息对结点服务进行配置，初始化服务发现，并管理由网络服务调度所需要的本地运行服务和资源信息。结点管理通过初始化服务发现，来将服务设置在运行当前服务的对象上。运行服务发现的结点发出一个公共消息，所有收到这个消息的结点做出响应，响应的信息包含可得到的服务和使用这些服务的代价（如能量）。接收结点处理这些信息，并建立一个本地服务数据库。

3）以状态为中心的编程模式

针对目标跟踪的应用问题，人们设计了以状态为中心的编程模式，主要解决了在时间和空间上建立有关物理现象的状态的演化模型。

传感器网络监测得到的被跟踪目标的物理状态，如位置、形状和运动方向，通常在时间和空间上是连续的，可以通过一系列的状态更新来处理传感和控制问题：

$$x_{k+1}=f(x_k,u_k) \tag{5.1}$$

$$y_k=g(x_k,u_k) \tag{5.2}$$

其中 x 是系统状态，k 是时间或空间上的更新系数，u 是输入，y 是输出，f 是状态更新方程，g 是输出或观测方程。

在这种以状态中心的设计框架中，物理现象的整体全局状态被分成层次化的独立可更新的模块。每个模块都有一个叫作“责任者”的计算实体。为了更新状态，某个负责者可以要求其他负责者提供输入，执行传感的负责者完成最底层的探测任务。通过在这些负责者之间定义协作群，为每个负责者制定相应的角色，就可以确定通信模式。负责者封装了一系列的状态，每个状态表征某一特定的物理特征。

仿真结果表明，在多目标跟踪的场景下，以状态为中心的编程模式能够对多目标进行精确分类，并且能够实施有效的目标身份管理。

5.3.3 后台管理软件

1. 结构与组成

可视化的后台管理软件是传感器网络系统的一个重要组成部分，是获取和分析传感器网络数据的重要工具。人们在选定传感器网络的硬件平台和操作系统之后，通过设计相应的网络通信协议，将这些硬件设备组建为网络，在这个过程中需要对网络进行分析，了解传感器网络的拓扑结构变化、协议运行、功耗和数据处理等方面的情况。这都需要获取关于传感器网络运行状态和网络性能的宏观和微观信息，通过对这些信息进行处理，才能对网络进行定性或定量分析。

由于传感器网络本质上是一种资源受限的分布式系统，网络中大量的无线自主结点相互协作分工，完成数据采集、处理和传输任务。从微观角度来看，传感器网络结点状态的获取难度远大于普通网络的结点。从宏观角度上来分析，传感器网络的运行效率和性能也比一般网络难以度量和分析。因此，传感器网络的分析与管理是应用的重点和难点，传感器网络的分析和管理需要一个后台系统来支持。

通常传感器网络在采集探测数据后，通过传输网络将数据传输给后台管理软件。后台管理软件对这些数据进行分析、处理和存储，得到传感器网络的相关管理信息和目标探测信息。后台管理软件可以提供多种形式的用户接口，包括拓扑树、结点分布、实时曲线、数据查询和结点列表等。

另外，后台管理软件也可以发起数据查询任务，通过传输网络告知探测结点执行查询任务，例如后台管理软件询问“温度超过 80℃的地区有哪些”，网络在接收到这种查询消息后，将温度超过 80℃地区的数据信息返回给后台管理软件。

后台管理软件通常由数据库、数据处理引擎、图形用户界面和后台组件四部分组成，如图 5.22 所示。

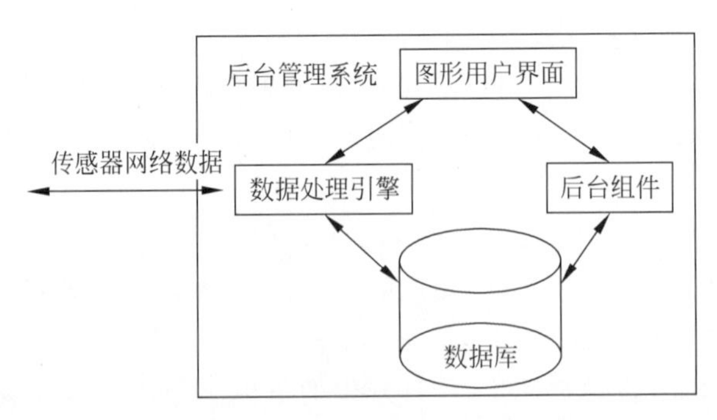

图 5.22　后台管理软件的组成

数据库用于存储所有数据，主要涉及网络管理信息和传感器探测数据信息两种，包括传感器网络的配置信息、结点属性、探测数据和网络运行的一些信息等。

数据处理引擎负责传输网络和后台管理软件之间的数据交换、分析和处理，将数据存储到数据库。另外它还负责从数据库中读取数据，将数据按照某种方式传递给图形用户界面，以及接收图形用户界面产生的数据等。

后台组件利用数据库中的数据实现一些逻辑功能或者图形显示功能，它主要涉及网络拓扑显示组件、网络结点显示组件、图形绘制组件等。PC的操作系统、选用的数据库系统和一些图形软件工具都可以提供这类组件，协助开发人员设计和丰富后台管理系统的功能。

图形用户界面是用户对传感器网络进行检测的可视化窗口，用户通过它可以了解网络的运行状态，也可以给网络分配任务。该界面既要保证操作人员对整个网络系统的管理，又要方便使用和操作。

在传感器网络领域已经有一些后台管理软件工具，如克尔斯博公司的MoteView、加州大学伯克利分校的TinyViz、加州大学洛杉矶分校的EmStar、中科院开发的SNAMP等。这些软件都在传感器网络的数据收集和网络管理中得到了应用。

2. MoteView 软件介绍

MoteView是Windows平台下支持传感器网络系统的可视化监控软件。无线网络中所有结点的数据通过基站储存在PostgreSQL数据库中。MoteView能够将这些数据从数据库中读取并显示出来，也能够实时地显示基站接收到的数据。网络管理者通过MoteView随时掌握目标监测的情况。管理者可以通过数据、图表或结点拓扑结构的直接形式，快速整理、搜寻或查阅每个结点的数据信息。MoteView还可以根据管理者的设置，采用手机短信和电子邮件的方式提供报警信息。

MoteView作为无线传感器网络客户端管理和监控软件，功能是提供Windows图形用户界面，主要作用包括：①管理和监控系统；②发送命令指示；③报警功能；④Mote编程功能；⑤网络诊断。

例如，MoteView可以提供实时数据和历史数据显示功能、可视化网络拓扑图功能、数据输出功能、图表打印功能、结点编程程序MoteConfig、支持对传感器网络的命令发送、E-mail报警服务。

MoteView支持CrossBow公司的所有传感器和数据采集板、MICA系列平台，包括MICA2、MICA2DOT、MICAz，另外还可以配置和监测基于MSP系列结点的安全/入侵监测系统和基于MEP系列结点的环境监测系统。

MoteView支持的应用程序包括Surge-Reliable、Surge-Reliable-Dot以及运行XMesh和XSensor的应用程序。

MoteView支持的操作系统包括Windows XP、Windows 2000，使用MIB510时通过串口、使用MIB600和Stargate时通过以太网端口来与计算机相连接，并配置PostgreSQL 8.0数据库服务、PostgreSQL ODBC驱动和微软.NET构架。

PostgreSQL是一个开放源码的免费数据库系统，它最初由加州大学伯克利分校计算机科学系开发，倡导了很多关系对象的观念，这些观念现在已经用在一些商业数据库系统中。它提供了SQL92/SQL99语言支持、事务处理、引用集成、存储过程以及类型扩展。PostgreSQL可以说是最富特色的自由数据库管理系统，它基本包括了目前世界上最丰富的数据类型，有些数据类型连商业数据库都不具备，如IP类型和几何类型等。

MoteView在使用时需要链接到数据库，并与无线传感器网络相连接。在链接数据库时需要选择被链接的数据库名称和表的名称。在连接传感器网络时需要选择被连接的设备和设备的地址。

在以上的设备和连接配置正确实施之后，MoteView 即可运行起来，对整个传感器网络进行监测。它支持结点自动发现功能，提供许多菜单和工具条方便用户使用。MoteView 具有结点列表，显示数据和服务器消息，进行系统管理和数据库管理。结点列表能够显示部署的所有结点及其状态，并且可以对结点进行操作，如添加结点、修改结点属性、结点排序等。数据可以通过多种视图方式进行显示，包括数据视图、命令视图、图形视图和拓扑视图。服务器消息显示部分包括服务器端消息、数据库错误和一般状态消息的显示。

如图 5.23 所示为 MoteView 显示的传感器数据列表示例。如图 5.24 所示为 MoteView 输出的传感器信号波形示例。

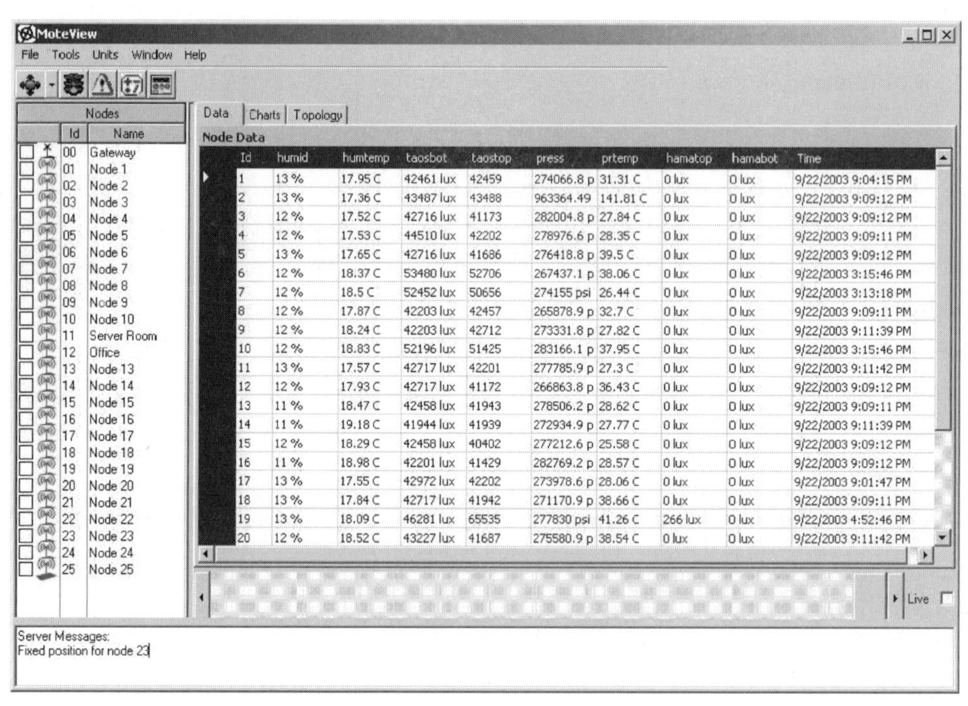

图 5.23　MoteView 显示的传感器数据列表

3. SNAMP 软件介绍

中科院开发的 SNAMP（Sensor Network Analysis and Management Platform）包括串口、数据处理模块、实时显示模块等主要模块。模块化的设计使得整个系统层次扩展性良好[65]。SNAMP 还提供了多种形式的用户接口，包括拓扑树、实时点列表等，满足用户在分析和管理无线传感器网络时的种种需求。

SNAMP 后台管理软件运行在与 Sink 结点相连的主机，通过串口可以读取 Sink 结点收集到的数据，并且对这些数据进行分析，还可以显示网络运行时的动态效果。计算机的后台界面程序负责从串口读取数据包，并进行解析、曲线绘制等。后台显示的结点拓扑示例如图 5.25 所示，这里 Base Station 表示 Sink 结点，5、6、7 表示传感数据的采集结点，实线表示两个结点之间正在有数据包传输。

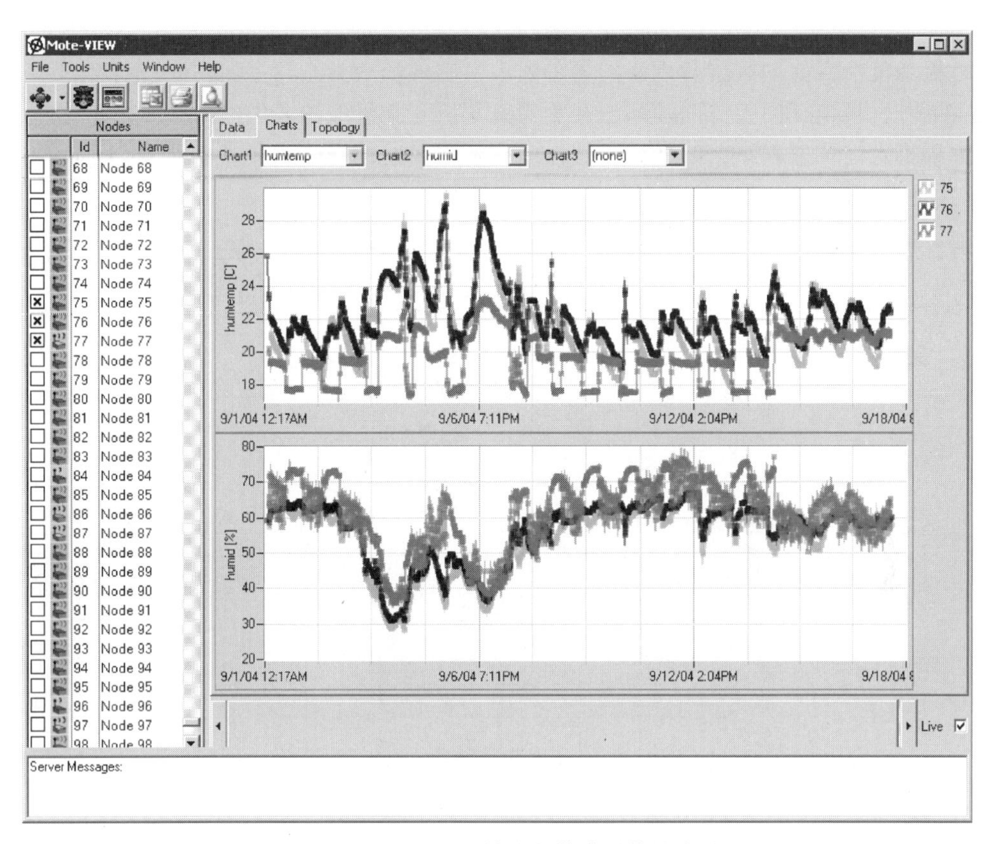

图 5.24　MoteView 输出的传感器信号波形

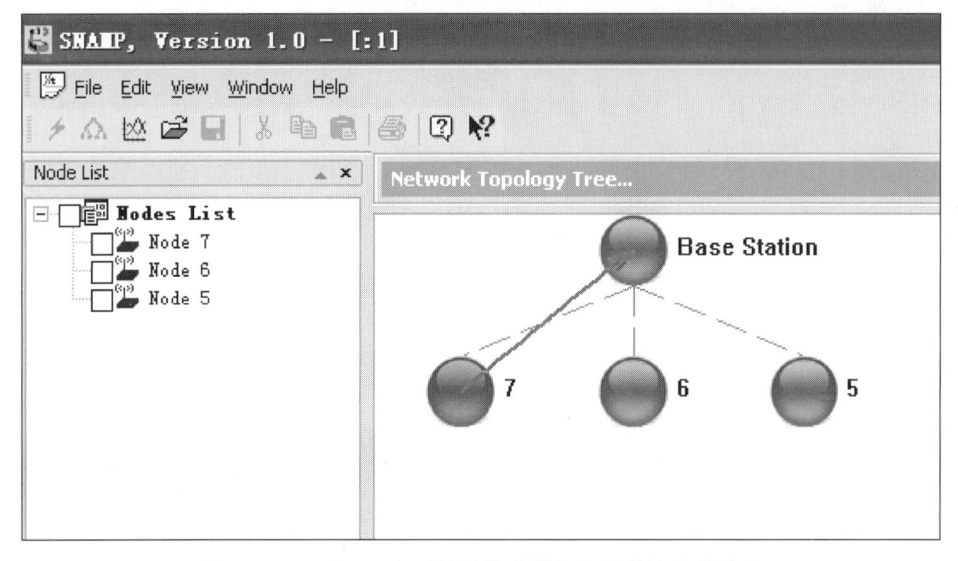

图 5.25　SNAMP 实时显示传感器网络拓扑结构的示例

SNAMP 的实时曲线部分采用了 Gigasoft 公司(www.gigasoft.com)的“ProEssentials”控件(试用版),它是应用于 Windows 服务器端和客户端开发的一种图表组件,是对绘制图表和图表分析功能所需要的数据和方法的简单封装。它的图表类型较多,包括一般图表、科学图表、三维图表、极坐标图表、饼状图表,几乎覆盖了所有常见的图表类型。

如果将上述传感器结点的感知数据以曲线形式实时地在表格中绘制出来,则如图 5.26 所示,这是采用 ProEssentials 控件实现传感器探测数据的实时显示结果。

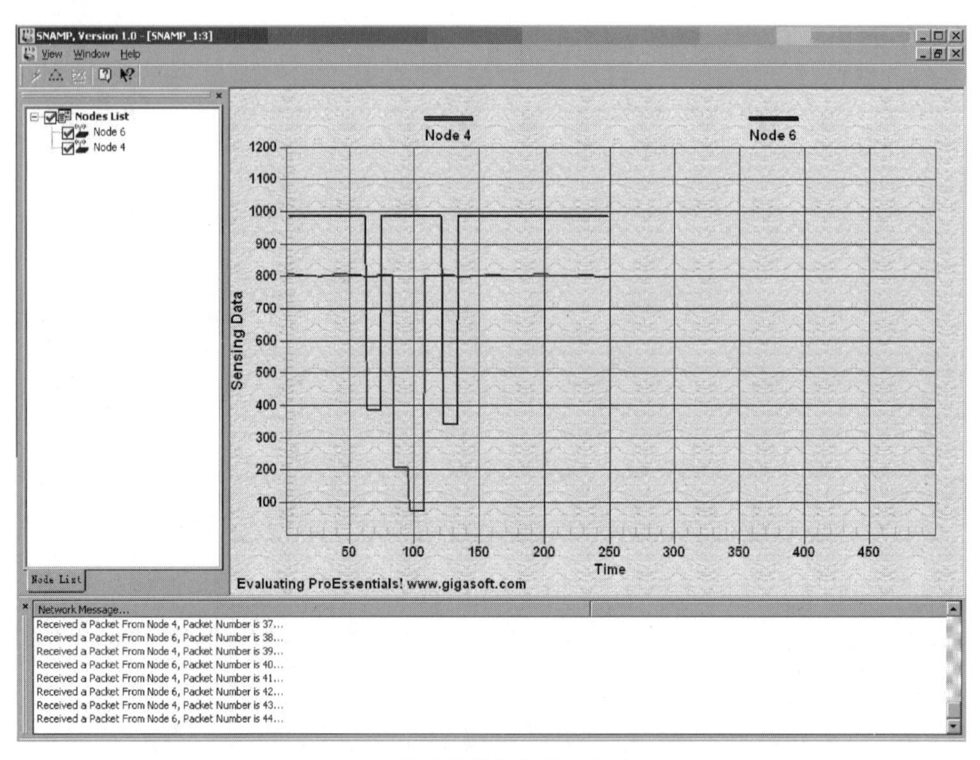

图 5.26 传感器数据曲线的实时显示

思考题

(1) 网络仿真技术具有哪些特点?

(2) 简述网络仿真软件的体系构成。

(3) 列举传感器网络仿真的常用软件平台,并说明各种平台的技术特点。

(4) 简述 TOSSIM 的体系结构和功能。

(5) 选择传感器网络的仿真平台时应该注意哪些问题?

(6) 传感器网络工程测试床的作用是什么?

(7) 简述 SensoNet 试验床的组成和模拟方法。

(8) 列举作为传感器结点数据处理模块的几种常见微控制器芯片。

(9) 简述传感器网络常用的几种无线通信技术及其特点。

(10) 天线的性能有哪些评价指标?

（11）TinyOS操作系统有哪些特点？

（12）试写（画）出传感器网络结点软件系统的分层结构。

（13）传感器网络系统设计的结点应用框架包括哪些组件？

（14）画出无线传感器网络后台管理软件的一般组成框图并解释说明。

（15）在教师的指导下，由2～3名学生合作完成某传感器网络课题项目的方案设计任务，要求以技术报告的形式写出项目需求、设备选择、解决方案和现实应用价值等内容。

第6章 传感器网络协议的技术标准

6.1 技术标准的意义

传感器网络的标准化工作是连接科研和产业的纽带。传感器网络作为一个面向应用的研究领域,近年来获得了飞速发展。在关键技术的研发方面,学术界在网络协议、数据融合、测试测量、操作系统、服务质量、结点定位、时间同步等方面开展了大量研究,取得丰硕的成果;工业界也在环境监测、军事目标跟踪、智能家居、自动抄表、灯光控制、建筑物健康监测、电力线监控等领域进行应用探索。随着应用的推广,无线传感器网络技术开始暴露出越来越多的问题。不同厂商的设备需要实现互联互通,且要避免与现行系统的相互干扰,因此要求不同的芯片厂商、方案提供商、产品提供商及关联设备提供商达成一定的默契,齐心协力实现目标。这也是无线传感器网络标准化工作的背景。

无线传感器网络的价值在于它的低成本和可以大量部署。为了降低产品成本、扩大市场和实现规模效益,传感器网络的某些特征和共性技术必须实现标准化,这样来自不同产商的产品才能协同工作。这种协同性也会提高传感器网络的实用性,从而促进它的应用[66]。

传感器网络标准化一开始在国内外都纳入了无线个域网范畴,后来逐步分化成专门的工作组,独立开展工作。无线传感器网络的标准化工作受到了许多国家及国际标准组织的普遍关注,已经完成了一系列草案和标准规范。其中最著名的就是IEEE 802.15.4/ZigBee规范,它甚至已经被一部分研究及产业界人士视为传感器网络的标准。IEEE 802.15.4定义了短距离无线通信的物理层及链路层规范,ZigBee则定义了网络互联、传输和应用规范。

尽管IEEE 802.15.4和ZigBee协议已经推出多年,但随着应用的推广和产业的发展,其基本协议内容已经不能完全适应需求,加上该协议仅定义了联网通信的内容,没有对传感器部件提出标准的协议接口,所以难以满足无线传感器网络的应用需求;另外,该标准在落实到不同国家时,也必然要受到该国家地区现行标准的约束。为此,人们以IEEE 802.15.4/ZigBee协议为基础,推出更多版本以适应不同应用、不同国家和地区。尽管存在不完善之处,IEEE 802.15.4/ZigBee仍然是产业界发展无线传感器网络技术的最佳组合方案。

任何一种技术及其产业化的兴旺发展,都是建立在成功实现标准化的基础上,传感器网络也不例外。只有标准化才能统一市场,生产出大量廉价且能协同工作的产品,应尽量避免出现个别私有的不兼容协议。有时候尽管某些协议对于它们各自的小市场环境来说可能是最佳的,但它们会限制整个传感器网络市场的规模。

由于无线传感器网络需要运用多种无线通信技术,为了使得各种无线传感器网络之间能够相互兼容,国际上的IEEE标准委员会和由企业公司组成的相关联盟,提出和制定了一些相关的技术标准。这些标准在一定程度上可以让各种无线传感器网络通信技术能够规范化、标准化、统一化。

2008年6月,由国际标准化组织ISO/IEC举办的首届国际传感器网络标准化大会在上海正式召开。世界各国近百名无线传感器网络领域专家汇聚一堂,共同商讨传感器网络国际标准化规划,其中包括中国电子技术标准化研究所、中科院上海微系统所等单位。在会上我国专家认为,国内传感器网络标准制定不能盲从国外做法,中国代表团向大会提交了传感器网络标准体系框架和系统构架等8项技术报告,这意味着我国在传感器网络的国际标准化中享有话语权[67]。

我国传感器网络研究形成了以应用需求为牵引的特色,面向国家重大战略和应用需求,开展了无线传感器网络基础前沿、关键技术、应用开发、系统集成和测试评估技术等方面的研究。我国已建立了传感器网络系统的研究平台,在无线智能传感器网络通信技术、微型传感器、传感器端机、移动基站和应用系统等方面均取得了重大进展,一系列成果已经投入应用。

在传感器网络标准方面,目前国际上已有的标准主要是ZigBee、802.15.4、超宽带(Ultra Wideband,UWB)等,这些标准的频段各不相同,且都是针对某些行业、某些领域的作用范围较小的标准。封松林研究员认为:"与必须实现互联互通的通信网络不同,传感器网络在不同行业有不同标准,不可能形成一个包罗万象的统一标准。这对我国是个契机,因为中国市场很大,只要我们能针对自己国内、行业的特殊情况制定出相应标准,那么不必与国际上的标准完全统一,国内的市场应用就足够支撑许多相关企业的发展。所以我们的标准制定要积极介入和影响国际标准,绝不能盲目跟着国际流行路线走,尤其是那些针对行业应用的。"总之,技术标准对提升我国在传感器网络领域的竞争力具有重要的意义[68]。

传感器网络标准化工作的两个公认成果是IEEE 1451接口标准和IEEE 802.15.4低速率无线个域网协议。本章主要介绍与传感器网络协议相关的一些技术标准,通过本章的学习可以对这些通信协议和技术规范有一个整体框架方面的认识和理解。

6.2 IEEE 1451 系列标准

1. IEEE 1451 标准的诞生

微处理器与传统传感器相结合,产生了功能强大的智能传感器,智能传感器的出现给传统工业测控带来了巨大的进步,在工业生产、国防建设和其他科技领域发挥着重要的作用。

继模拟仪表控制系统、集中式数字控制系统、分布式控制系统之后,基于各种现场总线标准的分布式测量和控制系统得到了广泛的应用,这些系统所采用的控制总线网络多种多样、千差万别,其内部结构、通信接口、通信协议等各不相同。

目前市场上在通信方面所遵循的标准主要包括IEEE 803.2(以太网)、IEEE 802.4(令牌总线)、IEEE FDDI(光纤分布式数据界面)、TCP/IP(传输控制协议/互联协议)等,以此来连接各种变送器(包括传感器和执行器)，要求所选的传感器/执行器必须符合上述标准总线的有关规定。

一般说来，这类测控系统的构成都可以采用如图 6.1 所示的结构来描述。

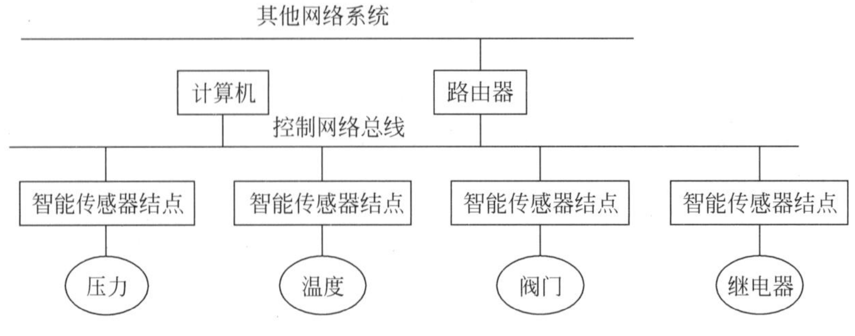

图 6.1　一种分布式测控系统结构的示例

图 6.1 简单地表示了一种分布式测量和控制系统的典型应用事例，是目前市场上比较常见的现场总线系统结构图。实际上由于这种系统的构造和设计是基于各种网络总线标准而定的，每种总线标准都有自己规定的协议格式，相互之间互不兼容，给系统的扩展、维护等带来不利的影响。

对传感器/执行器的生产厂家来说，希望自己的产品得到更大的市场份额，产品本身就必须符合各种标准的规定，因此需花费很大的精力来了解和熟悉这些标准，同时要在硬件的接口上符合每一种标准的要求，这无疑将增加制造商的成本。

对于系统集成开发商来说，必须充分了解各种总线标准的优缺点，并能够提供符合相应标准规范的产品，选择合适的生产厂家提供的传感器或执行器使之与系统匹配。

对于用户来说，经常根据需要来扩展系统的功能，增加新的智能传感器或执行器，选择的传感器/执行器就必须能够适合原来系统所选择的网络接口标准，但在很多情况下很难满足，因为智能传感器/执行器的大多数厂家都无法提供满足各种网络协议要求的产品，如果更新系统，将给用户的投资利益带来很大的损失。

针对上述情况，1993 年开始有人提出构造一种通用的智能化变送器标准，1995 年 5 月给出了相应的标准草案和演示系统，并最终成为一种通用标准。智能化网络变送器接口标准的实行，有效地改变了多种现场总线网络并存而让变送器制造商无所适从的现状，智能化传感器/执行器在分布式网络控制系统中得到了广泛的应用。

对于智能网络化传感器接口内部标准和软硬件结构，IEEE 1451 标准中都作出了详细的规定。该标准大大简化了由传感器/执行器构成的各种网络控制系统，并能够最终实现各个传感器/执行器厂家的产品相互之间的互换性。

总之，IEEE 1451 系列标准是由 IEEE 仪器和测量协会的传感器技术委员会发起制定的。由于现场总线标准不统一，各种现场总线标准都有自己规定的通信协议，且互不兼容，从而给智能传感技术的应用与扩展带来不利。IEEE 1451 标准族就是在这样的情况下提出来的。

制定 IEEE 1451 标准的目的就是通过定义一套通用的通信接口，以使变送器(传感器/执行器)能够独立于网络，并与现有基于微处理器的系统、仪器仪表和现场总线网络相连，解决不同网络之间的兼容性问题，并最终能够实现变送器到网络的互换性与互操作性。

IEEE 1451 标准定义了变送器的软、硬件接口，而且该族的所有标准都支持“变送器电子数据表”（Transducer Electronic Data Sheet，TEDS）技术，为变送器提供了自识别和即插即用的功能。

IEEE 1451 标准将传感器分成两层模块结构：第一层模块结构用来运行网络协议和应用硬件，称为“网络适配器”（Network Capable Application Processor，NCAP）；第二层模块为“智能变送器接口模块”（Smart Transducer Interface Module，STIM），其中包括变送器和电子数据表格 TEDS。

2. IEEE 1451 标准的发展历程

在 1993 年 9 月，IEEE 的第九技术委员会即传感器测量和仪器仪表技术协会接受了一种智能传感器通信接口的协议。在 1994 年 3 月，美国国家标准技术协会和 IEEE 共同组织一次关于制定智能传感器接口和智能传感器连接网络通用标准的研讨会。在 1995 年 4 月，成立了两个专门的技术委员会，即 P1451.1 工作组和 P1451.2 工作组。

P1451.1 工作组主要负责定义智能变送器的公共目标模型和对相应模型的接口进行定义；P1451.2 工作组主要定义 TEDS 和数字接口标准，包括 STIM 和 NACP 之间的通信接口协议和引脚定义分配。

IEEE 1451.1 标准在 1999 年 6 月通过 IEEE 的审核批准。IEEE 1451.1 标准采用面向对象的方法定义了一个与网络无关的信息对象模型，这个信息对象模型作为网络适配器与各类智能变送器相连的接口，如图 6.2 所示。IEEE 1451.1 标准为所支持的设备和设备的应用提供了很好的通用性，使得智能变送器与各网络之间的连接所受到的限制更少，连接变得更加容易。

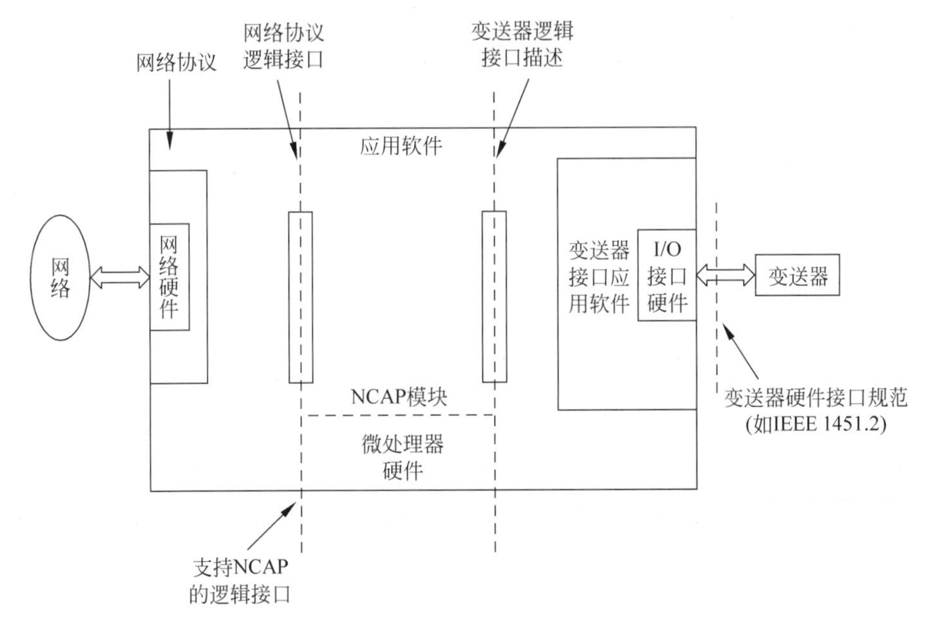

图 6.2 IEEE 1451.1 标准的智能变送器模型

IEEE 1451.2 标准称为变送器与微处理器通信协议和变送器电子数据表格式，它定义了电子数据表格 TEDS 及其数据格式、一个连接变送器到微处理器的 10 线“变送器独立接口”(Transducer Independent Interface，TII)和变送器与微处理器之间的通信协议。

IEEE 1451.2 标准在 1997 年 9 月通过 IEEE 的审核批准。它是在变送器和微处理器之间需要制定一个独立的数字通信接口标准的情况下产生的，使得变送器具有很好兼容性的“即插即用”功能。

后来技术委员会针对大量的模拟量传输方式的测量控制网络和小空间数据交换问题，成立了另外两个工作组 P1451.3 和 P1451.。P1451.3 负责制定模拟量传输网络与智能网络化传感器的接口标准；P1451.4 负责制定小空间范围内智能网络化传感器相互之间的互联标准。

IEEE 1451.3 标准称为分布式多点系统数字通信和变送器电子数据表格式，在 2003 年 9 月被 IEEE 核准，它为连接多个物理上分散的变送器定义了一个数字通信接口，同时还定义了 TEDS 数据格式、电子接口、信道区分协议、时序同步协议等。

IEEE 1451.4 标准称为混合模式通信协议和变送器电子数据表格式，在 2004 年 3 月通过了 IEEE 的认可。这是一项实用的技术标准，它使变送器电子数据表格与模拟测量相兼容。

制定 IEEE 1451.4 标准的主要目的如下：通过提供一个与传统传感器兼容的通用 IEEE 1451.4 传感器通信接口使得传感器具有即插即用功能；简化了智能传感器的开发；简化了仪器系统的设置与维护；在传统仪器与智能混合型传感器之间提供了一个桥梁；使得内存容量小的智能传感器的应用成为可能。

虽然许多混合型(即能非同时地以模拟和数字的方式进行通信)智能传感器的应用已经得到发展，但是由于没有统一的标准，市场接受起来比较缓慢。一般来说，市场可接受的智能传感器接口标准不但要适应智能传感器与执行器的发展，而且还要求开发成本低。

IEEE 1451.4 就是一个混合型的智能传感器接口的标准，它使得工程师们在选择传感器时不用考虑网络结构，这就减轻了制造商要生产支持多网络的传感器的负担，也使得用户在需要把传感器移到另一个不同的网络标准时可减少开销。IEEE 1451.4 标准通过定义不依赖于特定控制网络的硬件和软件模块来简化网络化传感器的设计，这也推动了含有传感器的即插即用系统的开发。

IEEE 1451 系列标准的组成结构如图 6.3 所示，从图中可以看出，这些标准可以在一起应用，构成多种网络类型的智能传感器系统，也可以单独使用。

讨论 IEEE 1451 系列标准，一定要注意到所有的 IEEE 1451 系列标准都能单独或相互使用。例如，一个具有 P1451.1 模型的“黑盒子”传感器与一个 P1451.4 兼容的传感器相连接，就是符合 P1451 系列标准定义的。

3. IEEE 1451 标准的发展动向

IEEE 还制定了无线连接各种传感设备的接口标准。该标准的名称为“IEEE 1451.5”，主要用于利用计算机等主机设备综合管理建筑物内各传感设备获得的数据。

随着无线通信技术的发展，基于手机的无线通信网络化仪器和基于无线因特网的网络化仪器等新兴仪器正在改变着人类的生活。IEEE 1451.5 标准即无线传感器通信与 TEDS 格式，早在 2001 年 6 月就被提出来了，主要是指在已有的 IEEE 1451 框架下，构筑一个开放的标准无线传感器接口，以满足工业自动化等不同应用领域的需求。

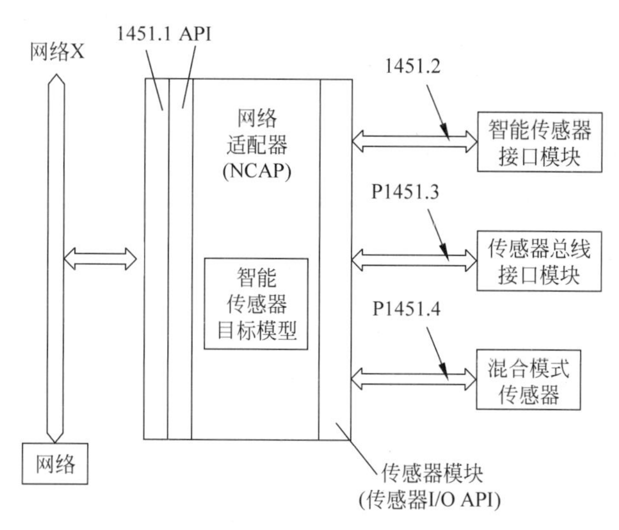

图 6.3　IEEE 1451 系列标准的组成结构

IEEE 1451.5 标准主要是为智能传感器的连接提供无线解决方案，尽量减少有线传输介质的使用。需要指出的是，IEEE 1451.5 标准描述的是智能传感器与 NCAP 模块之间的无线连接，并不是指 NCAP 模块与网络之间无线连接。

IEEE 1451.5 标准的工作重点在于制定无线数据通信过程中的通信数据模型和通信控制模型。它主要包括两个内容：一是为变送器通信定义一个通用的服务质量（Quality of Service，QoS）机制，能够对任何无线电技术进行映射服务；二是对于每种无线发送技术都有一个映射层，用来把无线发送具体配置参数映射到 QoS 机制。

6.3　IEEE 802.15.4 标准

6.3.1　IEEE 802.15.4 标准概述

无线传感器网络的底层标准一般沿用无线个域网（IEEE 802.15）的相关标准部分。无线个域网（Wireless Personal Area Network，WPAN）的出现比传感器网络要早，通常定义为提供个人及消费类电子设备之间进行互联的无线短距离专用网络。无线个域网专注于便携式移动设备（如个人电脑、外围设备、PDA、手机、数码产品等消费类电子设备）之间的双向通信技术问题，其典型覆盖范围一般在 10m 以内。IEEE 802.15 工作组就是为完成这一使命而专门设置的，且已经完成一系列相关标准的制定工作，其中就包括了被广泛用于传感器网络的底层标准 IEEE 802.15.4。

IEEE 802.15.4 通信协议是短距离无线通信的标准，是无线传感器网络通信协议中物理层与 MAC 层的一个具体实现。随着通信技术的迅速发展，人们提出在自身附近几米范围之内通信的需求，出现了个人区域网络（Personal Area Network，PAN）和无线个域网的概念。

WPAN 网络为近距离范围内的设备建立无线连接，把几米范围内的多个设备通过无线方式连接在一起,使它们可以相互通信甚至接入 LAN 或因特网。在 1998 年 3 月,IEEE 标准化协会正式批准成立 IEEE 802.15 工作组。这个工作组致力于 WPAN 网络的物理层和介质访问子层的标准化工作,目标是为在个人操作空间(Personal Operating Space,POS)内相互通信的无线通信设备提供通信标准。POS 一般是指用户附近 10m 左右的空间范围,在这个范围内用户可以是固定的,也可以是移动的。

在 IEEE 802.15 工作组内有四个任务组(Task Group,TG),分别制定适合不同应用的标准。这些标准在传输速率、功耗和支持的服务等方面存在差异[69]。

IEEE 802.15.4 标准主要针对低速无线个域网(LR-WPAN)制定。该标准把低能量消耗、低速率传输、低成本作为重点目标,这和无线传感器网络相一致,旨在为个人或者家庭范围内不同设备之间低速互联提供统一接口。由于 IEEE 802.15.4 定义的低速无线个域网的特性和无线传感器网络的簇内通信有众多相似之处,很多研究机构把它作为传感器网络结点的物理层和链路层通信标准。

低速无线个域网是一种结构简单、成本低廉的无线通信网络,它使得在低电能和低吞吐量的应用环境中进行无线连接成为可能。与无线局域网相比,低速无线个域网只需很少的基础设施,甚至不需要基础设施。IEEE 802.15.4 标准为低速无线个域网制定了物理层和 MAC 子层协议。

IEEE 802.15.4 标准定义的 LR-WPAN 网络具有如下特点:

(1) 在不同的载波频率下实现 20kb/s、40kb/s 和 250kb/s 三种不同的传输速率;

(2) 支持星形和点对点两种网络拓扑结构;

(3) 有 16 位和 64 位两种地址格式,其中 64 位地址是全球唯一的扩展地址;

(4) 支持冲突避免的载波多路侦听技术(carrier sense multiple access with collision avoidance,CSMA-CA);

(5) 支持确认机制,保证传输可靠性。

IEEE 802.15.4 标准主要包括物理层和 MAC 层的标准。IEEE 考虑以 IEEE 802.15.4 的物理层为基础实现无线传感器网络的通信架构。下面侧重介绍它的物理层和 MAC 层技术。

6.3.2 物理层

IEEE 802.15.4 标准规定物理层负责如下任务:

① 激活和取消无线收发器;

② 当前信道的能量检测;

③ 发送链路质量指示;

④ CSMA/CA 的空闲信道评估;

⑤ 信道频率的选择;

⑥ 数据发送与接收。

IEEE 802.15.4 标准定义了 27 个信道,编号为 0~26;跨越 3 个频段,具体包括 2.4GHz 频段的 16 个信道、915MHz 频段的 10 个信道、868MHz 频段的 1 个信道。这些信道的频段中心定义如下(其中 k 表示信道编号):

$$f_c = 868.3\text{MHz} \quad k = 0$$
$$f_c = 906 + 2 \times (k-1)\text{MHz} \quad k = 1,2,\cdots,10$$
$$f_c = 2405 + 5 \times (k-11)\text{MHz} \quad k = 11,12,\cdots,26$$

1. 物理层服务规范

物理层(PHY)通过射频连接件和硬件提供MAC层和无线物理信道之间的接口。物理层在概念上提供“物理层管理实体”(Physical Layer Management Entity,PLME),该实体提供了用于调用物理层管理功能的管理服务接口。PLME还负责维护属于物理层的管理对象数据库,该数据库被称为“物理层的个域网信息库”(PAN Information Base,PIB)。

物理层的组件和接口如图6.4所示。物理层提供两种服务:通过物理层数据服务接入点(PHY Data Service Access Point,PD-SAP)提供物理层的数据服务;通过PLME的服务接入点(PLME Service Access Point,PLME-SAP)提供物理层的管理服务。

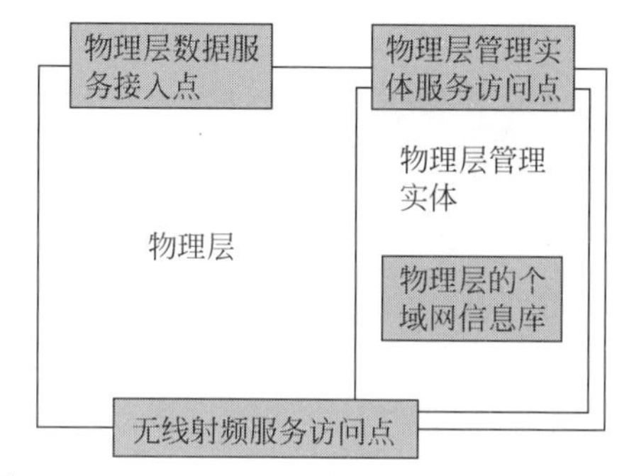

图6.4　IEEE 802.15.4标准的物理层参考模型

物理层数据服务接入点实现对等MAC子层实体间的介质访问控制协议数据单元(MAC Protocol Data Unit,MPDU)传输,它支持表6.1所列的三种原语。所谓原语是指由若干条机器指令构成的一段程序,用以完成特定功能,它在执行期间是不可分割的,即原语一旦开始执行直到完毕之前不允许中断。

表6.1　物理层数据服务接入点的原语

PD-SAP原语	request	confirm	indication
PD-DATA	PD-DATA. request	PD-DATA. confirm	PD-DATA. indication

物理层管理实体服务访问点在介质访问控制层管理实体(MAC Layer Management Entity,MLME)和物理层管理实体之间传输管理命令,支持表6.2所列的原语对。

表6.2　物理层管理实体服务访问点的原语

PLME-SAP原语	request	confirm
PLME-CCA	PLME-CCA. request	PLME-CCA. confirm
PLME-ED	PLME-ED. request	PLME-ED. confirm
PLME-GET	PLME-GET. request	PLME-GET. confirm
PLME-SET-TRX-STATE	PLME-SET-TRX-STATE . request	PLME-SET-TRX-STATE. confirm
PLME-SET	PLME-SET. request	PLME-SET. confirm

2. 物理层帧结构

IEEE 802.15.4 物理层的帧结构如表 6.3 所示。

表 6.3 IEEE 802.15.4 物理层的帧结构

4 字节	1 字节	1 字节		变长
前导码	SFD	帧长度(7 位)	保留位(1 位)	PSDU
同步头		物理帧头		PHY 负载

前导码由 32 个 0 组成，用于收发器进行码片或者符号的同步。

帧起始定界符(Start Frame Delimiter，SFD)域由 8 位组成，表示同步结束，数据包开始传输。SFD 与前导码构成同步头。

帧长度由 7 位组成，表示物理服务数据单元(PHY service data unit，PSDU)的字节数，其中 0～4 和 6～7 位为保留值。帧长度域和 1 位的保留位构成了物理头。

PSDU 域是变长的，携带 PHY 数据包的数据，包含介质访问控制协议数据单元。PSDU 域是物理层的载荷。

6.3.3 MAC 子层

MAC 层用来处理所有对物理层的访问，并负责完成以下任务：

(1) 如果设备是协调器，那么就需要产生网络信标；

(2) 信标的同步；

(3) 支持个域网络的关联和去关联；

(4) 支持设备安全规范；

(5) 执行信道接入的 CSMA-CA 机制；

(6) 处理和维护 GTS 机制；

(7) 提供对等 MAC 实体之间的可靠连接。

1. MAC 层服务规范

MAC 层为业务相关的汇聚子层(Service-Specific Convergence Sublayer，SSCS)和物理层提供接口。MAC 层在概念上提供介质访问控制层管理实体(MLME)，负责用于调用 MAC 层管理功能的管理服务接口。MLME 还负责维护属于 MAC 层的管理对象数据库，该数据库被称为“MAC 层的个域网信息库”(PAN Information Base，PIB)。MAC 层的组件和接口如图 6.5 所示。

MAC 层提供两种服务，分别通过两个服务接入点进行访问：

(1) MAC 数据服务，它是通过 MAC 公用部分子层(MCPS)数据服务接入点(MCPS-SAP)进行访问。

(2) MAC 管理服务，通过介质访问控制层管理实体-数据服务接入点(MLME-SAP)进行访问。

以上两个服务通过 PD-SAP 和 PLME-SAP 接口，组成业务相关的汇聚子层和物理层

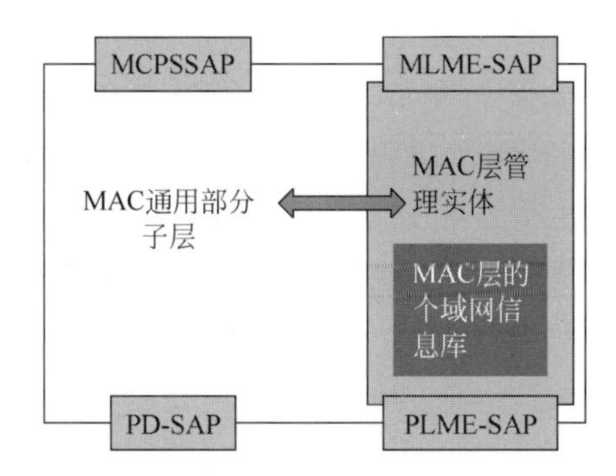

图 6.5 IEEE 802.15.4 标准的 MAC 层组件接口

之间的接口。除了这些外部接口,在介质访问控制层管理实体和 MAC 公用部分子层之间还存在一个内部接口,介质访问控制层管理实体可以通过它使用 MAC 数据服务。

2. MAC 层的帧结构

MAC 层的每一个帧包含以下基本组成部分:

① 帧头(MHR),包含帧控制、序列号、地址信息。

② 可变长的 MAC 负载,包括对应帧类型的信息,确认帧不包含负载。

③ 帧尾(MFR),包括帧检验序列(FCS)。

1) MAC 层的通用帧结构

MAC 层的通用帧结构由帧头、MAC 负载和帧尾构成。帧头的域都以固定的顺序出现,不过寻址域不一定要在所有帧都出现。一般的 MAC 帧结构如表 6.4 所示。

表 6.4 IEEE 802.15.4 MAC 层的通用帧结构

<table>
<tr><td>16 位,字节:2</td><td>1</td><td>0/2</td><td>0/2/8</td><td>0/2</td><td>0/2/8</td><td>变长</td><td>2</td></tr>
<tr><td rowspan="2">帧控制</td><td rowspan="2">序列号</td><td>目标 PAN 标识</td><td>目标地址</td><td>源 PAN 标识</td><td>源地址</td><td rowspan="2">帧负载</td><td rowspan="2">FCS</td></tr>
<tr><td colspan="4">地址域</td></tr>
<tr><td colspan="6">MHR</td><td>MAC 负载</td><td>MFR</td></tr>
</table>

帧控制域的长度是 16 位,包含帧类型定义、寻址域和其他控制标志等。

序列号域的长度是 8 位,为每个帧提供唯一的序列标识。

目标 PAN 标识域的长度是 16 位,内容是指定接收方的唯一 PAN 标识。

根据寻址模式域中指定的寻址模式,目标地址域的长度可以是 16 或者 64 位,内容是指定接收方的地址。

源 PAN 标识域的长度是 16 位,内容是发送帧设备的唯一 PAN 标识。

根据寻址模式域中指定的寻址模式,源地址域的长度可以是 16 或者 64 位,内容是发送帧的设备地址。

帧负载域长度可变,不同帧类型的内容各不相同。

FCS 域的长度是 16 位,包含一个 16 位的 ITU-TCRC。

2) 不同类型的 MAC 帧

表 6.5～表 6.8 分别是四种类型帧的结构,即信标、数据、确认和 MAC 命令帧的结构。

表 6.5 MAC 层的信标帧结构

16 位，字节：2	1	4/10	2	变长	变长	变长	2
帧控制	序列号	寻址域	超帧规范	GTS 域	地址域	信标超载	FCS
MHR			MAC 负载				MHR

表 6.6 MAC 层的数据帧结构

16 位，字节：2	1	4/10	变长	2
帧控制	序列号	寻址域	数据负载	FCS
MHR			MAC 负载	MHR

表 6.7 MAC 层的确认帧结构

16 位，字节：2	1	2
帧控制	序列号	FCS
MHR		MHR

表 6.8 MAC 层的命令帧结构

16 位，字节：2	1	4/10	1	变长	2
帧控制	序列号	寻址域	命令帧标识	命令负载	FCS
MHR			MAC 负载		MHR

3. MAC 层的功能描述

表 6.9 列出了 MAC 层定义的命令帧内容。全功能设备(FFD)必须能够传输和接收所有的命令帧，而精简功能设备(RFD)则没有这种要求。表中说明了哪些命令是 RFD 必须支持的。注意 MAC 命令传输只发生在信标网络的 CAP 中，或者在非信标网络中。

表 6.9 MAC 层定义的命令帧

命令帧标识	命 令 名 称	RFD		命令帧标识	命 令 名 称	RFD	
		发	收			发	收
0x01	关联请求	×		0x06	孤儿指示	×	
0x02	关联请求应答		×	0x07	信标请求		
0x03	去关联指示	×	×	0x08	协调器重新关联		×
0x04	数据请求	×		0x09	GTS 请求		
0x05	PAN ID 冲突指示	×		0x0a～0xff	保留		

6.3.4 符合 IEEE 802.15.4 标准的传感器网络实例

下面介绍符合 IEEE 802.15.4 标准的一个无线传感器网络应用实例[7][70]。在这个例子中，普通结点由一组传感器结点组成，如温度传感器、湿度传感器、烟雾传感器，它们对周围环境的各个参数进行测量和采样，将采集到的数据发往中心结点。中心结点对发来的数据和命令进行分析处理，完成相应操作。普通结点只能接收从中心结点传来的数据，与中心结点进行数据交换。

这里的传感器网络采取星型拓扑结构，由一个与计算机相连的无线模块作为中心结点，可以跟任何一个普通结点通信。网络采取主机轮询查问和突发事件报告的机制。主机每隔一段时间向每个传感器结点发送查询命令；结点收到查询命令后，向主机发回数据。如果发生紧急事件，则结点主动向中心结点发送报告。中心结点通过对普通结点的阈值参数进行设置，还可以满足不同用户的需求。

网内的数据传输是根据无线模块的网络号、网内 IP 地址进行操作的。在初始设置的时候，先设定每个无线模块所属网络的网络号，再设定每个无线模块的 IP 地址，通过这种方法能够确定网络中无线模块地址的唯一性。若要加入一个新的结点，只需给它分配一个不同的 IP 地址，并在中心计算机上更改全网的结点数，记录新结点的 IP 地址。

1. 数据传输流程

1）命令帧的发送流程

命令帧的发送流程如图 6.6 所示。因为查询命令帧采取轮询发送机制，所以丢失若干个查询命令帧对数据的采集影响并不大。如果采取出错重发机制，则容易造成不同结点的查询命令之间的互相干扰。

2）关键帧的发送流程

关键帧的发送流程如图 6.7 所示，包括阈值帧、关键重启命令帧等。它采用了出错重发机制。

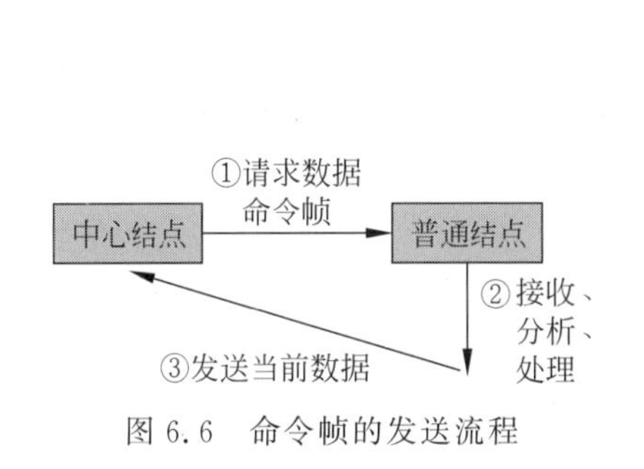

图 6.6　命令帧的发送流程

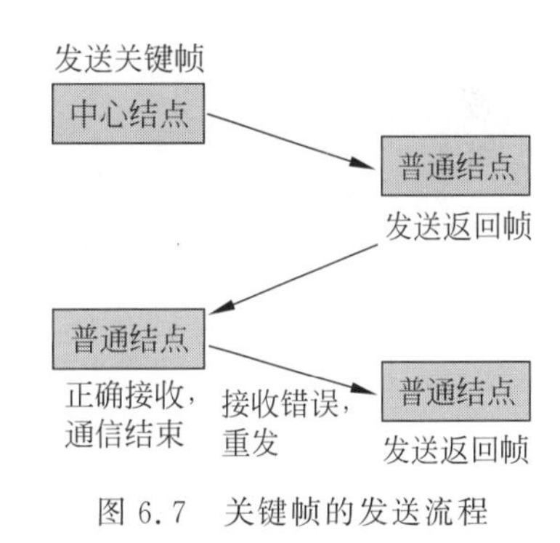

图 6.7　关键帧的发送流程

2. 数据传输的帧格式

IEEE 802.15.4 标准定义了一套新的安全协议和数据传输协议。这里采用的无线模块根据 IEEE 802.15.4 标准，定义一套帧格式来传输各种数据。

① 数据帧：数据型数据帧结构的作用是把指定的数据传送到网络中指定结点的外部设备，具体的接收目标也由这两种帧结构中的“目标地址”给定。

数据型数据帧的组成如下所示：

数据类型 44h	目的地址	数据域长度	数据域	校验位

② 返回帧：返回型数据帧结构的作用是保证无线模块将网络情况反馈给自身UART0上的外设。

返回型数据帧的组成如下所示：

数据类型52h	目的地址	数据域长度	数据域	校验位

这里采用上述两种帧格式，定义适用于传感器网络的数据帧，并针对这些数据帧采取不同的应对措施，保证数据传输的有效性。传感器网络的数据帧格式是在无线模块数据帧的基础上进行修改的，主要包括传感数据帧、中心结点的阈值设定帧、查询命令帧和重启命令帧。

传感数据帧和阈值设定帧帧长都是8字节，包括无线模块的数据类型1字节、目的地址1字节、"异或"校验段1字节、数据长度5字节。5字节的数据长度包括传感数据类型1字节、数据3字节、源地址1字节。

当传感数据类型位是0xBB时，代表将要传输的是A/D转换器当前采集到的数据，源地址是当前无线模块的IP地址；当数据类型位为0xCC时，表示当前数据是系统设置的阈值，源地址是中心结点的IP地址。

重启命令帧和查询命令帧都是5字节，包括无线模块的数据类型1字节、目的地址1字节、数据长度1字节(只传递传感器网络的数据类型位)，并用0xAA表示当前的数据是查询命令，用0xDD表示让看门狗重启的命令。

对返回帧来说，传感器结点给中心结点计算机的返回帧在无线模块的数据帧基础上加以修改，帧长度是6字节。它包括无线模块的数据类型1字节、目的地址1字节、数据长度2字节、源地址1字节、"异或"校验1字节。

在返回帧的数据类型中，用0x00表示当前接收到的数据是正确的，用0x01表示当前接收到的数据是错误的。中心结点若收到代表接收错误的返回帧，则重发数据，直到传感器结点正确接收为止。若计算机收到10个没有正确接收的返回帧，则从计算机发送命令让看门狗重启。

对于无线模块给外设的返回帧，当无线模块之间完成一次传输后，会将此次传输的结果反馈给与其相连接的外设。若成功传输，则类型为0x00；若两个无线模块之间通信失败，则类型为0xFF。当接收到通信失败的帧时，传感器结点重新发送当前的传感数据。若连续接收到10次发送失败的返回帧，则停发数据，等待下一次的查询命令。

若传感器结点此时发送的是报警信号，则在连续重发10次后，开始采取延迟发送，即每次隔一定的时间后，向中心结点发送报警报告，直到其发出。如果在此期间收到中心结点的任何命令，则先将警报命令立即发出。因为IEEE 802.15.4标准已经在底层定义了CSMA/CA的冲突监测机制，所以在收到发送不成功的错误帧后，中心计算机将随机延迟一段时间(1～10个轮回)后，再发送新一轮的命令帧，采取这种机制可避免重发的数据帧加剧网络拥塞。如此10次以后，表示网络暂时不可用，并且以后每隔10个轮回的时间发送一个命令帧，以测试网络。如果收到正确的返回帧，则表示网络恢复正常，重新开始新的轮回。

6.4 ZigBee协议标准

6.4.1 ZigBee概述

1. ZigBee的由来

ZigBee技术是一种面向自动化和无线控制的低速率、低功耗、低价格的无线网络方案。在ZigBee方案被提出一段时间后，IEEE 802.15.4工作组也开始了一种低速率无线通信标准的制定工作。最终ZigBee联盟和IEEE 802.15.4工作组决定合作共同制定一种通信协议标准，该协议标准被命名为"ZigBee"。

ZigBee的通信速率要求低于蓝牙，由电池供电设备提供无线通信功能，并希望在不更换电池并且不充电的情况下正常工作几个月甚至几年。ZigBee无线设备工作在公共频段上(全球2.4GHz、美国915MHz、欧洲868MHz)，传输距离为10～75m，具体数值取决于射频环境和特定应用条件下的输出功耗。ZigBee的通信速率在2.4GHz时为250kb/s，在915MHz时为40kb/s，在868MHz时为20kb/s。

图6.8显示了无线通信协议的应用情况。通常随着通信距离的增大，设备的复杂度、功耗以及系统成本都在增加。从该图可以看出，相对于现有的各种无线通信技术，ZigBee是最低功耗和成本的技术。由于ZigBee的低数据率和通信范围较小的特点，决定了它适合于承载数据流量较小的通信业务[71]。

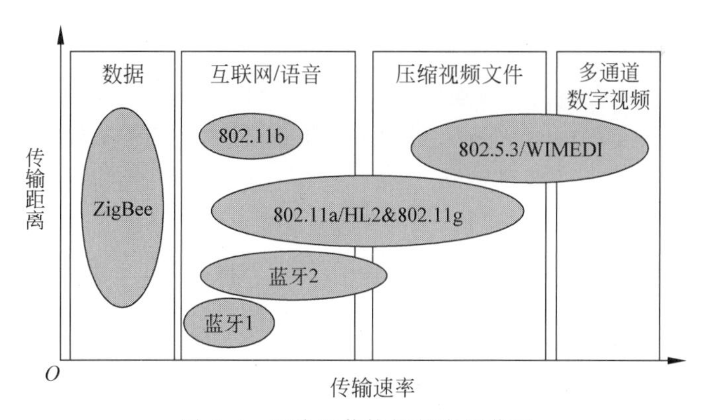

图6.8 无线通信协议的应用范围

ZigBee联盟成立于2001年，ZigBee技术具有功耗低、成本低、网络容量大、时延短、安全可靠、工作频段灵活等诸多优点，是被普遍看好的无线个域网方案，也被很多人视为无线传感器网络的事实标准。

ZigBee联盟对网络层协议和应用程序接口(API)进行了标准化。ZigBee协议栈架构基于开放系统互连模型七层模型，包含IEEE 802.15.4标准以及由该联盟独立定义的网络层和应用层协议。

ZigBee所制定的网络层主要负责网络拓扑的搭建和维护，以及设备寻址、路由等，属于通用的网络层功能范畴，应用层包括应用支持子层（Application Support Sub-layer，APS）、ZigBee设备对象（ZigBee Device Object，ZDO）以及设备商自定义的应用组件，负责业务数据流的汇聚、设备发现、服务发现、安全与鉴权等。

协议芯片是协议标准的载体，也是最容易体现知识产权的一种形式。目前市场上出现了较多的ZigBee芯片产品及解决方案，有代表性的包括Jennie公司的JN5121/JN5139、Chipcon公司的CC2430/CC2431（被TI公司收购）、Freescale公司MC13192和Ember公司的EM250等系列的开发工具和芯片。

2. ZigBee协议框架

完整的ZigBee协议栈自上而下由应用层、应用汇聚层、网络层、数据链路层和物理层组成，如图6.9所示。

图6.9 ZigBee协议栈的组成

应用层定义了各种类型的应用业务，是协议栈的最上层。应用汇聚层负责把不同的应用映射到ZigBee网络层，包括安全与鉴权、多个业务数据流的汇聚、设备发现和业务发现。网络层的功能包括拓扑管理、MAC管理、路由管理和安全管理。

数据链路层可分为逻辑链路控制子层（LLC）和介质访问控制子层（MAC）。IEEE 802.15.4的LLC子层功能包括传输可靠性保障、数据包的分段与重组、数据包的顺序传输。IEEE 802.15.4 MAC子层通过业务相关的汇聚子层（SSCS）协议能支持多种LLC标准，功能包括设备间无线链路的建立、维护和拆除，确认模式的帧传送与接收，信道接入控制、帧校验、预留时隙管理和广播信息管理。

物理层采用直接序列扩频（DSSS）技术，定义了三种流量等级：当频率采用2.4GHz时，使用16信道，能够提供250kb/s的传输速率；当采用915MHz时，使用10信道，能够提供40kb/s的传输速率；当采用868MHz时，使用单信道能够提供20kb/s的传输速率。直接序列扩频技术可使物理层的模拟电路设计变得简单，且具有更高的容错性能，适合低端系统的实现。

ZigBee主要界定了网络、安全和应用框架层，通常它的网络层支持三种拓扑结构：星形（star）结构、网状（mesh）结构和簇树形（cluster Tree）结构，如图6.10所示。星形网络最常见，可提供很长时间的电池使用寿命。网状网络可有多条传输路径，它具有较高的可靠性。簇树形网络结合了星形和网状结构，既有较高的可靠性，又节省电池能量，但组织起来较复杂。

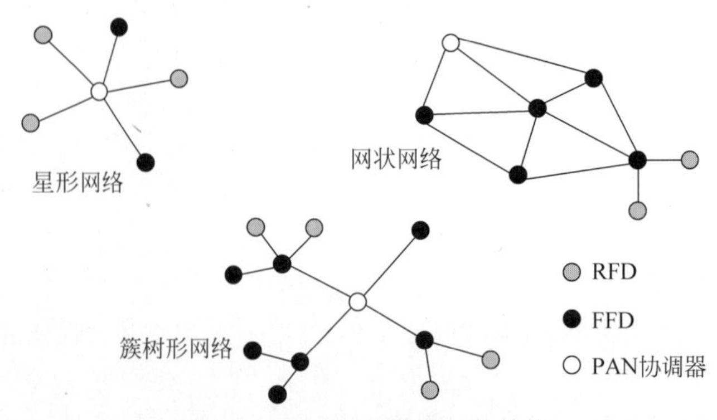

图6.10 ZigBee网络的拓扑结构

ZigBee的物理设备分为功能简化型设备(Reduced Function Device,RFD)和功能完备型设备(Full Function Device,FFD),其中至少有一个FFD充当网络协调器的角色。表6.10为两种类型设备的对比[72]。

表6.10 RFD和FFD两种设备类型对比

RFD	FFD
仅用于星形网络	适用于任意网络
不能充当网络协调器	可充当网络协调器
只与网络协调器通信	可与所有设备通信
只具备微型RAM和ROM	设备功能完备
电池供电	可接有线电源

功能简化型设备是网络中简单的发送接收结点,具有微型的RAM和ROM,简化了堆栈空间,相应存储空间也被减少,成本得以降低。它一般由电池供电,只与功能完备型设备连接通信。它能搜索出可达的网络设备,根据功能完备型设备的请求传送数据、确定自身是否需要发送以及向功能完备型设备请求数据。功能简化型设备在其余时间内休眠以减少电能消耗。

功能完备型设备是一种功能完备的设备,可完成路由任务,充当网络协调器。它可与其他的功能完备型设备或功能简化型设备连接通信,一般接有线电源。

ZigBee的逻辑设备按其功能可分为协调器、路由器和终端设备。协调器的作用在于启动网络初始化、组织网络结点和存储各结点信息。路由器设备的作用是管理每对结点的路由信息。终端设备相当于网络中的叶结点,可以是任意类型的物理设备。

3. ZigBee的技术特点

ZigBee技术的主要特点包括:

(1) 数据传输速率低。数据率只有10~250kb/s,专门针对低速传输应用。

(2) 有效范围小。有效覆盖范围10~75m,具体依据实际发射功率的大小和各种不同的应用模式而定。

(3) 工作频段灵活。使用的频段分别为2.4GHz、868MHz(欧洲)及915MHz(美国),均为无须申请的ISM频段。

(4) 省电。由于工作周期很短,收发信息功耗较低,以及采用了休眠模式,ZigBee可确保两节五号电池支持长达6个月至2年左右的使用时间,当然不同应用的功耗有所不同。

(5) 可靠。采用碰撞避免机制,并为需要固定带宽的通信业务预留专用时隙,避免了发送数据时的竞争和冲突。MAC层采用完全确认的数据传输机制,每个发送的数据包都必须等待接收方的确认信息。

(6) 成本低。由于数据传输速率低,并且协议简单,降低了成本,另外使用ZigBee协议可免专利费。

(7) 时延短。针对时延敏感的应用做了优化,通信时延和从休眠状态激活的时延都非常短。设备搜索时延的典型值为30ms,休眠激活时延的典型值是15ms,活动设备信道接入时延为15ms。

(8) 网络容量大。一个 ZigBee 网络可容纳多达 254 个从设备和一个主设备,一个区域内可同时布置多达 100 个 ZigBee 网络。

(9) 安全。ZigBee 提供了数据完整性检查和认证功能,加密算法采用 AES-128,应用层安全属性可根据需求来配置。

802.15.4 WPAN 应用的最大特色在于它的网络拓扑结构。由于实际应用需要感知网络的拓扑结构,一些结点可使用能量感知来定位网络结点的位置和坐标,以此作为路由计算的依据。结点可充当其他结点的中继器,保证信息转发至最终目的结点。ZigBee 的网络配置不适合采用手动配置,一般是自动配置形成自我感知的拓扑结构。

6.4.2 网络层规范

网络层从功能上为 IEEE 802.15.4 MAC 子层提供支持,为应用层提供合适的服务接口。为了实现与应用层的接口,网络层从逻辑上分为两个具备不同功能的服务实体,分别是数据实体和管理实体。

网络层数据实体(NLDE)通过与它相连的服务存取点(SAP)即 NLDE-SAP,提供数据传输服务。网络层管理实体(NLME)通过与它相连的 SAP 即 NLME-SAP,提供管理服务。NLME 利用 NLDE 完成一些管理任务,维护网络信息中心(NIB)的数据库对象。

NLME 提供的服务包括配置新设备、建立网络、加入和离开网络、寻址、邻居发现、路由发现和接收控制。

网络层提供两种服务,通过两个服务存取点分别进行访问。这两个服务分别是网络层数据服务和网络层管理服务,它们与 MCPS-SAP 和 NLME-SAP 一起组成应用层和 MAC 子层间的接口。除了这些外部接口以外,在网络层内部 NLME 和 NLDE 之间也存在一个接口。NLME 可以通过它访问网络层的数据服务。

ZigBee 网络层帧结构如表 6.11 所示。

表 6.11 ZigBee 网络层的帧结构

<table>
<tr><td>16 位字节</td><td>2</td><td>2</td><td>1</td><td>1</td><td>变长</td></tr>
<tr><td rowspan="2">帧控制域</td><td>目标地址</td><td>源地址</td><td>半径</td><td>序列号</td><td>帧负载</td></tr>
<tr><td colspan="5">路由域</td></tr>
<tr><td colspan="5">帧头</td><td>网络负载</td></tr>
</table>

每个域的内容如下:

① 帧控制域。由 16 位组成,内容包括帧种类、寻址、排序域和其他的控制标志位。

② 目标地址域。该域是必备的,有两个 8 位字节长,用来存放目标设备的 16 位网络地址或者广播地址(0xffff)。

③ 源地址域。该域是必备的,有两个 8 位字节长,用来存放发送帧设备自己的 16 位网络地址。

④ 半径域。该域是必备的,有一个 8 位字节长,用来设定传输半径。

⑤ 序列号域。该域是必备的,有一个 8 位字节长,在每次发送帧时改为加 1。

⑥ 帧负载域。该域长度可变,内容由具体情况决定。

6.4.3 ZigBee网络系统的设计开发

1. 系统设计事项

1）ZigBcc 协议栈

ZigBee 系统软件的开发是在厂商提供的 ZigBee 协议栈的 MAC 层和物理层基础上进行的，涉及传感器的选型和网络架构等问题。

协议栈分有偿和无偿两种。无偿的协议栈能够满足简单应用开发的需求，但不能提供 ZigBee 规范定义的所有服务，有些内容需要用户自己开发。例如，Microchip 公司为产品 PICDEMO 开发套件提供了免费的 MP ZigBee 协议栈；Freescale 公司为产品 13192DSK 套件提供了 Smac 协议栈。

有偿的协议栈能够完全满足 ZigBee 规范，提供丰富的应用层软件实例、强大的协议栈配置工具和应用开发工具。一般的开发板都提供有偿协议栈的有限使用权，如购买 Freescale 公司的 13192DSK 和 TI 公司的 Chipcon 开发套件，可以获得 F8 的 Z-Stack 和 Z-Trace 等工具的 90 天使用权。单独购买有偿的协议栈及开发工具比较昂贵，在产品有希望大规模上市的前提下可以考虑购买。

2）ZigBee 芯片

现在芯片厂商提供的主流 ZigBee 控制芯片在性能上大同小异。比较流行的有 Freescale 公司的 MCl3192 和 Chipcon 公司的 CC2420。它们在性能上基本相同，两家公司提供的免费协议栈 MCl3192-802.15 和 MpZBee v1.0-3.3 都可以实现树状网、星形网和 Mesh 网。

主要问题在于 ZigBee 芯片和微处理器（MCU）之间的配合，每个协议栈都是在某个型号或者序列的微处理器和 ZigBee 芯片配合的基础上编写的。如果要把协议栈移植到其他微处理器上运行，需要对协议的物理层和 MAC 层进行修改，这在开发初期会非常复杂。因此芯片型号的选择应保持与厂商的开发板相一致。

对于集成了射频部分、协议控制和微处理器的 ZigBee 单芯片和 ZigBee 协议控制与微处理器相分离的两种结构，从软件开发角度来看，它们并没有什么区别。以 CC2430 为例，它是 CC2420 和增强型 51 单片机的结合。所以对开发者来说，选择 CC2430 或者选择 CC2420 加增强型 51 单片机，在软件设计上是没有什么区别的。

3）硬件开发

ZigBee 应用大多采用四层板结构，需要满足良好的电磁兼容性能要求。天线分为 PCB 天线和外置增益天线。多数开发板都使用 PCB 天线。在实际应用中外置增益天线可以大幅度提高网络性能，包括传输距离、可靠性等，但同时也会增大体积，需要均衡考虑。制版和天线的设计都可以参考主要芯片厂商提供的参考设计。

RF 芯片和控制器通过 SPI 和一些控制信号线相连接。控制器作为 SPI 主设备，RF 射频芯片为从设备。控制器负责 IEEE 802.15.4 MAC 层和 ZigBee 部分的工作。协议栈集成了完善的 RF 芯片的驱动功能，用户无须处理这些问题。通过非 SPI 控制信号驱动所需要的其他硬件，如各种传感器和伺服器等。

微控制器可以选用任何一款低功耗单片机，但程序和内存空间应满足协议栈要求。射频芯片可以选用任何一款满足IEEE 802.15.4要求的芯片，通常可以使用Chipcon公司的CC2420射频芯片。硬件在开发初期应以厂家提供的开发板为基础进行制作，在能够实现基本功能后，再进行设备精简或者扩充。

通常微控制器和RF芯片需要提供3.3V电源，根据不同的情况，可以使用电池或者市电供电。一般来说，ZigBee协调器和路由器需要市电供电，端点设备可以使用电池供电时，要注意RF射频芯片工作电压范围的设置。

2. 软件设计过程

ZigBee网络系统的软件设计主要过程包括如下。

1）建立Profile

Profile是关于逻辑器件和它们的接口的定义。Profile文件约定了结点间进行通信时的应用层消息。ZigBee设备生产厂家之间通过共用Profile，实现良好的互操作性。研发一种新的应用可以使用已经发布的Profile，也可以自己建立Profile。自己建立的Profile需要经过ZigBee联盟认证和发布，相应的应用才有可能是ZigBee应用。

2）初始化

它包括ZigBee协议栈的初始化和外围设备的初始化。

在初始化协议栈之前，需要先进行硬件初始化。例如，首先要对CC2420和单片机之间的SPI接口进行初始化，然后对连接硬件的端口进行初始化，像连接LED、按键、AD/DA等的接口。

在硬件初始化完成后，就要对ZigBee协议栈进行初始化了。这一步骤决定了设备类型、网络拓扑结构、通信信道等重要的ZigBee特性。一些公司的协议栈提供专用的工具对这些参数进行设置，如Microchip公司的ZENA，Chipcon公司的SmartRF等。如果没有这些工具，就需要参考ZigBee规范在程序中进行人工设置。

以上初始化完成后，开启中断，然后程序进入循环检测，等待某个事件触发协议栈状态改变并作相应处理。每次处理完事件，协议栈又重新进入循环检测状态。

3）编写应用层代码

ZigBee设备都需要设置一个变量来保存协议栈当前执行的原语。不同的应用代码通过ZigBee和IEEE 802.15.4定义的原语与协议栈进行交互。也就是说，应用层代码通过改变当前执行的原语，使协议栈进行某些工作；而协议栈也可以通过改变当前执行的原语，告诉应用层需要做哪些工作。

协议栈通过ZigBee任务处理函数的调用而被触发改变状态，并对某条原语进行操作，这时程序将连续执行整条原语的操作，或者响应一个应用层原语。协议栈一次只能处理一条原语，所以所有原语用一个集合表示。每次执行完一条原语后，必须设置下一条原语作为当前执行的原语，或者将当前执行的原语设置为空，以确保协议栈保持工作。

总之，应用层代码需要做的主要工作就是改变原语，或者对原语的改变作相应调整。

6.4.4 符合ZigBee规范的传感器网络实例

下面介绍一种基于ZigBee的无线传感器网络系统实现方案，即“燃气表数据无线传输系统”。这是一种燃气表数据的无线传输系统，无线通信部分使用ZigBee规范[73]。

利用ZigBee技术和IEEE 1451.2协议来构建的无线传感器结点，它的基本结构如图6.11所示。智能变送器接口模块(STIM)部分包括传感器、放大和滤波电路、A/D转换；变送器独立接口(TII)部分主要由控制单元组成；网络适配器(NCAP)负责通信。

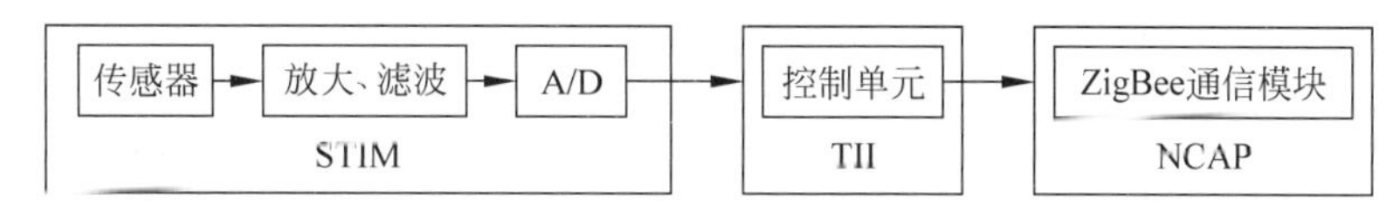

图6.11　无线传感器结点的结构实例

STIM选用"CG-L-J2.5/4D型号"的燃气表。TII选用Atmcl公司的80C51，这是一种8位的CPU。NCAP选用赫立讯公司IP·Link 1000-B无线模块。在此方案中，燃气表的数据是已经处理好的数据。由于燃气表数据为一个月抄一次，所以在设计过程中不用考虑数据的实时性问题。

IP·Link 1000-B模块为赫立讯公司为ZigBee技术而开发的一款无线通信模块。它的主要特点如下：支持多达40个网络结点的链接方式；300～1000MHz的无线收发器；高效率发射、高灵敏度接收；高达76.8kb/s的无线数据速率；IEEE 802.15.4标准兼容产品；内置高性能微处理器；具有2个UART接口；10位、23kHz采样率ADC接口；微功耗待机模式。它为无线传感器网络降低功率损耗提供了一种灵活的电源管理方案。

存储芯片选用有64KB存储空间的Atmel公司24C512 EEPROM芯片；按一户需要8字节的信息量计算，可以存储8000多个用户的海量信息，这对一个小区完全够用。

所有芯片选用3.3V的低压芯片，可以降低设备的能源消耗。

在无线传输中，数据结构的表示是一个关键的部分，它往往可以决定设备的主要使用性能，这里把它设计成以下结构：

数据头	命令字	数据长度	数据	CRC校验

数据头：3字节，固定为"AAAAAA"。

命令字：1字节，是具体的命令。01为发送数据，02为接收数据，03为进入休眠，04为唤醒、休眠。

数据长度：1字节，为后面"数据"长度的字节数。

数据：0～20字节，为具体的有效数据。

CRC校检：2字节，校检从命令字到数据的所有数据。

在完整接收到以上格式的数据后，通过CRC校检来完成对数据是否正确进行判读，这在无线通信中是十分必要的。

IEEE 802.15.4提供三种有效的网络结构(树形、网状、星形)和三种器件工作模式(协调器、全功能模式、简化功能模式)。简化功能模式只能作为终端无线传感器结点；全功能模式既可以作为终端传感器结点，也可以作为路由结点；协调器只能作为路由结点。

这里"燃气表数据无线传输系统"采用的是星形拓扑结构，主要因为其结构简单，实现方便，不需要大量的协调器结点，且可降低成本。每个终端无线传感器结点为每家的气表(平时无线通信模块为掉电方式，通过路由结点来激活)，手持式接收机为移动的路由结点。整个网络的建立是随机的、临时的。当手持接收机在小区里移动时，通过发出激活命令来激活所有能激活的结点，临时建立一个星形的网络。

这里的网络建立和数据流的传输过程如下：

① 路由结点发出激活命令；

② 终端无线传感器结点被激活；

③ 每个终端无线传感器结点分别延长某固定时间段的随机倍数后，结点通知路由结点自己被激活；

④ 结点建立激活终端无线传感器结点表；

⑤ 路由结点通过此表对激活结点进行点名通信，直到表中的结点数据全部下载完成；

⑥ 重复①～⑤，直到小区中所有终端结点数据下载完毕。

这样当一个移动接收机在小区里移动时，可以通过动态组网把小区内的用户燃气信息下载到接收机，再把接收机中的数据交给处理中心进行集中处理。通过以上步骤建立的通信过程，在小区的无线抄表实际系统中得到很好的应用。

思考题

（1）制定 IEEE 1451 系列标准的目的是什么？

（2）IEEE 802.15.4 标准的设计目标是什么？

（3）低速无线个域网具有哪些特点？

（4）描述 IEEE 802.15.4 协议物理层的帧结构。

（5）描述 IEEE 802.15.4 协议 MAC 层的通用帧结构。

（6）ZigBee 的物理设备有哪些类型？它们分别具有什么特点？

（7）简述 ZigBee 的技术特点。

（8）根据 ZigBee 的技术特点，说明为什么在家居智能化网络中通常选择 ZigBee 技术？

（9）ZigBee 网络系统的软件设计主要包括哪些过程？

（10）根据传感器网络方案设计的现实经历，列举自己在方案设计中存在的主要问题和解决方法。

第7章 5G无线网络

当今社会正步入大数据和物联网时代，移动互联网迅速发展，移动数据流量呈现爆炸式增长。移动互联网为人们带来丰富体验的同时，也要求移动通信与网络技术向更高的数据传输速率和频谱利用率以及更低成本的方向发展。第五代移动通信技术(5th Generation Mobile Networks，5G)是目前移动通信技术发展的高峰，也是人类不仅希望用来改变生活，而且要改变社会的重要技术[74]。

5G网络系统区别于前几代通信系统的最大特点在于"万物互联"，其中物联网(Internet of Things)担负中心角色。从广义角度来看，5G无线网络的天线接收和发送设备，相当于无线传感器网络中的传感器探测器件。5G技术影响深远，在多个行业已经展现显著效果和商业价值，例如高清视频的超高速下载、远程医疗、车联网与无人驾驶汽车、泛在电力物联网等[75]。本章重点介绍5G的基础知识、多天线技术、毫米波通信和车联网等内容。

7.1 5G基础知识

1. 性能指标

5G网络具有"高带宽、高容量、高可靠性、低延时、低功耗"的特点，已成为引领和支撑各行业技术创新、实现万物互联的重要技术，开始在全球多个国家实现商用化。5G无线网络具有多个频段，其中6GHz以下的频段多用于广域连接，支撑着物联网的发展，而24～100GHz频段主要支持超高速通信。

国际电联无线电通信部门确定5G通信的法定名称为"IMT-2020"，发布的5G无线网络性能指标关键参数如下。

① 用户体验速率：真实网络环境下用户可获得的最低传输速率。单位为bps，指标数值为下行100Mbps、上行50Mbps。

② 峰值速率：单个用户可获得的最高传输速率。单位为bps，指标数值为下行20Gbps、上行10Gbps。

③ 移动性：满足一定性能要求的、收发双方之间的最大相对移动速度。单位为km/h，指标数值为500km/h。

④ 时延：从源节点开始传输数据包，直到目的节点正确接收到数据包的时间。单位为ms，指标数值为1ms。

⑤ 连接密度：单位面积支持的在线设备总数。单位为设备数/km^2，指标数值为

$10^6/km^2$。

⑥ 流量密度：单位面积内的总流量。单位为 bps/m^2，指标数值为 $10Mbps/m^2$。

⑦ 可靠性：1ms 内传输 32 字节数据的丢包率。单位为%，指标数值为 0.001%。

2. 网络基本结构

5G 无线网络主要由核心网、宏基站和微基站组成。①核心网是 5G 网络系统的“大脑”，负责系统的控制和信息数据的传递，将不同端口的呼叫和数据请求联接到对应网络。②宏基站是网络系统的“中枢神经”，通过光纤或微波与核心网相连接，并利用无线通信将信息传递给对应不同区域的宏基站、微基站和用户。通常宏基站覆盖区域广，发射功率大，其单载波发射功率一般大于 10W，覆盖半径在 200m 以上。③微基站是网络系统的“末梢神经”，是所有小型基站的统称，已在 4G 通信时代开始应用。微基站发射功率低，覆盖半径小，大量微基站的协同覆盖能保证各区域信号强度，提高无线连接密度。

3. 网络基本特点

在 5G 网络的宏基站、微基站和终端用户的无线联接中，信息的传输速率（即信道容量）受到信道带宽、信噪比等多种因素的影响。通信速率上限取决于著名的香农公式：

$$C = B\log_2\left(1+\frac{\sigma_s^2}{\sigma_n^2}\right) \tag{7.1}$$

式中，C 为系统的信道容量，即传输速率的最大值（单位为 bps）；B 为信道带宽（单位为 Hz）；σ_s^2 和 σ_n^2 分别为信号功率和噪声功率（单位均为 W），它们之间的比值表示信噪比。信道容量的香农公式阐明了点对点的通信系统中传输速度与信道带宽、信噪比之间的关系，也决定了 5G 网络的如下基本特点。

1）高速率

5G 具有很高的传输速率，理论上峰值最高速率在 10～20Gbps，用户体验速率在 50～100Mbps，用户可按需接入而无须考虑传输带宽问题。5G 通信的高速率主要采用如下三种技术方法。

第一种技术是扩大频谱范围，将原 4G 通信使用的 2～3GHz 频段提升到 6GHz 乃至 28～100GHz（毫米波）。根据信息论中的香农公式，在信噪比不变的情况下，最高传输速率与频段成正比，随着通信频段的提高，信道可用带宽也相应增加，因而提升了数据传输速率。

第二种技术是提高频谱利用率，主要是以大规模多进多出（Multiple Input Multiple Output，MIMO）天线阵列技术为代表。香农公式描述的是单个信道的传输速率极限，但 MIMO 技术采用多通道传输信息的方法，在不增加信道带宽的情况下可成倍提高通信系统的容量和频谱利用率，使得通信速率大幅提高。例如，在 5G 毫米波系统中，天线的长度大大缩短，在空间受限情况下仍能部署大量天线，以形成大规模阵列，从而提高通信速率。

第三种技术是提高传输效率，主要是采用波束赋形（Beamforming）。这里波束赋形是指 MIMO 系统的多个天线利用空间相关性和波干涉原理，主动改变不同空间区域的信号强度，形成多个相互干扰较小的窄波辐射到特定用户，从而利用较小的发射功率提升接收端的信噪比。根据香农公式，信号传播的信噪比越大，则信道传输极限速率将呈对数上升，因而

波束赋形能有效提高信号的传输速率。在5G网络的大规模MIMO阵列基站中，高密度的天线阵列形成有效的三维波束赋形，在水平维度的基础上增加垂直维度，提升空间利用率和信噪比，提高数据传输速率。

2）高容量

5G网络能支持高密度的设备连接和高容量的数据传输，其性能指标表明每平方千米可支持100万个设备连接，每平方米支持100Mbps的数据传输容量。5G网络呈现高容量的原因在于频谱宽度的提升、微基站的广泛应用和采用空中接口技术。

5G频谱宽度高达百兆甚至千兆赫兹，是4G频谱宽度的上百倍，支持更高容量的设备连接。微基站的广泛应用提升了系统能够支持的设备连接数量，5G在4G时代建立的微基站基础上，部署更多微基站来提升最大连接密度。空中接口是为了提高频谱利用率，实现资源在频域、时域、空域和码域的灵活复用，从而增大通信容量。

3）高可靠性

5G通信支持高可靠性的数据联接，相应性能指标为0.001％的丢包率，达到了光纤通信的丢包率指标。多连接技术是支撑5G通信高可靠性的主要因素。在高可靠性需求场景下，5G通信网络不仅依靠毫米波高频段进行通信，而且充分整合6GHz以下的频段以及可获得的Wi-Fi资源，利用低频段的覆盖和可移动性、高频段的高带宽和高速率特征，通过多连接技术为用户提供高可靠性的通信。由于采用了多连接技术，用户的通信行为不依赖单一频段和单一制式，即使某种通信方式出现干扰，仍然能保持稳定的数据传输。

4）低延时

低延时保证用户能实现无感接入和下载。无人驾驶、工业自动化的高可靠连接是5G的典型应用场景，这些场景对时延的最低要求是1ms，甚至更低。5G的低延时特点主要依赖于无线传输、核心网和数据缓存三项技术。

由于5G采用了比4G更短的帧结构来传输信息，并优化了数据帧的控制方式，因而无线传输方面实现了更短的延时。在核心网方面，5G采用云计算和边缘计算相结合的方式，降低了核心网数据处理的延时；另外，5G缩短了核心网与用户的物理距离，将核心网的部分功能下移到城域中心机房甚至通信基站，从而进一步降低了时延。在数据缓存方面，5G采用分布式的数据缓存机制，即用户在请求数据时首先查询附近区域的用户、微基站或宏基站是否有对应数据的缓存，然后选择能实现最快传输的数据通道请求发送数据，从而降低数据传输时间。

5）低功耗

5G通信在特定场景下可实现低功耗，即支持高休眠/活动比以及无数据传输时的长时间休眠，在低功耗广域网和物联网中具有良好的应用价值。这里低功耗是指5G通信系统的物联网设备能以低功耗方式运行，并非指5G基站等设备能实现低功耗。作为5G网络体系的一个组成部分，窄带物联网是物联网领域的一项新兴技术，支持低功耗设备在广域网的蜂窝数据连接，也被称作低功耗广域网。窄带物联网支持待机时间长、对网络连接要求较高的设备连接。

5G低功耗的特点主要取决于核心网的软件定义网络和网络功能虚拟化两项技术。在通用硬件平台上，通过软件定义形成多个不同的网络切片，在“云端”根据通信场景进行相应的策略控制，生成特定的数据转发和处理路径。所谓网络切片是指将运营商的物理网络切分成多个虚拟网络，使得每个网络适应不同的服务需求和应用场景。通过网络切片技术将一个独立的物理网络切分出多个逻辑网络，可节省部署成本。因此，对于性能要求较低、功耗性要求较高的场景，5G 核心网可生成特定的"低功耗"网络切片；对于性能要求较高的大数据连续传输场景，可生成特定的"高性能"网络切片，两者相互独立、互不影响。

4. 典型应用场景

国际标准化组织 3GPP（3rd Generation Partnership Project，第三代合作伙伴计划）是开发 5G 标准的机构。3GPP 定期发布新的无线通信技术标准，例如 R15（Release 15）就是第一个 5G 标准版本。3GPP 定义了 3 种 5G 的重要应用场景。

1）面向高带宽需求的增强移动宽带

增强移动宽带（enhanced Mobile Broadband，eMBB）指 3D/超高清视频等大流量移动宽带业务，在现有的移动宽带业务基础上，实现用户体验等性能的提升。eMBB 的典型应用场景包括超高清视频、3D 视频、虚拟现实和增强现实。这些应用的特征是大流量、高带宽，利用了 5G 通信的高速率特点。中国华为公司的极化码方案被 3GPP 机构确定为 5G 控制信道的 eMBB 场景编码标准技术方案。

2）面向高用户数需求的海量机器类通信

海量机器类通信（massive Machine Type of Communication，mMTC）指大规模物联网业务，是大规模物联网中海量设备与用户之间的通信交互。mMTC 的应用场景包括工业自动化、泛在电力物联网、智慧家居、智慧城市和智慧农业等。这类应用的特征是高容量，同时对功耗也有很高的要求，利用了 5G 通信高容量和低功耗的特点。

3）面向低时延与高可靠性需求的超可靠低时延通信

超可靠低时延通信（Ultra-reliable & Low-latency Communication，URLLC）是指诸如无人驾驶、工业自动化等需要低时延、高可靠连接的业务。URLLC 利用了 5G 通信高可靠性和低时延的特点，其应用场景包括无人驾驶汽车与车联网、远程医疗、云端游戏、智能电网控制等。以智能制造为例，机械臂等设备的操作、高精度检测装置的运行，都对时延有很高的要求。借助毫米波的高带宽和低时延特性，辅以边缘计算和人工智能技术，能满足智能制造行业的现实需求。

7.2 多天线技术

根据香农的信息理论，在单天线情况下，数据传输容量与信噪比的对数成正比。当信噪比超出一定数值之后，单纯依赖增大信噪比的方法对提升信道容量的能力是有限的，而增加天线数目是扩充系统容量的一种有效手段。5G 无线网络涉及的多天线技术主要包括 MIMO 系统和大规模 MIMO 系统[77]。

7.2.1 MIMO 系统

多进多出 MIMO 技术是指在发射端和接收端分别使用多根发射天线和接收天线，通过多根天线传送和接收信号，从而改善通信质量。MIMO 技术能充分利用空间资源，实现多发多收，在不增加频谱资源和天线发射功率的情况下，可以成倍提高信道容量。

多径效应是无线通信系统需要克服的一个不利因素。相比于单天线系统对多径效应采取避免和抑制的方法，MIMO 技术反而将多径效应变成一个有利因素，据此提供分集增益、复用增益和功率增益。分集增益是为了提高系统的可靠性，复用增益是为了支持单用户的空间复用和多用户的空分复用，而功率增益通过波束赋形来提高系统的功率。目前 MIMO 技术已经被 LTE、IEEE 802.11ac 等无线通信标准所采用，其中 LTE(Long Term Evolution，长期演进)是由 3GPP 组织制定的通用移动通信系统技术标准。

1. MIMO 信道容量

假定一个加性高斯白噪声(Additive White Gaussian Noise，AWGN)平坦衰落信道的增益为复数 h、接收信号为 r、发射信号为 s、白噪声为 n，则单信道通信的数学模型为

$$r = hs + n \tag{7.2}$$

单信道容量为

$$C = B\log_2\left(1 + \frac{|h|^2\sigma_s^2}{\sigma_n^2}\right) \tag{7.3}$$

其中，B 为带宽，σ_s^2、σ_n^2 分别为信号功率和噪声功率。如果我们将这个信道模型扩展成多进多出的形式，即对于 M 根发射天线、N 根接收天线的 MIMO 系统而言(如图 7.1 所示)，存在如下系统方程：

$$\boldsymbol{r} = \boldsymbol{Hs} + \boldsymbol{n} \tag{7.4}$$

其中，$\boldsymbol{r} = \begin{bmatrix} r_1 \\ r_2 \\ \vdots \\ r_N \end{bmatrix}$，$\boldsymbol{H} = \begin{bmatrix} h_{11} & \cdots & h_{M1} \\ \vdots & \ddots & \vdots \\ h_{1N} & \cdots & h_{MN} \end{bmatrix}$，$\boldsymbol{s} = \begin{bmatrix} s_1 \\ s_2 \\ \vdots \\ s_N \end{bmatrix}$，$\boldsymbol{n} = \begin{bmatrix} n_1 \\ n_2 \\ \vdots \\ n_N \end{bmatrix}$。

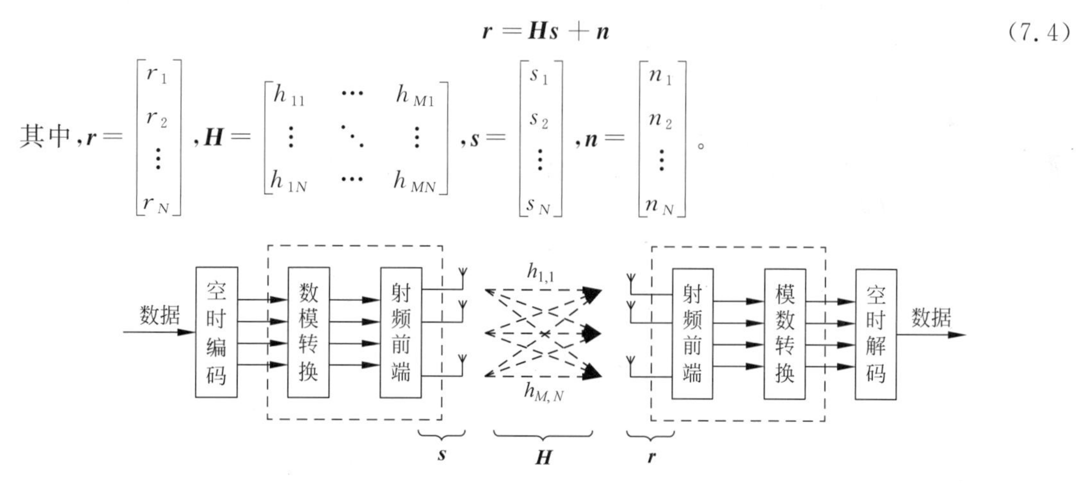

图 7.1 MIMO 系统结构

这里 $\boldsymbol{H}$ 称为信道增益矩阵或信道响应矩阵，矩阵元素 h_{ji} 表示第 i 根接收天线与第 j 根发射天线之间的增益参量($i=1,2,\cdots,N$；$j=1,2,\cdots,M$)。MIMO 系统容量是由一维通信容量向多维的推广，具体由下式确定：

$$C = B\log_2\det(\boldsymbol{I}_N + \boldsymbol{HR}_{ss}\boldsymbol{H}^H\boldsymbol{R}_{nn}^{-1}) \tag{7.5}$$

其中 det(・)表示行列式，$(\cdot)^H$ 表示共轭转置，$(\cdot)^{-1}$ 表示矩阵求逆。这里 $\boldsymbol{I}_N$ 是 $N\times N$ 维的单位阵，$\boldsymbol{R}_{ss}$ 和 $\boldsymbol{R}_{nn}$ 分别为信号和噪声的自相关矩阵，即 $\boldsymbol{R}_{ss} = E(\boldsymbol{ss}^H)$，$\boldsymbol{R}_{nn} = E(\boldsymbol{nn}^H)$，$E(\cdot)$表示取数学期望。

由于通常各个信号分量相互独立，各个噪声分量也是相互独立的，当多根发射天线具有相同的信号功率、多根接收天线具有相同的噪声功率时，则 $\boldsymbol{R}_{ss}=\sigma_s^2\boldsymbol{I}_M$，$\boldsymbol{R}_{nn}=\sigma_n^2\boldsymbol{I}_N$。因此，上述的 MIMO 信道容量表达式可转化为

$$C=B\log_2\det\left(\boldsymbol{I}_N+\frac{\sigma_s^2}{\sigma_n^2}\boldsymbol{H}\boldsymbol{H}^H\right) \tag{7.6}$$

讨论一种简化情况，即如果收发天线的数目均为 N，天线平均增益为 $|h|$，则信道增益矩阵 $\boldsymbol{H}$ 为正交阵，即

$$\boldsymbol{H}\boldsymbol{H}^H=|h|^2\boldsymbol{I}_N \tag{7.7}$$

根据矩阵计算的基本知识可知 $\det(\boldsymbol{I}_N)=1$ 和 $\det(k\boldsymbol{I}_N)=k^N\det(\boldsymbol{I}_N)$，我们可得到简化情况下的 MIMO 信道容量模型如下：

$$C=B\log_2\det\left(\left(1+\frac{|h|^2\sigma_s^2}{\sigma_n^2}\right)\boldsymbol{I}_N\right)=BN\log_2\left(1+\frac{|h|^2\sigma_s^2}{\sigma_n^2}\right) \tag{7.8}$$

由此可见，理论上 MIMO 信道容量是 N 个单信道容量之和，MIMO 系统可以等效为若干个互不干扰的并行信道，因此增加天线数目能大幅度地扩大系统容量、提高传输速率。

2. 分集技术

分集（diversity）技术是 MIMO 系统的典型特征，即发射端的多根天线只发送一个数据流来提高传输可靠性。通常假定 MIMO 天线信道是独立的瑞利衰落信道，如果发射和接收天线数目分别为 M、N，则共计有 $M\times N$ 条独立的衰落路径。当所有发射天线都发送相同的数据时，那么该数据经过多条路径到达接收端。独立衰落路径的数量称作分集的阶，也称为分集增益。

一种代表性的分集技术是美国学者阿拉穆提设计的 Alamouti 时空分组编码方案[78]。Alamouti 方案基本原理的示范场景是两根发射天线、一根接收天线，但发射机并不预先掌握传输信道的结构、无法确定最优的预编码。为了保证一根接收天线能顺利解调，Alamouti 方案的做法是一次发送两个数据，但重复再发送一次，具体如下。

假设被发送的两个数据分别为复数 x_1 和 x_2，第一次发送 $[x_1,x_2]$，第二次发送 $[-x_2^*,x_1^*]$，其中 $(\cdot)^*$ 表示取复数共轭，即实部相等、虚部互为相反数。因此第 1 根天线和第 2 根天线发送的数据分别为 $[x_1,-x_2^*]$、$[x_2,x_1^*]$，如图 7.2 所示。当两根天线的信道参量分别为 h_1 和 h_2、噪声分别为 n_1 和 n_2 时，假定接收到的数据表示为 r_1、r_2，则存在如下的 MIMO 系统方程：

$$\begin{cases} r_1=h_1x_1+h_2x_2+n_1 \\ r_2=-h_1x_2^*+h_2x_1^*+n_2 \end{cases} \tag{7.9}$$

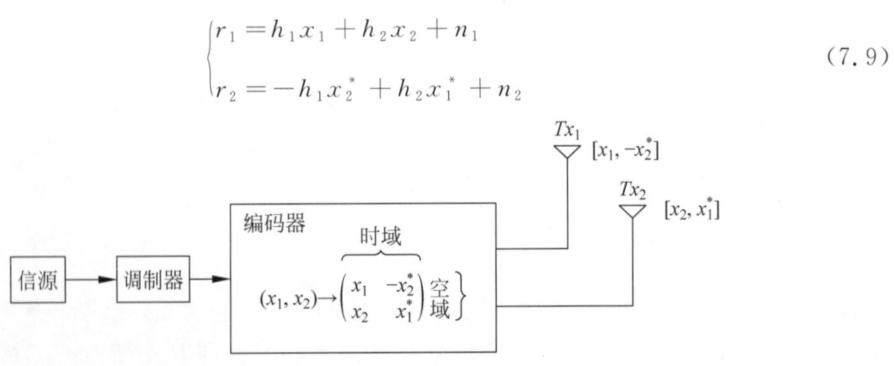

图 7.2　Alamouti 空时块编码器结构

根据共轭复数的性质，上述方程可改写为矩阵形式：

$$\begin{bmatrix} r_1 \\ r_2 \end{bmatrix} = \begin{bmatrix} h_1 & h_2 \\ h_2^* & -h_1^* \end{bmatrix} \begin{bmatrix} x_1 \\ x_2 \end{bmatrix} + \begin{bmatrix} n_1 \\ n_2 \end{bmatrix} \tag{7.10}$$

注意，这个方程的系统矩阵 $\boldsymbol{H} = \begin{bmatrix} h_1 & h_2 \\ h_2^* & -h_1^* \end{bmatrix}$ 属于正交矩阵，即 $\boldsymbol{HH}^H$ 乘积结果为单位阵的 $(|h_1|^2 + |h_2|^2)$ 倍数。

Alamouti 编码方案的巧妙之处在于系统信道矩阵被正交化，因而能采用多种方法估计出原始信号数据。例如，对上述基本场景求解系统方程，可在方程两端分别左乘以 $\boldsymbol{H}$ 的共轭转置矩阵，利用正交化可得

$$\begin{bmatrix} h_1^* & h_2 \\ h_2^* & -h_1 \end{bmatrix} \begin{bmatrix} r_1 \\ r_2^* \end{bmatrix} = (|h_1|^2 + |h_2|^2) \begin{bmatrix} x_1 \\ x_2 \end{bmatrix} + \begin{bmatrix} h_1^* & h_2 \\ h_2^* & -h_1 \end{bmatrix} \begin{bmatrix} n_1 \\ n_2 \end{bmatrix} \tag{7.11}$$

当信号噪声为加性高斯白噪声时，根据上式即可求出原始信号数据的估计结果为

$$\begin{cases} \hat{x}_1 = \dfrac{h_1^* r_1 + h_2 r_2^*}{|h_1|^2 + |h_2|^2} \\ \hat{x}_2 = \dfrac{h_2^* r_1 - h_1 r_2^*}{|h_1|^2 + |h_2|^2} \end{cases} \tag{7.12}$$

分集方案能提高链路可靠性，但不能增加数据传输速率。衡量分集性能的标准是分集增益。对于空间分集而言，一个通信系统的分集增益可用发送天线到接收天线之间可辨识的传播路径数目来度量。LTE 的多天线发送分集选用空时编码方案作为基本的发送技术，在发送端对数据流进行联合编码，以减少信道衰落和噪声所导致的符号错误率。发送端通过增加信号的冗余度，使得信号在接收端获得分集增益。

3. 复用技术

发送端将数据流分成多个子数据流，从不同的天线发送，从而提高传输速率，同时并不需要增加信号传输的功率和带宽，这种 MIMO 技术称为空间复用(Spatial Multiplexing)，即多路传输，相应获得的传输速率提升称为空间复用增益。

衡量复用性能的标准是自由度，即一个通信系统每个时刻能发送不同数据的数量。复用技术是在发送端传输相互独立的信号，接收端采用干扰抑制的方法进行解码。理论上信道容量随着收发两端天线对数量的增加而线性增大，从而提高系统传输速率。

常用的空间复用方法是分层空时码，具体过程如下。

原始的待传输数据被分成多个数据子流，送入调制映射器进行信号映射；输出的多路调制信号以对角结构、垂直结构等形式，进行空间域和时间域的信号构造，再由多个发射天线传送；信号经无线信道传播后，由多个接收天线接收；接收机经过空时检测、解调、译码，得到被还原的数据。

1996 年，贝尔实验室提出了对角结构的分层空时码 D-BLAST(Diagonal-Bell Labs Layered Space Time，对角的贝尔实验室分层空时)。1998 年贝尔实验室又提出垂直结构的分层空时码 V-BLAST(Vertical-BLAST)，是对 D-BLAST 的一种简化。两种复用技术的具体过程如下。

1）D-BLAST 复用技术

D-BLAST 复用技术是先将原始数据分为若干子流，每个子流分别编码，且每个子流与一根天线相对应，不过这种对应关系是周期性地改变，如图 7.3 所示。图中示例的发送天线数目 $M=5$，编码后五路数据流在 5 根天线上循环发送。例如，对于第一路数据流，第 1 个数据 a_1 在天线 1 和时间 T_1 发送，第 2 个数据 a_2 在天线 2 和时间 T_2 发送……5 个时间段完成一个循环。图中每一层在时间和空间上呈对角线形状。

时间	T_1	T_2	T_3	T_4	T_5	
天线1	a_1	e_2	d_3	c_4	b_5	
天线2	b_1	a_2	e_3	d_4	c_5	
天线3	c_1	b_2	a_3	e_4	d_5	
天线4	d_1	c_2	b_3	a_4	e_5	
天线5	e_1	d_2	c_3	b_4	a_5	

空间

图 7.3　D-BLAST 复用结构示例

D-BLAST 的优点在于所有层的数据通过不同的路径发送给接收机，提高了链路的可靠性；缺点是由于数据在空间和时间上呈对角线形状，使得在数据发送开始和结束时，部分空时单元未被填入数据而被浪费。

2）V-BLAST 复用技术

为了弥补 D-BLAST 的缺陷，贝尔实验室又提出了一种天线直接对应数据层的方案，即编码后第 k 个子流直接送到第 k 根天线，不进行数据流与天线之间对应关系的周期性轮换，数据流在时间与空间上为连续的垂直列向量，因而命名为 V-BLAST。

V-BLAST 复用技术的基本原理如下。

收发两端均采用阵列天线，发送端采用分层空时编码；每个发送链路采取与单输入单输出系统相同的传输功率和带宽，利用多径传输实现逼近系统理论容量的速率；接收端的每根天线接收来自所有发送天线所传播的数据，并通过信号处理估计方法解码出原始信号。

如图 7.4 示例，发射天线数目 $M=5$，编码后的五路数据流分别在 5 根天线上并行发送，第一路数据 a_1, a_2, a_3 等都在天线 1 上发送，第二路数据 b_1, b_2, b_3 等都在天线 2 上发送，以此类推。由于数据子流与天线之间只是简单的对应关系，因此在检测过程中，只要知道数据来自哪根天线即可判断是哪层数据，过程相对简单。

时间	T_1	T_2	T_3	T_4	T_5	
天线1	a_1	a_2	a_3	a_4	…	
天线2	b_1	b_2	b_3	b_4	…	
天线3	c_1	c_2	c_3	c_4	…	
天线4	d_1	d_2	d_3	d_4	…	
天线5	e_1	e_2	e_3	e_4	…	

空间

图 7.4　V-BLAST 复用结构示例

由于 V-BLAST 系统将信号编码后，不进行任何其他操作而直接发送，且各发射天线使用同频子载波，可能造成接收端信号的混叠。对于单一信号而言，其他信号等同于干扰信号。为了从混叠信号中检测出单一信号，我们必须消除其他信号的影响。目前比较常见的信号检测算法有最大似然检测算法、迫零检测算法、最小均方误差算法、QR 分解算法和串行干扰消除算法等[79]。

需要指出的是，在适当的信道条件下，MIMO 系统可以同时获得空间分集增益和复用增益。因此，MIMO 系统存在分集与复用的权衡，本质上是系统误码率和数据传输速率之间的平衡。一套完整的 MIMO 通信物理层协议可以定义多种发送方式，收发双方根据当时的通信条件和传播环境等因素，自适应地调整和选择当前最优的通信方式。例如，当无线信道条件很差时，可以更多地使用分集技术来保证通信的可靠性；当信道条件良好时，应该选择复用方式使得每次多发数据，以提高传输速率。

4. 波束赋形

波束赋形是一种使用传感器阵列定向发送和接收信号的技术。作为一种基于天线阵列的信号处理方法，波束赋形通过调整阵列中每根天线的加权系数来产生指向性的波束，从而获得对应辐射方向的阵列增益，降低其他辐射方向的干扰。具体来说，波束赋形通过动态调整相位阵列的基本单元参数，使得某些角度的信号获得相长干涉，而另一些角度的信号获得相消干涉，集中能量于某个或某些特定方向，从而形成波束，实现覆盖范围广和干扰抑制强的效果[80]。

1）MIMO 预编码

尽管 MIMO 系统有 M 根发射天线和 N 根接收天线，但同时发送的数据流数目并不是 $\min\{M,N\}$，即取发射天线和接收天线数目的最小值，而是取决于信道结构矩阵的秩，这样才能保证 MIMO 系统是可解的。秩是能够同时发送的数据个数（假定为 R），其中每个数据称作一个流（stream）或层（layer）。

对维的数据流进行预编码，即与一个维的编码矩阵乘积，编码之后得到 M 根发射天线的发送数据。采用预编码方式的 MIMO 系统方程及维数如下：

$$\boldsymbol{r}_{N\times 1}=\boldsymbol{H}_{N\times M}\boldsymbol{C}_{M\times R}\boldsymbol{s}_{R\times 1}+\boldsymbol{n}_{N\times 1} \tag{7.13}$$

通常有多种方式选取编码矩阵 $\boldsymbol{C}$。为了保证数据流被 MIMO 系统正确编码，LTE 标准规定了预编码矩阵。例如，秩为 1 的两根发射天线的预设码本共计有 6 个：

① $\begin{bmatrix}1\\0\end{bmatrix}$；② $\begin{bmatrix}0\\1\end{bmatrix}$；③ $\frac{1}{\sqrt{2}}\begin{bmatrix}1\\1\end{bmatrix}$；④ $\frac{1}{\sqrt{2}}\begin{bmatrix}1\\-1\end{bmatrix}$；⑤ $\frac{1}{\sqrt{2}}\begin{bmatrix}1\\\mathrm{j}\end{bmatrix}$；⑥ $\frac{1}{\sqrt{2}}\begin{bmatrix}1\\-\mathrm{j}\end{bmatrix}$。

秩为 2 的两根发射天线的预设码本共计有 3 个：

① $\frac{1}{\sqrt{2}}\begin{bmatrix}1 & 0\\0 & 1\end{bmatrix}$；② $\frac{1}{2}\begin{bmatrix}1 & 1\\1 & -1\end{bmatrix}$；③ $\frac{1}{2}\begin{bmatrix}1 & 0\\\mathrm{j} & -\mathrm{j}\end{bmatrix}$。

基站具体选择哪一个码本进行数据发送，以保证终端能正确地估计信道，通常是基于最大信噪比或最大容量准则。例如，当终端是单接收天线时，两根天线的基站只能选用秩为 1 的码本。如果预先测量得知其中一根天线信号很强、另一根天线信号很弱，则可选用上述 6 个码本中的前两个，并确定信号强的那根天线发送数据；如果两根天线信号幅度相似，且基本同相，则选用第 3 个码本；如果两根天线反相或相位之差为 90°，则选用其余三个码本中的一个码本。

总而言之，MIMO 系统同时发送的数据个数取决于信道矩阵的秩。最理想情况下的信道矩阵是正交的，此时信道容量是单天线容量的 $\min\{M,N\}$ 倍。但是，接收端的天线数量可能并不多，且天线的相关性会引起降秩；另外，如果接收端是运动的，还会导致信道矩阵的秩不稳定。因此，目前LTE提供的解决方法是由接收端通过信道估计来获得信道矩阵参数，然后判断秩的数值，并选择码本反馈给发送端。

2）天线阵列技术

MIMO系统的多根天线系列可视为天线阵列，形成指向某个方向的发射或接收波束。当存在多个信号源时，需要对这些信号进行分离，以便跟踪或检测出感兴趣的信号。对天线阵列接收的空间信号所进行的分析与处理统称为阵列信号处理，主要任务是估计出诸如波达方向(Direction of Arrival，DOA)之类的信号源参数。波束赋形是阵列信号处理的关键技术[81]，目的是确定阵列方向图的主瓣，使其指向所需的信号方向。

这里以均匀线性阵列的下行传输窄带信号为例（如图7.5所示），介绍如何通过波束赋形获得阵列增益。假设天线间距为d，且信号源与天线的距离足够远，可认为抵达各天线的信号为相互平行的平面波，这样的信号也称为远场信号。远场信号到达各天线的直射线与阵列法线方向之间的夹角是相等的，即为波达方向角。

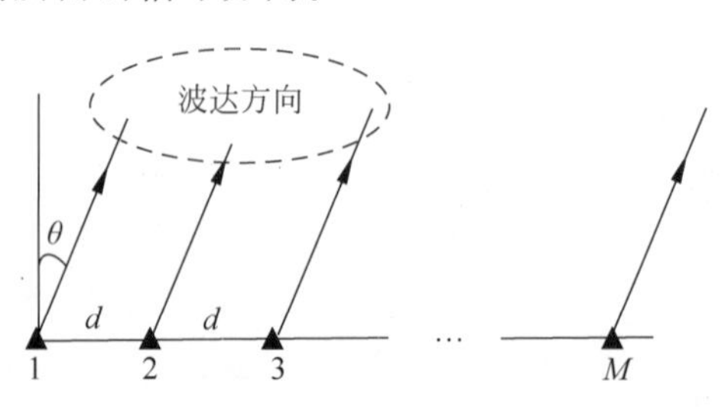

图7.5　均匀线性阵列与远场信号示意图

如果我们以第一根天线的信道响应作为参考基准点，信号抵达其他天线的时间相对于基准点存在超前。由于相邻天线在波达方向的传播路程差为$d\sin(\theta)$，窄带信号的相位之差（假定为ω）确定如下：

$$\omega = 2\pi \frac{d}{\lambda}\sin(\theta) \tag{7.14}$$

其中，λ为信号波长，要求天线间距d满足半波长的条件，即$d \leqslant \lambda/2$；否则ω可能大于π，产生所谓的方向模糊，使得θ和$\theta+\pi$都符合波达方向的计算条件而无法区分。

假设阵列由M根天线组成，则信号到达各天线的相位差（即信道响应）所构成的向量为

$$\boldsymbol{a}(\theta) = [1 \quad \mathrm{e}^{-\mathrm{j}\omega} \quad \cdots \quad \mathrm{e}^{-\mathrm{j}(M-1)\omega}]^{\mathrm{T}} \tag{7.15}$$

称为导向向量或响应向量。导向向量与信道矩阵关系密切，因为上行信道矩阵为$h_1\boldsymbol{a}(\theta)$、下行信道矩阵为$h_1\boldsymbol{a}^{\mathrm{T}}(\theta)$，其中$h_1$是第一根天线的信道响应参量。

以多天线发射、单天线接收的下行信道为例，解释终端接收信号的幅度变化情况。如果忽略标量h_1以简化表述，则信道矩阵变为$\boldsymbol{H}=\boldsymbol{a}^{\mathrm{T}}(\theta)$。尽管此时$\boldsymbol{H}$是维数为$1\times M$的行向量，但仍可奇异值分解为

$$\boldsymbol{H} = \boldsymbol{U}\boldsymbol{\Sigma}\boldsymbol{V}^{H} \tag{7.16}$$

注意，这里$\boldsymbol{H}$的奇异值分解产生的正交矩阵$\boldsymbol{U}$，退化成标量为1的常量，另外只产生一个不为零的奇异值，即

$$\boldsymbol{\Sigma} = [\sigma \quad 0 \quad 0 \quad \cdots \quad 0] \tag{7.17}$$

对于产生的$M\times M$维正交矩阵$\boldsymbol{V}^{H}$，它的第一行是我们感兴趣的向量、其余行在进行矩阵相乘时会被零奇异值消除。欲使式(7.16)成立，则有

$$\boldsymbol{V}^{H} = \begin{bmatrix} \frac{1}{\sigma}\boldsymbol{a}^{\mathrm{T}}(\theta) \\ \vdots \\ \vdots \end{bmatrix} \tag{7.18}$$

通过对 $\boldsymbol{a}^{\mathrm{T}}(\theta)$ 取转置，再取共轭，可得矩阵 $\boldsymbol{V}$ 的第一行向量 $\boldsymbol{V}(1)=\frac{1}{\sigma}\boldsymbol{a}^{*}(\theta)$，其中“$*$”表示共轭。不难理解，向量 $\boldsymbol{V}(1)$ 可作为下行信道的预编码矩阵，能满足信道矩阵的秩为 1 的编码要求。另外，向量 $\boldsymbol{V}(1)$ 选作编码矩阵时，还需满足归一化条件，使得编码后的信号功率保持不变。根据复数向量的单位化准则，可得 $\sigma=|\sqrt{M}|$。因此，均匀线性阵列的下行信道预编码矩阵为

$$\boldsymbol{C}=\frac{1}{\sqrt{M}}\boldsymbol{a}^{*}(\theta) \tag{7.19}$$

这里矩阵 $\boldsymbol{C}$ 的维数是 $M\times 1$，预编码相当于给 M 根发射天线分别施加了一个权重因子，因子取值为 $\boldsymbol{a}^{*}(\theta)$ 中的各元素。根据复变函数的欧拉公式，可知 $\boldsymbol{a}^{\mathrm{T}}(\theta)\boldsymbol{a}^{*}(\theta)=M$，则无噪声理想情况下的终端接收信号为

$$r=\boldsymbol{HCs}=\boldsymbol{a}^{\mathrm{T}}(\theta)\frac{1}{\sqrt{M}}\boldsymbol{a}^{*}(\theta)\boldsymbol{s}=\sqrt{M}\boldsymbol{s} \tag{7.20}$$

由此可见，多根发射天线根据信号的波达方向角参数进行数据流的预编码，可做到终端接收信号的幅度是单天线信号的 $\sqrt{M}$ 倍，相当于功率的 M 倍，据此获得的增益称为波束赋形增益。

对于一组固定的加权因子确定的预编码矩阵 $\boldsymbol{C}$，$\boldsymbol{HC}=\boldsymbol{a}^{\mathrm{T}}(\theta)\boldsymbol{C}$ 是 θ 的函数，由此构造的几何曲线图形称为方向图，代表导向向量与加权向量的内积。假设某均匀线性阵列包含 8 根天线，天线间距为 $\lambda/2$，加权因子对应的预编码矩阵 $\boldsymbol{C}=[1,1,1,1,1,1,1,1]^{\mathrm{T}}$，则方向图的极坐标曲线如图 7.6 所示，曲线参量分别为极角和极径。这组加权因子的取值，使得 0°和 180°方向角的信号增益(即极径)为最大。改变加权因子可使得波束指向其他所需的特定方向。

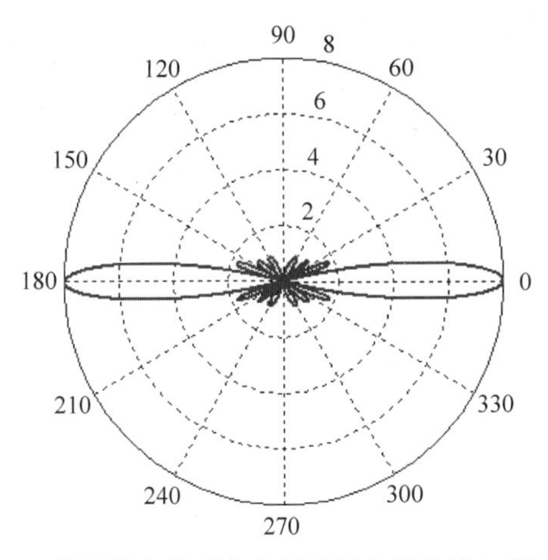

图 7.6 线性均匀阵列方向图的极坐标曲线(8 根天线)

通过动态调整加权因子，使得天线波束能跟踪到通信的用户，既能提高有用信号的传输功率，又能降低对其他用户的干扰。当然，天线阵列要实现自动跟踪用户的方位，必须预先掌握用户信号来自的空间方向，即需要波达方向估计。典型的波达方向估计方法包括多重信号分类法、借助旋转不变技术估计信号参数法以及到达时间差法等。

7.2.2 大规模 MIMO 系统

1. 大规模 MIMO 特点

贝尔实验室 Marzetta 博士在 2009 年最先提出大规模 MIMO 无线通信的构想。这项技术旨在基站端配置远多于现有系统天线数若干量级的大规模天线阵列，同时服务多个用户。在基站覆盖区域配置数十根甚至数百根天线，比 4G 通信系统的 4（或 8）根天线增加了至少一个量级。大规模 MIMO 系统分为两种模式：一种是天线分散在小区内的大规模分布式 MIMO，即 Large scale MIMO；另一种是大规模集中式 MIMO，即 Massive MIMO。

以 8 根天线为例，传统 MIMO 系统实施信号覆盖时，只能在水平方向移动，在垂直方向不移动，信号以类似一个平面的形状进行发射。但大规模 MIMO 系统是在信号水平维度的基础上，增加垂直维度的覆盖，信号呈电磁波束的辐射状。

理论研究表明，随着基站天线数目或分布式节点总天线数目趋于无穷大，多用户信道之间将趋于正交。在这种情况下，高斯噪声以及互不相关的小区之间干扰将趋于消失，而用户发送功率在理论上可以趋近于无穷低，所以单个用户的容量仅限于其他小区中采用相同导频序列的用户干扰[82]。

相对于传统 MIMO 系统，大规模 MIMO 具有独特的物理性质和功能优势，主要特点包括：

（1）随着天线数目的急剧增长，不同用户之间的信道将呈现出渐进正交特性，用户间干扰可得到有效（甚至完全）消除，从而大大提升系统总容量；

（2）基站天线数目的增加，使得信道快衰落和热噪声被有效均分，从而以极大概率避免用户陷入深衰落，缩短空中接口的等待延迟，简化了调度策略；

（3）大量天线的使用使得波束能量可聚焦到窄小的空间区域，空间分辨率得到提升；

（4）大量额外的自由度用于发射信号波束赋形，有效降低发射信号的峰均比，从而使得射频前端能采用低成本的功放，降低系统部署成本；

（5）巨量天线使得阵列增益增加，有效降低了发射端的功率消耗，使得系统总能效提升多个数量级。

总之，大规模 MIMO 系统是以 MIMO 技术为基础，充分利用空间资源，在不增加频谱资源和天线发射功率的情况下，成倍提高系统的信道容量。大规模 MIMO 技术意味着基站天线数目庞大，而用户终端仍然可采用单天线接收。这种通信方式可作为目前移动通信系统的一种平稳过渡，即不必大面积更新用户的终端设备，通过对基站的改造来提高系统利用率。

2. 大规模 MIMO 信道估计

随着基站天线数目的增加和空分用户数量的增多，信道信息获取成为大规模 MIMO 系统的关键。对于时分双工（Time Division Duplex，TDD）系统，在相干时间内，基站可利用上行信道估计信息来设计下行的预编码，减少下行导频以及用户端信道状态信息（Channel State Information，CSI）的反馈开销。导频信号是指基站连续发射未经调制的直接序列扩频信号。这种信号能使终端获得前向码分多址的信道时限，并提供相关解调相位参考。

宽带大规模MIMO的信道在角度域和时域都存在稀疏性。这种稀疏性可通过先进的信号处理算法来提高信道估计的精度。相关信号处理算法主要包括参数化稀疏信道估计和压缩感知。子空间法是参数化信道估计的常用方法，如通过到达角估计来提升大规模MIMO信道参数估计的精度。压缩感知是稀疏信道估计的另一种有效途径，所需的导频开销较小。常见的压缩感知方法包括正交匹配和贝叶斯匹配追踪法。

3. 大规模MIMO应用部署

大规模MIMO技术不需要新的频谱申请，对终端前向兼容，可快速部署来提高网络整体频谱效率。当前大规模MIMO技术应用部署的典型场景如下[83]。

(1) 高层楼宇的无线网络覆盖。利用大规模MIMO技术的垂直维度对高层楼宇进行覆盖。相对于传统方法，高层覆盖所需的站点较少，且能减少干扰和导频污染。

(2) 移动业务的热点场所。利用更多的窄波束进行空分复用，提高单小区容量，改善每个用户的业务质量。

(3) 深度覆盖场景。采用精确波束赋形产生的更窄波束，有效地进行深度覆盖，提高覆盖的信号强度，同时降低其他用户的干扰，优化深度覆盖用户的业务质量。

7.3 毫米波通信

随着通信产业尤其是个人移动通信的高速发展，无线电频谱的低端频率已趋饱和，即使采用各种技术扩大无线系统的容量、提高频谱的利用率，也无法满足未来通信发展的需求，因而高速的无线通信势必在微波高频段开发新的频谱资源。目前商业无线通信工作频段大多集中在300MHz～3GHz频段，但对于超出3GHz的高频段的利用率较低。如何解决频谱资源短缺问题，满足5G网络的数据传输要求，也是一个重要的研究课题。

毫米波是指频率在30～300GHz、波长在1～10mm的电磁波。毫米波的频率介于微波与光波之间，属于甚高频段，以直射波的方式在空间传播，波束很窄，具有良好的方向性。毫米波由于具有这些物理特征，被业界普遍认为能有效解决高速宽带无线接入面临的诸多问题，特别是频谱资源短缺问题，在5G网络的短距离无线通信中具有重要价值[84]。

7.3.1 毫米波通信技术

1. 毫米波通信简介

毫米波通信是指以毫米波作为传输信息的载体而进行的通信方式，具有设备体积小、重量轻、天线面不大等特点。毫米波技术的研究最早可追溯到20世纪20年代，并在50年代取得突出成就，如毫米波雷达应用于机场交通管制。在20世纪90年代，毫米波集成电路研制取得突破，大功率毫米波行波管、微带平面介质与集成天线、低噪声接收机芯片相继问世，使毫米波广泛应用于军事和民用领域。例如，毫米波相控阵雷达可快速实现大范围和多目标的搜索、截获和跟踪；毫米波汽车防撞雷达能将脉冲宽度压缩到纳米级，大大提高了防撞距离分辨率。通常5G技术采用的毫米波为24～100GHz的频段，极高的频率使得数据传输速率非常快，同时高带宽也能保证运营商自由选择频段。

毫米波传播受大气影响，传播能量的衰减与大气高度、温度和湿度有关。影响毫米波传播的大气主要成分是氧气和水蒸气。研究表明，在整个毫米波频段中，大气衰减的吸收谱线主要是氧气分子作用的60GHz、119GHz和水蒸气作用的183GHz三个衰减峰频率。除了特殊应用场合，通常毫米波通信应避开这三个大气衰减峰频率。

相对于严重衰减的频率点来说，毫米波通信还有四个大气传输衰减最小的透明窗口，它们的中心频率依次分别为35GHz、94GHz、140GHz和220GHz，相应的波长分别为86mm、32mm、21mm和14mm，中心频率对应的可用带宽分别为16GHz、23GHz、26GHz和70GHz。四个透明窗口的总带宽达135GHz，是微波以下各波段带宽之和的5倍。显然，毫米波的每个大气透明窗口可用频带的宽度是非常富余的，如果再结合采用频率复用技术，能解决5G网络的多址问题。

毫米波通信分为毫米波波导通信、无线地面通信和卫星通信三类。它的诸多优点与5G网络的需求相吻合，特别是波长短和频带宽，是实现微型化和集成化通信设备的技术基础。毫米波频段的低端毗邻厘米波、高端衔接红外光，既有厘米波的全天候应用特点，又有红外光的高分辨率优点，还具有光通信直线传播的特点，能使室外通信具有高稳定性、室内通信避免室间干扰。毫米波通信设备的体积小、重量轻，天线增益和方向性良好。

2. 毫米波传播的特性

毫米波传播具有如下特性。

1）路径损耗

路径损耗是由发射信号的辐射扩散和信道的传播特性造成的，是无线通信中普遍存在的问题。信号在无线传播过程中容易受到噪声、干扰和其他信道的影响，同时信号自身也存在导致损耗的因素。自由空间的路径损耗模型通常表示为

$$L = 32.44 + 20\log(d) + 20\log(f) \tag{7.21}$$

其中，L 为路径损耗值，单位为dB；d 是信号传播的距离，单位为km；f 是信号频率，单位为MHz。这里自由空间是指天线周围为无限大的真空，是一种理想的传播条件。电波在自由空间传播时，能量既不会被障碍物吸收，也不会产生反射或散射。

由上式可看出，随着频率 f 的增大，自由空间传播损耗变大，因而通常频率越高，损耗越大。与300MHz～3GHz频段相比，毫米波通信的自由空间损耗较大。然而，通过采用高频段大规模天线和波束赋形技术，将能量集中到窄小区域，可获得较高增益，从而解决毫米波通信的路径损耗问题。

2）穿透损耗

信号在穿透物体时都会产生一定的损耗。低频信号容易穿透建筑物材料，损耗较小，而毫米波穿透建筑物的损耗较大。高穿透损耗可能导致信号传播无法穿透建筑物进入室内，或者导致室内信号变得非常微弱。我们可采用在室内建立Wi-Fi结点或者毫微微蜂窝的方式，提高室内通信质量。测试数据表明，混凝土墙体对毫米波的损耗高达60～109dB，这意味着毫米波几乎不具备穿墙能力。毫米波的覆盖能力弱是明显劣势，如何对毫米波基站进行合理部署，是毫米波技术商业化的前提条件。

不过，对于像沙尘和烟雾这类物质来说，毫米波反而具有很强的穿透能力，但大气激光、红外对沙尘和烟雾的穿透力却很差。试验表明，毫米波几乎能无衰减地通过沙尘和烟雾，这

在军事领域具有重要作用。

3）雨衰

在恶劣气候特别是降雨的条件下，毫米波传播的衰减程度较大。如果降雨的瞬时强度越高、雨滴越大、信号传播距离越远，那么降雨所引起的毫米波信号衰减越严重。雨衰是毫米波通信必须考虑的因素，因为这会降低无线系统的传播距离，影响系统的可靠性。较大的雨量会对毫米波通信产生严重干扰，另外雨滴的大小几乎与发射信号波长相当，容易产生散射。

从传播特性可看出，毫米波通信的距离受限，30GHz 毫米波的传播距离约为十几千米，60GHz 毫米波只能传播 0.8km，但另一方面也说明毫米波技术适合热点场所的密集型基站布局。热点场所主要指密集人群的超大业务流量区域，例如车站、机场等交通枢纽，以及体育场、商场、剧院等人群集中地点，这些地点的终端数量多、流量需求大。另外，诸如 VR 虚拟现实和 AR 增强现实的应用场景，以 8K VR 为例，50 个终端设备大约需要 5Gbps 的带宽，这对带宽要求很高，毫米波技术可以解决这一问题。

7.3.2 面向5G的毫米波通信

1. 毫米波天线

毫米波天线具有两个重要特征：高增益和小波束角。根据微波理论，天线增益是天线在特定方向与所有方向对应的辐射立体角度内能量的比率，即

$$G=10\log\left(\eta\left(\frac{\pi D}{\lambda}\right)^2\right)=10\log\left(\eta\left(\frac{\pi Df}{c}\right)^2\right) \tag{7.22}$$

其中，G 表示天线增益（单位为 dB），η 为天线孔径系数（毫米波天线通常取值为 0.5～0.8），D 为天线尺寸，λ 为波长，c 为光速，f 为频率。

天线的标准波束角是天线辐射的波束能量减少到 3dB（即相当于减少一半能量）时的位置对应的夹角，这里表示为 φ（单位为度），可采用下式计算：

$$\varphi=\frac{70c}{Df} \tag{7.23}$$

由式(7.22)和式(7.23)可以看出，天线增益正比于频率平方值，天线波束角反比于频率。因此，在其他条件相同的情况下，频率越高，则天线增益越大、波束角越小。

对毫米波天线和 LTE 主频天线的性能进行数值比较。假设毫米波天线采用第 1 透明窗的主频率 35GHz，LTE 天线采用常用的主频率 2.35GHz，基站和移动终端天线尺寸分别为 0.5m、0.06m，孔径系数均取 0.6。根据上面的天线增益和波束角计算表达式，得出毫米波和 LTE 技术对应的基站与移动终端天线的性能参数，如表 7.1 所示。

表 7.1 毫米波和 LTE 技术对应的基站与移动终端天线的性能参数

天线类型	通信技术	增益/dB	波束角/°
基站	毫米波	43.0	1.2
	LTE	24.6	10.0
移动终端	毫米波	19.5	17.8
	LTE	1.1	148.9

由表 7.1 可以看出，对于基站和移动终端天线而言，在天线增益和波束角两项性能指标方面，毫米波都显著优于 LTE 技术。显然，毫米波的窄波束和高增益带来的高分辨率和抗干扰特性，能减小 5G 网络视距通信的传播损耗。

毫米波天线主要分为传统结构天线和基于新概念设计的天线。前者包括阵列天线、反射天线、透镜天线和喇叭天线等；后者包括微带天线、类微带天线、极化天线和行波天线等。其中阵列天线适合大规模 MIMO 基站，微带天线适合 MIMO 终端。另外，类微带天线也叫集成天线或波导天线，它将有源器件和辐射单元集成在一块印刷电路板甚至砷化镓基片中。毫米波天线技术成熟，广泛应用于军事领域，可为 5G 网络的 MIMO 天线提供技术方案。

2. 基于毫米波通信的 5G 网络方案

LTE 技术标准曾提出采用宏站与微站共存的网络架构。通常宏站的体积和容量较大，需要的配套条件多，建站和维护的成本都比较高，在站址选择和传输覆设方面难度较大。但宏站的覆盖范围广（为 200～800m），适用于城市区域室外的通信。微站具有较小的体积、容量、功率和覆盖范围，不需要专门建设机房，建站方便，适用于网络覆盖的精确局部补盲、补热和深度覆盖。由于 LTE 标准的主频通常为 2.35GHz 的分米波，天线和 MIMO 阵列较大，不利于小型化和集成化的微站设计。

5G 通信系统由多个同构和异构网络组成，属于高数据传输速率的密集型网络架构系统。5G 网络架构采用 LTE 宏站和微站共存的模式，建立大基站簇拥多个小基站的基站群单元体系，如图 7.7 所示。这里的大基站对应于 LTE 宏站，通过无线信道向下连接小基站和终端，通过有线线路向上连接 5G 核心网与其他大基站。小基站对应于 LTE 微站，相当于无线中继独立体。采用毫米波通信的小基站可实现体积小型化，设计为各种景观形式，并在空闲或轻流量时段关闭或降低发射功率，以节省成本、降低能耗。

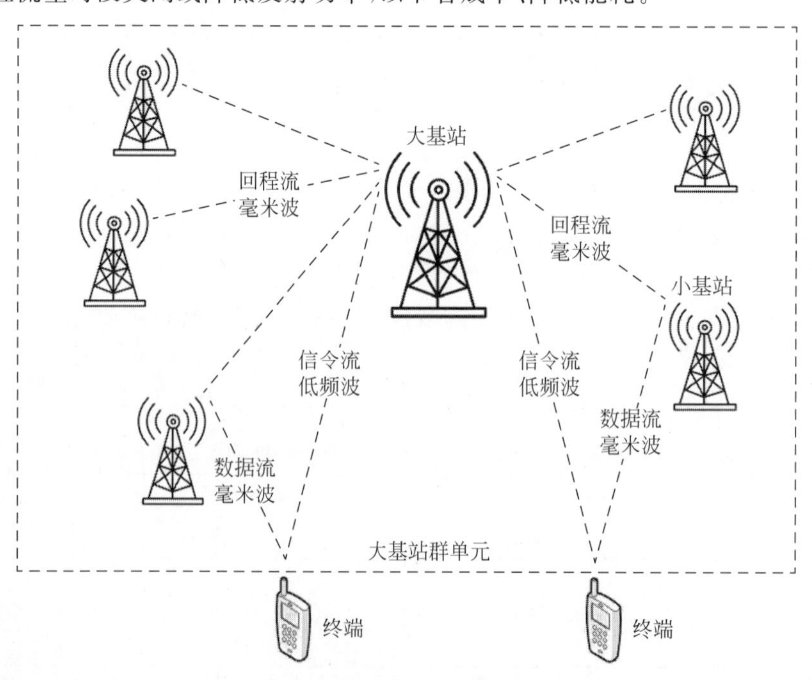

图 7.7　基于毫米波通信的 5G 网络方案示意

为了实现对通信网络的有效控制、状态监测和信道共享;移动通信系统需要具备完善的控制功能。信令就是通信系统控制不同设备之间用来交换的专用信息,是控制通信设备操作的特定信号,包括用户信令(如状态标志、操作指示、拨号、呼叫)与网络信令(涉及终端与基站、基站与基站、基站与核心网之间的控制信息)。

LTE标准的所有信道是在同一主频,信令占用了大量有效承载资源。如果信令与数据分别通过不同的主频信道,使得信令承载在低频波段,数据承载在毫米波段,就可实现信令与数据分流管控。这种方案不仅充分利用毫米波传输数据的频带带宽,获得高数据传输率,而且能降低信令与数据之间的传输干扰。由于低频信道承载信令,覆盖范围广,且信令流量小,使得可控的终端数量更多。当采用毫米波信道承载数据时,虽然覆盖范围小,但传输带宽大,满足终端高速率和高接入率的要求。因此,毫米波通信与大、小基站组合的网络模式,是组建5G网络架构的重要方案。

7.4 面向5G的车联网技术

车联网(Internet of Vehicles,IoV)综合利用了通信、控制、系统工程、高精度定位和信息安全等技术,实现车与车、车与人、车与路、车与城市基础设施之间的智能互联。车联网的概念源于"物联网",它以行驶中的车辆为信息感知对象,借助新一代信息通信技术,实现车与X(即车与车、人、路、服务平台)之间的网络连接,提升车辆整体的智能驾驶水平,为用户提供安全、舒适、智能、高效的驾驶感受与交通服务,同时提高交通运行效率,提升社会交通服务水平。

人工智能、语音识别、大数据和云计算等技术的发展,使得车载互联网实用化,为用户提供更具个性化的定制服务。早在2016年,华为、奥迪、宝马和戴姆勒等公司合作推出5G汽车联盟(5G Automotive Association,5GAA),并与汽车经销商和科研机构共同开展了一系列汽车网络应用场景试验。车联网是继互联网、物联网之后对人们生活有重要影响的网络技术,成为智慧城市的标志。本节主要介绍车联网涉及5G的车路协同系统(Vehicle to Everything,V2X)和面向5G-V2X的内容服务[85]。

7.4.1 车联网

1. 车联网芯片

高性能芯片是车联网汽车的"心脏"。传统汽车普遍搭载微控制单元,用于车身电子、底盘电子和座舱的系统运算,以及汽车行驶中的安全控制。在面向5G的汽车移动互联网应用场景下,高安全、实时性、高并发、多线程和超大运算能力的移动车载芯片是车联网智能控制的核心。

恩智浦半导体公司作为国外汽车电子芯片的巨头,推出的可扩展计算架构的NXP S32系列汽车处理器平台,可支持毫米波雷达、单/双目摄像头、激光雷达(8线/16线/64线)、红外夜视设备等多种主动式安全系统,并且具有感知探测和超强计算能力,在约50ms的时间内完成计算并输出系统决策指令。

汽车芯片在通信、控制、定位、运行等功能的基础上，逐渐向人工智能方向演变。国内以华为公司为代表的厂商，设计出工艺制程为7nm的智能化汽车芯片，并以智能算法为基础向认知化方向发展，使汽车能够像人一样具备记忆、偏好、认知、决策和思考等能力，在满足车规和更高的环境服役性要求下，提供功能安全、网络安全和隐私保护。

2. 车联网操作系统

长期以来，操作系统始终是智能化设备运行的核心。微软公司曾以Windows系统引领了整个PC互联网时代的发展，全球90%以上的PC终端安装了微软操作系统。苹果公司开发的移动操作系统iOS，属于类UNIX的商业操作系统，开创了移动互联网时代；谷歌公司开发的安卓（Android）移动操作系统，是一种基于Linux内核的自由及开放源代码操作系统，占据80%以上的移动互联网市场，应用范围覆盖各种移动设备，如智能手机、平板电脑、数字电视、数码相机、游戏机和智能手表等。

对于面向5G的车联网而言，相当于将传统的网络结点从PC、智能手机转移到车载电子设备，如汽车电子控制单元、车载自动诊断系统和平视显示器，并通过移动通信网络联接实现各种互联应用。从本质上说，车联网是移动互联网的延伸，区别在于车联网必须去App化，以提升人机交互过程中的安全性。App是"应用程序"英文单词Application的缩写，主要指安装在智能终端中的软件，以完善原始系统的不足与实现个性化。车联网操作系统需要依赖先进的自然语言处理、姿态感知等技术，实现以安全驾驶为前提的互联网接入服务，代替驾驶人员的手工操作。

车联网应用的核心是安全问题。首先，目前车辆正从传统交通工具型向移动"伴侣"和"助理"型转变。车载App的使用应该释放人手、减少或摒弃手工操作，才能有效提升驾驶安全。其次，汽车产业链的全生命周期服务需要从传统的门店服务，向在线的数字化服务转型，这将激发大量在线应用程序的诞生。因此，实时车载操作系统是非常重要的基础性技术，直接决定着汽车能否真正迈入移动互联网时代。

面向5G应用的车载操作系统具有以下特性。

(1) 实时性。汽车高速行驶状态下的控制反应，如果出现100ms以上的延时，将会带来巨大的安全隐患。

(2) 安全性。车联网中的汽车相当于一个移动的传感网，通过实时调用不同的应用程序，实现人、车、路的高效协同，其中车载操作系统与车联网芯片一样，起着安全保障的重要作用。

(3) 友好的人机交互性。车联网释放人手的目的是确保安全。在自动驾驶技术没有产业化之前，人员仍然是驾驶安全的主体。车载操作系统中不可或缺的环节，是支持高可靠自然语言处理的人机交互和控制技术。

(4) 生态汇聚性。车联网衍生的商业生态链比智能手机带动的移动互联网生态，可能更具有价值性和多样性。车载操作系统需要具备充分的开源性，方便广大汽车设计人员和爱好者加入创新应用，激发车联网的生态活力。

车载操作系统和新型浏览器技术的发展是车联网行业发展的关键。目前全球已有的车载操作系统及其性能比较，如表7.2所示。

表 7.2 车载操作系统的性能比较

平台	优点	缺点
Microsoft Embedded Automotive 7	技术稳定,品牌效应	道路地图兼容性差,功能偏少,可扩展性不足;支持的硬件平台单一,系统不易移植,难以定制,价格昂贵,公开的文档资料少
QNX (即 Quick UNIX)	使用的车型和模块多,开发支持费用相对低廉	平台扩展成本高
Android (Linux)	应用开发方便,很多特性符合车载信息娱乐系统的需求	系统启动时间长;尽管开源,但受控于谷歌公司

3. 车联网内容服务

车联网汽车远程信息服务提供商(Telematics Service Provider,TSP)直接面向用户提供车辆导航、娱乐项目、交通出行道路信息、远程诊断与控制、经销商活动等服务。Telematics 中文名称为车载信息服务,来自远距离通信的电信(Telecommunications)与信息科学(Informatics)。它表示内置在运输工具上的计算机系统,通过无线通信、卫星导航和互联网等技术提供信息服务的系统,简单地说,就是车辆通过无线网络接入互联网,为车主提供驾驶和生活所必需的各种信息。

TSP 在整个汽车产业链中处于重要地位,服务内容包括:①整合汽车厂商提供的原始设备制造商信息;②向用户提供远程服务。另外,TSP 还承担收取费用、分配利润等角色,具体商业模式如图 7.8 所示。TSP 服务主要是应用集成技术,以互联网技术为重点,专注于场景智能和消费者体验,为用户出行提供全程的智能化信息。

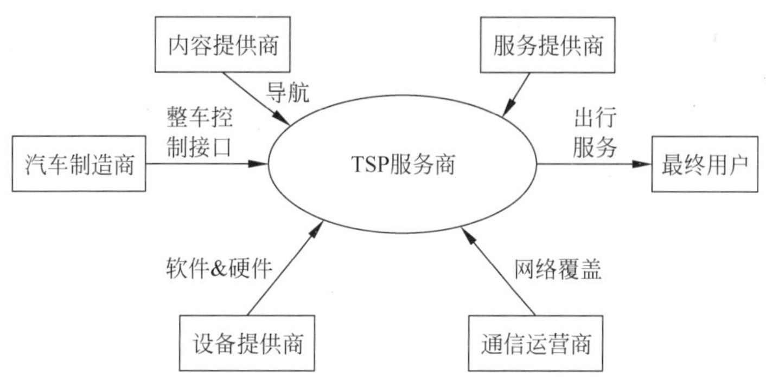

图 7.8 TSP 服务的商业模式

目前国际主流的 TSP 服务主要由汽车厂商主导,如通用汽车的 Onstar、福特汽车的 SYNC、奔驰汽车的 Mbrace、丰田汽车的 Entune 以及国内最大汽车集团——上汽的 InkaNet。另外,其他 TSP 服务商还有 G-Book、CarWings 和 InternAVI。我国经过多年的发展,已成为全球最大的汽车消费国,汽车服务行业在快速兴起;同时还出现了一批独立的 TSP 服务商,以百度公司、阿里巴巴公司和腾讯公司为代表的互联网巨头,正在加速进入汽车移动出行服务领域。

7.4.2 面向5G的V2X网络

1. V2X通信技术

V2X通信技术是以欧洲、美国和日本推行的专用短程通信（Dedicate Short Range Communication，DSRC）技术为主要内容，是基于IEEE 802.11协议扩充的IEEE 802.11p协议，也称作车辆环境中的无线接入（Wireless Access in the Vehicular Environment，WAVE），侧重应用于车辆之间的无线通信。IEEE 802.11p的主要特征在于它是专门针对汽车通信的特殊环境，工作频段为5.9GHz，数据传输速率为6Mbps；相比IEEE 802.11，它进行了多项针对汽车用途的改进，如热点间切换更先进、支持移动环境、增强安全性、加强身份认证等。

有关国家授权的V2X通信专用频段如下：北美为5.850～5.925GHz，日本为5.79～5.81GHz和5.83～5.85GHz（共两个频段），欧洲为5.795～5.815GHz，我国为5.905～5.925GHz。

由华为公司研发的LTE-V芯片和路侧单元已在全球各地测试和应用示范，逐渐走向规模化商用。LTE-V技术采用广域蜂窝式（LTE-V-Cell）和短程直通式（LTE-V-Direct）相结合的通信方式。LTE-V-Cell通信是基于现有的4G-LTE技术的集中式网络架构，主要承载广域覆盖的车联网业务。LTE-V-Direct通信是采用分布式网络架构，实现车对车、车辆对基础设施的直接通信，且底层芯片具备车-车之间的直接通信功能，满足高速移动情况下车辆之间的短延时和高安全性的通信需求。

因此，LTE-V技术节省了专有基站的投资，还充分利用现有4G-LTE的网络覆盖功能，扩大了V2X规模产业化空间。LTE-V通信制式与其他通信制式的性能比较，如表7.3所示。

表7.3 LTE-V通信制式与其他通信制式的性能比较

特　性	LTE-V-Cell	LTE-V-Direct	DSRC	Wi-Fi	WiMAX
时延	端到端时延100ms	<50ms	<50ms	秒级	秒级
移动性	500km/h	500km/h	200km/h	<5m/h	>60m/h
通信距离	<1000m	<500m	<1000m	<100m	>15km
数据传输速率	500Mbps	12Mbps	3～27Mbps	6～54Mbps	1～32Mbps
通信带宽	1.4～20MHz	20MHz	10MHz	20MHz	<10MHz
通信频段	LTE bands	5.905～5.925GHz	5.86～5.925GHz	2.4GHz，5.8GHz	2.5GHz
标准	3GPP	3GPP	802.11p	802.11a，c	802.11e

2. V2X网联智能技术

汽车主动安全技术是汽车产业的核心，每年全世界范围内交通事故导致的伤亡人数在125万人左右。车联网技术的发展前提在于提升车辆安全性和主动安全功能，降低交通事故率。表7.4所示为3GPP标准拟定的27项车联网标准应用场景。

表 7.4 3GPP 标准拟定的车联网标准应用场景

分类	英文全称	中文全称	应用场景
V2V	Vehicle-to-Vehicle	车-车	前方碰撞告警、车辆失控告警、紧急车辆告警、紧急停车、协同自适应巡航控制、基站控制下的通信、预碰撞告警、非网络覆盖下的通信、错误驾驶告警、V2V 通信的信息安全
V2P	Virtual-to-Physical	虚拟系统到物理系统的迁移	行人碰撞告警、道路安全告警、交通弱势群体安全应用
V2I	Vehicle-to-Infrastructure	车辆对基础设施	与路侧单元的通信体验、自动停车系统、曲线速度告警、基于路侧设施的道路安全服务、道路安全服务、紧急情况下的停车服务、排队告警
V2N	Vehicle-to-Network	车辆-互联网	交通流量优化、交通车辆记录查询、提高交通车辆的定位精度、远程故障诊断和及时修复通知
V2X	Vehicle-to-Everything	车路协同系统	漫游时的信息交换、混合交通管理、与外界通信的最低服务质量

根据 NHTSA 机构预测，这些场景的应用对提升道路安全有着明显效果，能降低 83%左右的道路交通事故死亡率、76%的道路交通事故发生率和 27%的闯红灯安全隐患率。其中，V2V(即车-车通信)也称作车辆自组网(Vehicular Ad-hoc Network，VANET)技术，通过交换车辆运行状态信息，构建多方面服务系统，在车载通信中具有重要意义。

在美国、欧洲和日本等汽车工业较为发达的国家和地区，正在对基于车辆与路侧单元和车-车通信的网联式驾驶辅助系统进行应用开发和大规模测试。测试表明，V2X 车联网技术可减少 80%左右的道路交通事故，预计到 2040 年，美国 90%的轻型车辆将安装基于 DSRC 的专用短距离通信系统。近年来我国交通安全问题也得到高度重视，对于“两客一危”车辆(指从事道路班线客运车、大型旅游客车以及危险品运输车)，均按强制要求安装了车联网信息终端。V2X 与整车控制、信息安全和人工智能技术的整合，将是车联网发展的主要方向。

综上所述，面向 5G 的车联网应用技术，正在推动汽车从传统交通工具向移动智能座舱的转变，从单车智能化演变为端云协同、车路协同的网联智能，从传统人工驾驶向自动驾驶乃至无人驾驶方向迈进。随着 5G 技术的持续发展，车联网研究与应用将更深入，从而引发汽车产业全生命周期的转型，达到汽车功能实时可视，应用随需更新，真正推动我国成为智能制造强国。

思考题

(1) 5G 网络系统的性能指标包括哪些关键参数?

(2) 5G 无线网络主要由哪些部分组成? 各部分的功能是什么?

(3) 哪些技术方法可以保证 5G 通信的高传输速率?

(4) 5G 无线网络的基本特点是什么?

(5) 哪些场景属于 5G 无线网络的典型应用?

(6) 根据香农公式，简述 MIMO 系统信道容量能够大幅度提升的原因。

(7) 时空分组 Alamouti 编码方案的原理是什么？

(8) 简述 V-BLAST 复用技术的基本原理。

(9) 根据 LTE 标准规定，秩为 1、具有两根发射天线的 MIMO 系统有哪几个预设码本？

(10) 以均匀线性阵列为例，讨论 MIMO 系统波束赋形增益的原理。

(11) 大规模 MIMO 系统的主要特点是什么？

(12) 简述毫米波的物理特征。

(13) 毫米波传播和毫米波天线分别具有哪些特征？

(14) 面向 5G 的车载操作系统具有哪些特性？

(15) 简述 V2X 通信协议 IEEE 802.11p 的主要特征。

第8章 传感器网络技术的军事应用

8.1 战场感知的网络架构

现代信息技术的三大基础是传感器技术、通信技术和计算机技术，它们分别完成信息的采集、传输和处理，构成信息系统的"感官""神经""大脑"，这三大技术的结合促进了信息化的进程。无线传感器网络技术正是这种结合的典型体现，属于多学科交叉的军民两用高技术。

其实早在20世纪60年代后期的越南战争中，美军为了阻断越南人"军事物资的动脉"——胡志明小道，采用了各种高技术侦察手段。但是，由于胡志明小道处在密林中，且常年阴雨绵绵，这大大降低了美军先进侦察器材的侦察效果，无论是卫星照相还是航空侦察都难以奏效。在这种情况下，美军研制了代号为"白屋"和"双刃"两个系列的战场侦察传感系统，并将这些铅笔盒大小、重1.5～3kg的侦察器材抛撒在胡志明小道所在的密林。结果它们隐蔽地获取了准确度很高的情报，取得了令人意想不到的侦察效果。

战场感知是传感器网络技术在军事领域的一个重要应用，利用微型传感器自组网这一新兴技术来掌控战场目标信息，可以在较远距离和人员难以抵达的区域提供实时、全天候的信息获取。

现代战争被人们喻为"感知者的胜利"，在新的军事竞争背景下，掌控"透明战场"既是军事信息技术发展的必然结果，也是当今各军事强国的建设重点。美、英、法、澳、俄等国开展了一系列旨在提高战场态势感知能力的研究。

战场感知是随着信息技术特别是探测技术的发展、信息优势等概念的形成，以及新军事革命理论的深化而产生的新概念。所谓战场感知(Battlefield Awareness，BA)是指参战部队和支援保障部队对战场空间内敌、我、友各方的兵力部署、武器配备和战场环境(如地形、气象和水文)等信息的实时掌握过程。战场感知除了具有传统的侦察、监视、情报、目标指示与毁伤评估等内涵以外，它的最大特点在于信息共享和信息资源的管理与控制。为了提高部队的战场感知能力，各军事强国都非常重视战场感知技术，投入巨资研制相关系统。

美军的作战指挥体系从C^4ISRT发展成为今天的iC^4ISR/K(一体化、指挥、控制、通信、计算机、情报、监视与侦察、杀伤)系统，更强调战场情报的感知能力和杀伤力。从该系统的建设来看，它由各种互相配合的资源构成网络，包括目标发现、准确识别、跟踪与杀伤技术。

美军科学咨询委员会在2002年就曾建议美军应在组织和技术上进行改进，以获得更好的"预先战场感知"能力。美空军已经在战略计划制定部门中组建了态势感知特别工作组，提高部队的传感器分析和数据融合能力，并先后研制了快速攻击识别、探测和报告系统、战场感知广域视界传感器等感知系统。美军的未来战斗系统为士兵提供全天候、全天时识别目标的功能。美军开展的其他类似项目还包括陆军“无人值守地面传感器群”、陆军“战场环境侦察与监视系统”、海军“传感器组网系统”等。

特别是自从阿富汗战争和伊拉克战争以来，战争样式具有更多的网络化作战成分，即大量采用 IP 和 Web 技术。美军近年来强调的“网络中心战”“行动中心战”和“传感器到射手”等作战模式，都特别突出传感器组网来提高态势感知能力，将传感技术探测获得的目标信息通过网络系统传输给武器装备，为武器射击提供及时的信息。例如美军研制的“战场感知与数据分发”系统，就是用来演示和实践新型作战模式。

除美军在战场感知领域投入大量经费和精力外，其他国家也纷纷展开了研究。法国武器装备总署设计了一种技术演示器，保证海军和空军的各种异构传感器通过网络互换信息，希望提高舰船和飞机的态势感知能力。澳大利亚研制的先进传感器网络系统提供实时目标捕获的功能，为澳军能及时获取目标和环境信息打下基础。

面向战场感知的传感器自组网服务支撑技术是近年来国际军事机构的研究重点和热点。将各种微型地面传感器的感知信息以自组网传输方式发送给指挥监控中心，具有实现远程战术侦察的独特作用。战场感知的一个基本问题是如何较远距离地对战场目标进行探测和可靠的信息传输。

战场监控涉及多兵种、全空间的战场信息采集和传输，因而是一项复杂的系统工程。这里以陆军地面作战为例，示例说明如何对道路、桥梁等关键地带通行的机动目标进行监控。

这种典型的战场感知信息采集网络系统的应用架构如图 8.1 所示，由目标探测传感器结点(1、4)、移动结点(2、3、9)、固定位置的无线传感器结点(5、6)、监控基站(7)和远程服务器(8)构成，监控基站汇聚所有采集和接收到的网络信息，通过有线网络发送至远程服务器，实现目标信息采集的网络化管理。

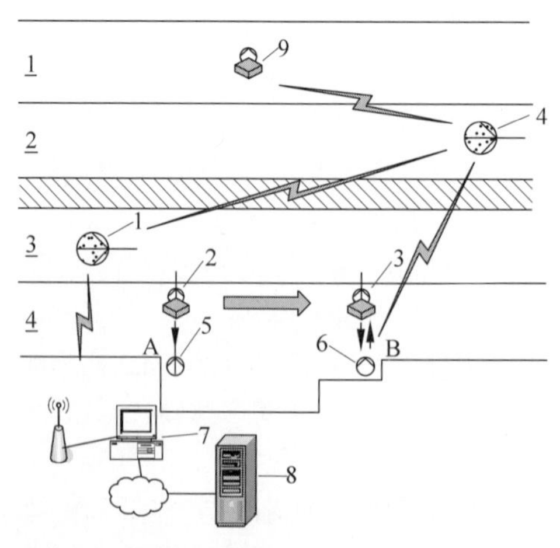

图 8.1　战场感知系统的一种网络架构方案

监控基站采用无线与有线通信相结合的方式，作为链式无线传感器网络的信宿结点汇聚路边固定结点发送的信息，通过有线网络发送至远程服务器。整体系统的网络架构可以包括目标监控星形网、自组织链式传感网和有线网三种，传感器探测网络是其中最前端的部分，也是最重要的“神经末梢”。

这里需要指出的是，由于实际应用中信息采集的过程强调实用性，要保证被采集的信息可靠、及时地传输到指挥控制部门，必然综合运用多种组网方式和各种网络传输技术。作为终端探测结点的联网形式，在野战条件下通常采用无线通信方式，因而无线自组网是首选的一种网络技术。

作为终端探测的信息采集网络结点根据功能可划分为5个模块，即数据采集模块、自组网通信模块、目标定位和识别功能模块(或者其他服务功能应用模块)、电源模块、任务陈述模块(如图8.2所示)。

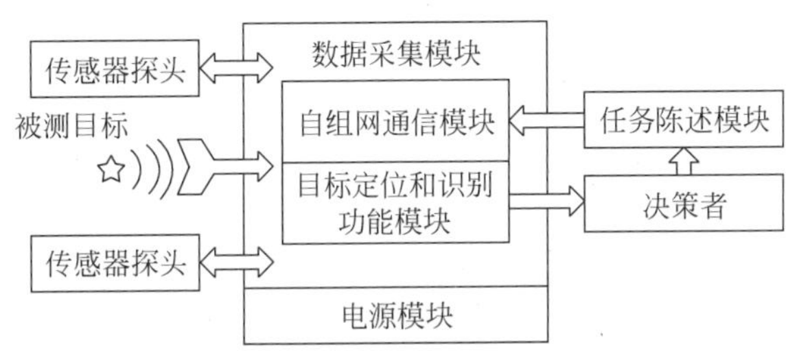

图8.2　战场信息采集的网络终端结点的单元构成

数据采集模块根据被测目标发出的多源信号，探测目标出现的事件和采集定位目标所需的信号。自组网通信模块完成多跳组网传输的任务。功能模块是执行目标探测、定位和识别等应用服务的软件和算法。任务陈述模块负责接受和传达用户的指令，启动网络的服务功能。

作为终端结点的传感器探头可以有多种类型，涉及声响、磁性、震动、红外、视频等传感器。它们一般不宜采用交流电供应能量，适合采用配备电池。另外，如果结点采用太阳能、风能等自然能供电的方式，在自然条件许可的情况下对电池充电蓄能，在野战条件下进行长期监控也是非常值得推荐的方案。

8.2　常见的地面战场微型传感器

随着电子技术和信息技术的发展，战场目标信息采集的手段和设备日益先进，可以通过地面和空中的各种侦察设备获取大量的情报。目标信息感知系统具有实现确定重点侦察地域的功能，提高侦察器材的针对性，从而提高目标信息感知的科学程度。这种系统需要充分考虑系统的扩展，在实现现有侦察器材数据接收接口的基础上，预留对多种侦察设备进行数据接收的接口。

地面侦察设备通常包括战场监视雷达、地面传感器和电子侦察设备等。目标信息感知系统充分利用这些先进的情报采集手段，接收和处理它们所提供的各种情报。

在陆军地面侦察设备系统中，地面传感器可以充当现代战场的隐形侦察兵。所谓地面传感器，顾名思义就是一种专门植于地面，通过对地面目标所引起的电磁、声、微震动或红外辐射等物理量的变化进行探测，并转化成电信号后对目标进行侦察与识别的探测设备。

地面传感器与其他侦察设备相比，具有结构简单、便于携带和埋设、易于伪装等特点。

它可用飞机空投、火炮发射或人工设置在敌人可能入侵的地段,特别是在其他侦察器材“视线”达不到的地域。同时它不受地形和气候的限制,能够有效地弥补雷达和光学侦察系统的不足,这大大扩大了战场信息探测的时空范围。

正是基于上述原因,地面传感器自诞生之日起就备受军事家们的青睐。目前,经过蓬勃发展,地面微型探测传感器已发展成为了包括微震动传感器、磁性传感器、声响传感器、红外传感器、压力传感器和超声波传感器等在内的系列产品。

随着现代科学技术的发展,地面侦察传感器也呈现两个重要的趋势和特点:

① 随着 MEMS 微型化技术的出现,早先体积较大、电路组成复杂的传感器变为体积微型化、低功耗、高灵敏度的探测器件;

② 随着无线局域网技术、ZigBee 自组网通信技术等的发展,传感器之间采用通信与组网方式进行连接,更适宜地面战场的信息采集和传输。

目前外国军事部门常用的地面探测传感器包括如下几种[86]。

8.2.1 微震动传感器

微震动传感器也叫微震动探测器,它类似于记录地震或原子弹爆炸震波的地震仪,在智能交通系统和建筑物的防震监测中也有应用。这种传感器在侦察目标时,主要是通过装置的震动探头(也叫拾震器)捕捉人员或车辆活动而造成的地面震动信号来探测目标。

在战场使用时,可采用人工、火炮发送或飞机空投等设置方式。通常拾震器要设在地表层,一旦人员或车辆经过传感器的有效探测地域时,传感器将目标引起的地面震动信号转化为电信号,经放大处理后发给监控中心,从而进行实时的战场监测。

目前电子市场上常见的微震动传感器产品及型号包括美国 ADI 公司的 ADXL 系列加速度传感器(单轴向、双轴向、三轴向)、飞思卡尔公司的 MMA62xxQ 系列 MEMS 加速度传感器等。特别是博世(BOSCH)公司推出的三轴加速度传感器 SMB380,一个典型的特点就是具有自动唤醒功能,在低功耗和长期监测应用中可以发挥作用。

微震动传感器的主要优点是探测距离远、灵敏度高,通常可探测到 30m 以内运动的人员和 300m 以内行进的车辆,是所有传感器中探测距离较远的一种。同时,微震动传感器还具有一定的目标分类能力,不仅可区分人为震动与自然扰动,还能区分人员和车辆,因为它们的震动信号强度通常差别很大。

另外,微震动传感器的耗电量很小,自备电池可使用数月甚至若干年都不需更换,且传感器可在开启后不中断地进行长期侦察与监视,不会漏掉目标。当然微震动传感器也存在着不足,它的探测距离受地面土质变化影响较大。土质硬,探测距离远;土质软,探测距离近。如果微震动传感器抛撒在洼地、沟壑、水溪等地带,则它会丧失对运动人员和车辆的探测功能。

美国陆军正在使用的一种轻型震动入侵探测装置,可以用于远程侦察巡逻队。这种装置能够有效探测大约 130m 以内的人员活动引起的震动,且能在 5min 内设置完毕。侦察巡逻队可在距离 1800m 远的位置上监控微震动传感器,能够有效采集地面战场的目标活动信息。

8.2.2 声响传感器

声响传感器是一种通过对声源目标发出的声响信号进行接收、处理后,实现对声源目标探测的侦察装置。实际上声响传感器的探测器就是常说的"话筒",它可以把获取的目标声音信号转变为电信号发送给监控中心,再还原为声音信号来对目标进行识别、探测。

声响传感器的最大优点是分辨力强,它能鉴别目标的性质。在对人员进行探测时,不仅可以直接听到声音,还能根据话音判明其国籍、身份和谈话内容。如果探测的目标是车辆,则可根据声响判断车辆的种类,还能够准确地分辨出是人为的声响还是自然声响,从而排除自然干扰。此外,声响传感器的探测范围也较大,一般对人员正常谈话探测距离可以达到40m,对运动车辆可以达到数百米。

声响传感器的缺点是耗电量大,在实际工作时为了保持较长的工作时间,通常受人工指令信号控制,或者与震动传感器联用。平时震动传感器处于工作状态,声响传感器则关机。震动传感器探测到目标后再启动声响传感器,把震动传感器耗电量少与声响传感器鉴别目标能力强的优点结合起来,达到取长补短、相互配合完成探测任务的目的。例如以 BOSCH 公司的三轴加速度传感器 SMB380 为例,SMB380 与声响传感器平时均处于休眠状态,如果 SMB380 震动传感器探测到有目标经过时,则唤醒声响传感器与微控制器,进行目标信号特征的详细分析。

声响传感器的典型应用是美国陆军使用的一种可悬挂在树上的被称作"音响浮标"传感器,探测距离可达 400m,已接近人的听力范围。

8.2.3 磁性传感器

磁性传感器的探测器为磁性探头,磁性探头工作时在周围形成一个静磁场,当铁磁金属制成的物体,如步枪、车辆等进入这个静磁场时,就会感应产生一个新的磁场,干扰了原来的静磁场,由于目标的运动变化所产生的干扰使磁场发生变化,引起磁力计指针的偏转及摆动,产生一个电信号,进而实现对携带武器的人和车辆的探测。

磁性传感器鉴别目标性质的能力较强,能区别徒手人员、武装人员和各种车辆;同时对目标探测的反应速度也比较快,一般为 2.5s,可实时地探测快速运动的目标。与其他传感器相比,磁性传感器还有一个突出特点,就是它能适应各种条件下的战场探测,特别适用于震动传感器难以探测的沼泽、滩头、水网等地区,从而弥补了震动传感器的不足。但是磁性传感器的能源有限,这使得它的探测距离较近,一般对人员的探测距离为 3~4m,对轮式车辆的探测距离为 15m 以内,对履带式车辆的探测距离为 25m 以内。

磁性传感器的典型产品主要有 Honeywell 公司的 HMC 系列微型磁阻传感器,这是磁阻系列传感器中灵敏度最高、对微型金属目标信号探测距离最远的一类传感器。另外,我国研究较为成熟的磁通门传感器也具有较好的探测灵敏度和分辨率,有的磁通门产品灵敏度可以达到 0.5mV/nT、分辨率优于 1nT。

8.2.4 红外传感器

红外传感器是一种能够感应目标辐射的红外线,并将其转换成电信号后对目标进行识别探测的侦察设备。这种传感器通常分为有源式和无源式两种。有源式红外传感器的工作原理是,当战场上运动的人员或车辆通过传感器的工作区域时,传感器发出的红外光线即被切断,此时传感器便被启动,同时监控站的警报器便自动报警,以此来探测目标。

无源式红外传感器的工作原理是,当目标发出热辐射使传感器工作区域的温度突然发生变化时,传感器被启动。这种装置非常灵敏,在15m的范围内人的正常体温足以启动该装置。

红外传感器通常隐蔽地布设在需要监视的道路和目标区附近,可探测到视角扇面区20m以内的人员和50m以内的车辆目标。它的主要优点是体积小,无源探测,隐蔽性好,响应速度快,能探测快速运动的目标,还可探测目标运动的方向并计算出目标的数量,因而它是传感器系统中很重要的目标侦察传感器。红外传感器的不足之处是只能进行人工布设,探测范围有限,只局限于正对探测器的扇形地区,无辨别目标性质的能力。

考虑到战场使用的隐蔽性等问题,通常可以采用被动式的热释电红外传感器,譬如德国海曼产品型号LHI958红外传感器值得推荐。试验表明随着距离的增加,红外信号逐渐减弱,人员的红外信号要比目标信号衰减得快。

8.2.5 压力传感器

压力传感器的探头通常是一根极细的应变电缆,使用时埋设在目标可能通过的路面下,当运动目标压过浅埋的应变电缆时,电缆因受挤压而变形,从而引起电阻发生变化,产生的电信号起到报警作用。

压力传感器是使用最早、种类较多的一类地面战场侦察传感器。在20世纪60年代中期的越南战争中,美军曾使用很多压力传感器。使用最多的是应变钢丝传感器和平衡压力传感器。随着科学技术的发展,震动磁性电缆传感器、驻极体电缆和光纤压力传感器等作为侦察装备也得到了广泛应用。

压力传感器的特点是它的虚警率较低、目标信息判断准确、抗电磁干扰能力强以及响应速度快。但这种传感器只有当运动目标压过电缆时,才能发现目标,探测范围与电缆的布设长度相等,通常为30m,而且只能人工布设,因而在野战使用上有一定的局限性。

8.2.6 超声波传感器

超声波传感器一般采用独立的发射器和接收器,发射器由高频信号(40～80kHz)来激励。测量发射一个超声波脉冲至接收到反射信号所用的时间间隔,可以简单地估计出被测物体的距离。这种传感器的主要优点是成本较低,尺寸较小,缺点是有些目标物(如土壤和草木)的反射信号很弱而无法探测,另外超声波在空气中的传播时间随温度而变化。因此超声波传感器用在温度变化范围较大的场合时,必须进行温度补偿。

另外,正在发展中的常见地面传感器还包括:(1)智能传感器,所谓智能传感器是指探测结点带有微处理器,因而兼有探测与信息处理能力;(2)CMOS图像传感器,它利用光电器件的光-电转换功能,将其光面上的所成像转换为与光对应的电信号图像,用以观察战场上声像并存的敌方活动情况;(3)微量气体传感器,通过敌方车辆排出气体的气味和含量浓度来判断车辆种类和数量等。

8.3 美军沙地直线传感器网络项目介绍

美国陆军于2003年在俄亥俄州开发了“沙地直线”(A Line in the Sand)系统,这是一个用于战场探测的无线传感器网络系统项目。在国防高级研究计划局的资助下,这个系统能够侦测运动的高金属含量目标,例如侦察和定位敌军坦克和其他车辆[87]。

沙地直线项目主要研究如何将低成本的传感器覆盖整个战场,获得精细的战场信息,从而以不可思议的精确性来识破“战争迷雾”。由美国陆军研究实验室组织的战略评估研讨会认为:“依靠复杂的大功率传感器和通信是不切实际的。未来战场感知的资源可能是大量部署的简单和廉价的单个设备。当分布式探测系统的设备数目成千上万、或许上百万地增加时,必须极大地提高对组网和信息处理的重视程度”。

8.3.1 项目背景

通常入侵检测是实际应用中非常重要的地面战场侦察监视问题,无线传感器网络技术可以很好地解决这一问题。沙地直线项目集成了协作式、具有感知、计算和通信能力的结点,替换了以前那种手工布置、稀疏分布、非网络式的感知系统,对已有的地面战场探测系统进行了彻底改进。利用沙地直线项目设计的系统和方案,可以协助部队人员非常方便地利用低功耗的传感器来覆盖战场区域。

沙地直线项目主要研究无线传感器网络在侦察入侵检测方面的应用,以及目标分类和跟踪等问题。美军研制的这种传感器网络系统,具有密集型、分布式的特征。多种异构的传感器结点采用了松散连接的传感器阵列,提供现地探测、评估、数据压缩和发送信息的功能。他们专门对传感器技术、信号处理算法、无线通信技术、网络技术和中间件服务等关键技术进行探索,整个试验工作在佛罗里达州坦帕市MacDill空军基地完成[88]。

美军研制沙地直线项目的目的是希望识别出入侵的物体或目标,入侵目标可以是徒手人员、携带武器的士兵或车辆。该项目的主要功能包括目标探测、分类和跟踪。

沙地直线项目研制的无线传感器网络结点,被命名为“超大规模微尘结点”(eXtreme Scale Mote,XSM)。它的实物如图8.3所示,图8.3(a)为正面,图8.3(b)为背面。这是一种具有特殊功能的传感器网络结点,新技术含量高,能可靠地、大范围地实施长久监视[89]。

通常战场探测需要系统区别出目标的出现与消失情况。正确的探测要求传感器结点能

(a) 正面

(b) 背面

图 8.3　XSM 结点实物图

可靠地估计出目标的存在，在没有目标出现时避免错误检测。这里战场目标分类将目标分成平民、士兵和车辆三种，分类（classification）简记为 C，它的关键性能指标是正确分类概率和错误概率，将平民或徒手人员（person）简记为 P，将士兵或武装人员（soldier）简记为 S，将车辆类目标（vehicle）简记为 V。

目标跟踪是当目标在传感器网络覆盖的区域内运动时，系统能始终感知其位置。正确的跟踪需要系统以一定的准确度、在可接受的探测反应时间内估计出目标进入的初始点和当前位置。由于目标在传感器网络覆盖区域内移动，所以目标随时间移动的位置要能始终被跟踪记录。成功的跟踪要求系统能适度准确地判断出目标最初进入的位置、当前位置，而且允许有一定的探测反应时间。

表 8.1 总结了沙地直线项目要求的传感器探测工作特性和战术技术指标。表 8.2 所示为目标分类要求的详细技术指标，其中垂直栏表示实际种类，水平栏表示要求的分类指标。这里 C、P、S 和 V 是上述的简记写法。对于分类混合矩阵来说，某一类目标的分类概率指标不能小于规定值；不同种类目标之间存在错误分类问题，它们之间有一个错误分类的上限概率，这就是表中符号所表达的含义。

表 8.1　沙地直线项目的战技性能指标

指　　标	量　　值	指 标 含 义
P_D	>0.95	探测概率
P_{FA}	<0.10	错误报警率
T_D	<15	探测持续时间（s）
$P_{C_{i,j\|i=j}}$	见表 8.2	正确分类率
$P_{C_{i,j\|i\neq j}}$	见表 8.2	错误分类率
$(\hat{x},\hat{y})$	$\in(x,y)\pm(2.5,2.5)$	位置估计误差（m）

表 8.2　沙地直线项目的目标分类战技指标

	徒手人员	士　　兵	车　　辆
徒手人员	$P_{C_{P,P}}>90\%$	$P_{C_{P,S}}<9\%$	$P_{C_{P,V}}<1\%$
士兵	$P_{C_{S,P}}<1\%$	$P_{C_{S,S}}>95\%$	$P_{C_{S,V}}<4\%$
车辆	$P_{C_{V,P}}=0\%$	$P_{C_{V,S}}<1\%$	$P_{C_{V,V}}>99\%$

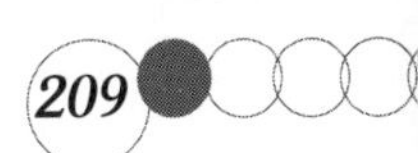

8.3.2 目标探测的传感器选型

传感器选型是无线传感器结点设计的一项基本工作。尽管可用的传感器类型很多，但是并不存在能直接探测所感兴趣的人、车辆的原始传感器。换句话说，这里采用混合型的传感器，探测目标的各种特征如热信号、铁磁信号等。当然，这种方法也是有缺陷的，因为多种不相关的探测现象可以产生无法确认的传感器输出结果。另外，实际探测信号里夹杂着各种噪声，这也限制了系统的使用效果。因此，目标探测的传感器选型是与信号探测、参数估计和模式识别相关联的。

虽然选择合适的传感器组合能显著提高系统的性能，降低成本和延长网络化探测的生命期，然而传感器大量输出信息和处理信号需要耗费电能。例如，即使是数十万像素的CMOS图像传感器也能提供大量的信息，但是由于视觉处理算法需要运算的空间、时间和复杂度方面条件苛刻，会占用较多的计算和通信资源。

这里主要介绍沙地直线项目用于探测上述三类目标的传感模式，分析它们引起六种基本能量域(光、机械、热、电、磁、化学)方面的变化。首先确立目标现象，即潜在目标可能导致的环境扰动特征，然后确定出能探测这些扰动的一组传感器，从那些探测信号中提取出有意义的信息。

在沙地直线项目的研究中，研究人员希望找出同类目标的相似特征，以区别于不同种类目标的相异特征值，从光、机械、热、电、磁、化学六个基本能量域来识别目标特征。

1）徒手人员

徒手人员类型可以从热量、地震动、声音、电场、化学、视觉等方面扰动周围环境。人体的热量以红外能量方式向四周发散，因而能采用红外传感器进行感测。人的脚步可以引起地面自然频率回响的脉冲信号，这种共振信号是以阻尼振荡方式通过地面进行传播，因而可以采用微震动传感器收集震动信号。脚步声还能引起声音脉冲信号，并通过空气进行传播，它的传播速度不同于通过地面传播的地震动信号，但可以运用声响传感器收集这种脚步声信号。

2）武装人员

持械士兵或武装人员可以具有一些徒手人员所不具备的信号特征。通常士兵应该持有枪支和其他含有铁质或金属的装备，因而士兵具有磁信号，这些磁信号是大多数徒手人员所不具有的。士兵的磁信号是由于铁磁质材料对周围地磁环境的扰动而产生的，因此这里采用磁阻传感器探测此类目标。

3）车辆

车辆类型的目标可以从热量、地震动、声音、电场、磁场、化学、视觉等方面扰动周围环境。车辆与人员类似，会产生热信号特征，例如机车车头部分和尾气排气位置都会产生比周围温度高的现象。

轮式和履带式的车辆具有能被探测到的震动和声波特征信号。特别是履带式车辆由于具有节奏的咔嚓声和履带振动，具有非常明显的机械特征信号。车辆相对于武装人员而言，它们本身的金属物质含量大，可以更显著地影响周围某一区域的电磁场。另外，车辆的燃油燃烧时会释放化学物质，如一氧化碳、二氧化碳等。车辆也反射、散射和吸收光线信号。根据这些目标现象，沙地直线项目采取了相应的传感器进行探测车辆类型的目标。

沙地直线项目的信号处理子系统用来感知、检测、判断、分类和跟踪服务，主要完成信号检测和信号判断。信号检测是在感兴趣的信号出现时做出决定，信号判断是根据信号的相关参数做出判断。

下面结合具体的传感器类型介绍目标信号的检测技术。

1）声音传感器

这里采用JL1型电子F6027AP麦克风声音传感器，它是声音子系统的核心部件。这种麦克风声音传感器的灵敏度是－46dB±2dB，响应频率为20Hz～16kHz。这种麦克风是高为2.5mm、直径为6mm的圆柱形状。选择这种传感器的原因在于它的灵敏性好、尺寸小、铅制终端、性价比高。

2）被动红外传感器

采用Kube Electronics的C172型传感器，它是被动红外子系统的核心部件。该传感器包含两个相隔一定距离的热电感应元件和一个JFET放大器，放大器密封在封闭的金属盒内，自带一个光学滤波器。该传感器安装有一个圆锥形光学反射镜，因而不再需要其他的透镜设备。

被动红外探测器是根据警戒区域内的背景和入侵者身上辐射出的远红外能量差进行探测。这种传感器非常适合对人员和车辆的探测，对移动目标运动轨迹的探测来说，它具有低功耗、小尺寸、高灵敏性和低成本等特点。

3）磁性传感器

采用Honeywell HMC1052型磁阻传感器，作为磁感应子系统的核心部件，并建立基于磁偶极子信号的探测模型，用于检测判断士兵和车辆目标，提供分析结果。例如，坐标点(x_m, y_m, z_m)处存在一个运动的士兵或车辆，他（它）被认为是一个携带铁磁质的运动物体，可以视作为一个中心在(x_m, y_m, z_m)处的运动磁偶极子。如果坐标(x_m, y_m, z_m)可以相应地表示为$x_m(t)$、$y_m(t)$和$z_m(t)$，则磁偶极子的位置可描述为时间函数。

4）多普勒雷达传感器

采用TWR-ISM-002脉冲多普勒传感器作为雷达平台。该传感器能探测半径为60ft的活动范围，使用电位计可以把探测范围调整为较短的距离。根据当时使用的环境情况，还可以调整灵敏度，以适应嘈杂的环境。

8.3.3 项目系统试验

1. 网络结点的封装问题

研究人员考虑到对于入侵探测这种战场应用，传感器结点必须承受多种不利的环境，如风、雨、雪、洪水、炎热、寒冷和复杂地形等。传感器结点的封装能够保护这些元件中的精密电子元器件。封装性能的优劣也直接影响传感器的探测和无线通信功能[90]。

图 8.4 所示为沙地直线项目研制的传感器结点 XSM 的封装剖视图。它的塑料罩由一种不透明的红外材料制造,但每一个侧面可安装红外透过的观察孔,并且在每一个侧面有许多小孔允许声音信号被成功探测。传感器密封罩内安装的一种防水挡风玻璃,可以降低风和噪音的影响,保护电子元器件不受光照和雨淋。天线安装在电路板上,在密封罩的顶部露出长杆。

研究人员提出并研制了以下系列的封装设备:密封罩、曲棍球冲压罩、锥形罩、简易检测罩、改进型检测罩,这里主要侧重介绍前三种封装设备。

1) 密封罩

密封型的封装罩表面光滑,具有自动调整自身位置的能力,可以在结点位置或姿态变化时,仍然可以完成可靠的探测和无线通信功能(如图 8.5 所示)。这种罩体能使光线照到里面的太阳能电池板上。

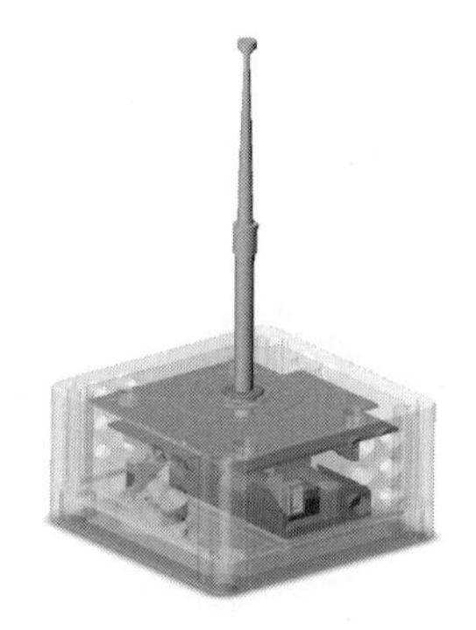

图 8.4 XSM 结点的封装剖视图

图 8.5 密封型封装罩

传感器结点的电子元器件安装在一个固定架上,固定架使用一种简单的万向节机械装置,连接在罩壳上。万向节机构绕着罩的长轴(横向轴)可以自由旋转。安装电池的一边在固定架底部,安装太阳能电池的一边在固定架顶部。当万向节机构在增加了圆柱形罩的转动自由度之后,可以增加雷达和无线电天线的水平性,从而使它们垂直于地面,太阳能电池板也可以直接面向天空,从而增加了结点的探测感应范围、无线通信范围和使用寿命。

2) 曲棍球冲压罩

图 8.6 所示为曲棍球冲压罩的剖视图,它由顶盖、罩身和底基组成。底基由立体圆柱和塑料块组成,密封装置底部的重量变重了,从而降低密封装置翻倒的可能性。底基有一个正方形孔存放电池,有一个圆柱状孔从电池部位伸出来。另外,还有一个圆柱状孔从音响器部位延伸出来,从而在底基的顶端处露出一个圆孔。这个小孔用作音响器与周围环境的声音波导、无线通信的导向孔。

3) 锥形罩

锥形罩的结构如图 8.7 所示,它具有自动调整姿态和位置的功能,结点可以像交通锥标的使用方式一样,从空中扔下,然后锥形罩自己调整姿态,保证它正面朝上,其中的磁力计也处于水平状态。宽大的底基能避免锥形罩翻倒,另外锥形罩的底基重量足够大,在可能发生的意外情况下出现翻倒时,仍能自正位,保证天线指向朝上。

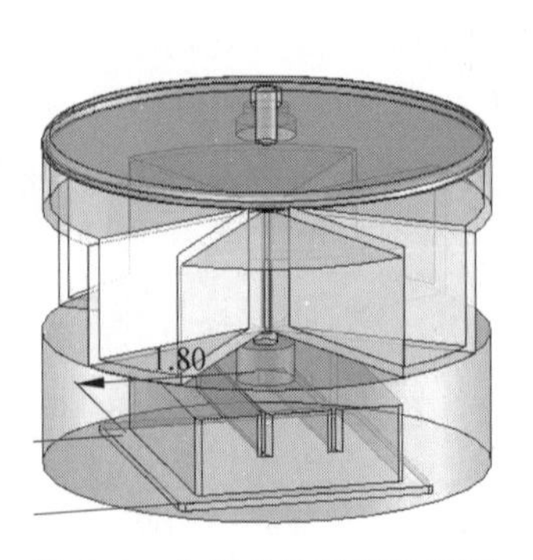

图 8.6　曲棍球冲压罩剖视图

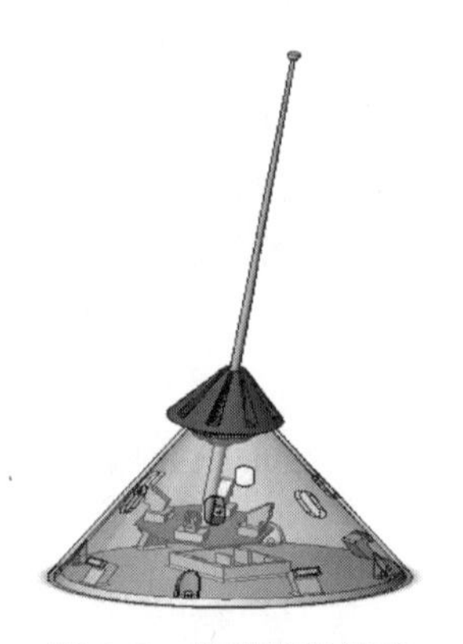

图 8.7　锥形罩剖视图

锥形罩的“悬垂钟摆”电路板由天线悬挂着，天线本身被装在锥形罩的顶部。假设锥形罩里的传感器结点电路板旋转范围在±10°到±15°之间，则它在倾斜电路板上产生的磁场变化量不会超过4%。

这种锥形罩的设计方式对从无人驾驶飞机上抛撒无线传感器网络结点，具有启发作用。它可以做到自动抛撒后不用再管，在地面上由这些落地的传感器结点自动组网。尽管会有少数结点失效，但可以保证大多数传感器结点能够有效探测和无线通信，因而构建出完整的无线传感器网络。

2. 试验部署与实施

沙地直线项目的研究人员在2003年春季、夏季和秋季，分别在俄亥俄州和佛罗里达州等不同地方进行了试验。另外，在俄亥俄州、密歇根州、爱德华州、得克萨斯州和田纳西州的几个地方布置了数十个网络，每个网络包含的结点数量较少，目的是试验探测、分类、跟踪、时钟同步和路由等各种模块的性能，并检查试验系统和传感器结点硬件封装等问题。

如图8.8所示，项目试验的传感器网络包括了78个磁性传感器结点，布置在长、宽分别为60ft、25ft的范围。在该网络中有12个协同定位的雷达传感器结点，它们分别布置在2，3，6，7，28，29，34，35，67，68，76，77号结点的位置附近。

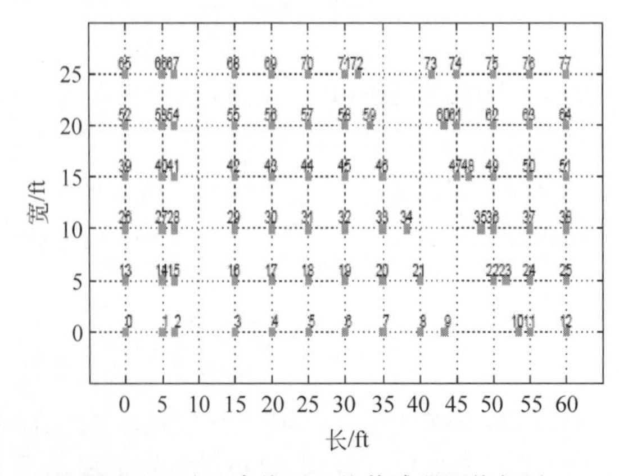

图 8.8　沙地直线项目的传感器网络部署

在试验区域除了沿着两条小路布置的磁性传感器结点放置不均匀以外，其他磁性传感器结点的部署是均匀的。小路宽度能保证车辆开过时，不会压到结点。这些磁性传感器的标号从 0 到 77，整个网络通过基站(位于 0 结点)和远程无线转发器连到远端计算机。

磁探测采用 Mica 传感器底板上的磁阻传感器，利用 TWR-ISM-002 电波探测传感器来感知机动的徒手人员、武装士兵和车辆。为了在 Mica 上集成该电波探测传感器，项目开发了 Mica 能量板，它带有一副升压调整器，为电波探测板提供能量。

通过可视化的软件界面系统，可以观察传感器结点的状况和目标的活动情况。该软件平台支持窗口放大和缩小，可重放最近记录，随时观察网络拓扑布局，显示目标的运动踪迹。

思考题

(1) 战场感知的定义是什么?

(2) 现代信息技术的三大基础是什么?

(3) 常见的地面战场微型传感器有哪些?

(4) 简述微震动传感器、磁性传感器、红外传感器的特点及探测距离，并分析它们的使用方法。

(5) 沙地直线项目如何解决网络结点的封装问题?

第9章 无线传感器网络实验

无线传感器网络是一门实践性很强的技术，要想对其进行深入的学习，必须掌握它的环境建立、软件开发和程序调试等基本技能，实验操作是无线传感器网络内容学习的一个重要环节[91]。

9.1 实验背景和设计

1. 实验名称

Mica系列传感器网络的编程实验。

2. 实验课时

6课时。

3. 实验目的

实验目的是学习安装和使用Crossbow公司的Mica传感器网络，练习传感器网络的基本应用，加深学生对传感器网络基本工作原理和实现方法的理解，强化学生将传感器网络课本知识与工程实践相结合的能力。

具体的实验目标包括：(1)掌握安装TinyOS操作系统；(2)事件驱动的传感器数据获取；(3)发送与接收消息；(4)PC显示数据。

4. 实验所需软件

操作系统：安装有Cygwin的Windows 2000/XP操作系统，或者安装有GCC编译器的Linux操作系统。

下载并安装以下软件：

① Cygwin(http://www.cygwin.com)；

② WinAVR(http://winavr.sourceforge.net)；

③ nesC(http://nesc.sourceforge.net)；

④ Java JDK(http://java.sun.com/j2se/1.4.1)；

⑤ TinyOS(http://sourceforge.net/projects/tinyos)。

5. 实验设备

除了采用普通计算机以外,还需要的实验硬件设备清单如表 9.1 所示。

表 9.1 实验设备清单

序号	设备名称	用 途	实 物
1	MIB510 编程板	用于传感器网络结点的编程,以及充当无线通信的网关汇聚结点	
2	MICA2 传感器网络结点	充当运行 TinyOS 操作系统的处理器,负责无线传输和接收,具有用于接插传感器板的标准 51 针接口	
3	MTS300 传感器板	负责探测数据的采集,并利用处理器和无线模块进行数据发送	

MIB510 的具体型号通常为 MIB510CA,它的各部分组成如图 9.1 所示。图中所示的各标号部件的含义分别如下:

① 9 针的 RS-232 接口。

② 与 MICAz/MICA2 相连的 51 针接口。

③ 与 MICA2DOT 相连的 19 针接口。

④ MICAz/MICA2 发光二极管指示器:红、绿、黄。

⑤ 编程指示器:发光二极管为绿色,表示“电源开启”;如果为红色,表示“编程中”。

⑥ 编程接口开关:On/Off 开关控制串行传输。

⑦ 临时开关:复位编程处理器和 Mote。

⑧ 10 针 JTAG 接口。

⑨ 电源:5V/50mA 应用外接电源。

Mica2 的具体型号为 MPR400CB,它的各部分组成如图 9.2 所示。图中所示的各标号部件的含义分别如下:

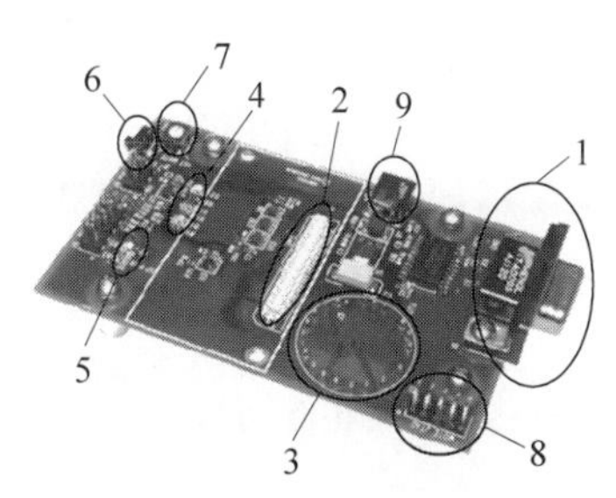

图 9.1 MIB510CA 编程板的组成

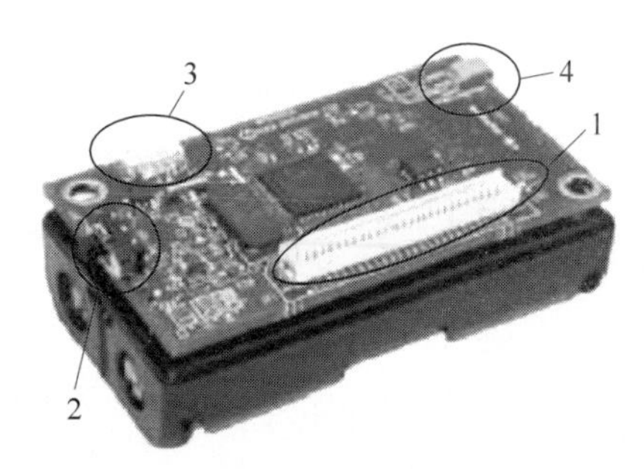

图 9.2 MPR400CB 结点的组成

① 51 针的接口(插针型)。

② 电源 On/Off 开关。

③ 外接电源的接口。

④ MMCX 接口(插孔型)。

传感器板的具体型号为 MTS300，它的各部分组成如图 9.3 所示。图中所示的各标号部件的含义分别如下：

① 51 针的接口(插座型)。

② 光传感器。

③ 声音传感器(4kHz)。

④ 蜂鸣器。

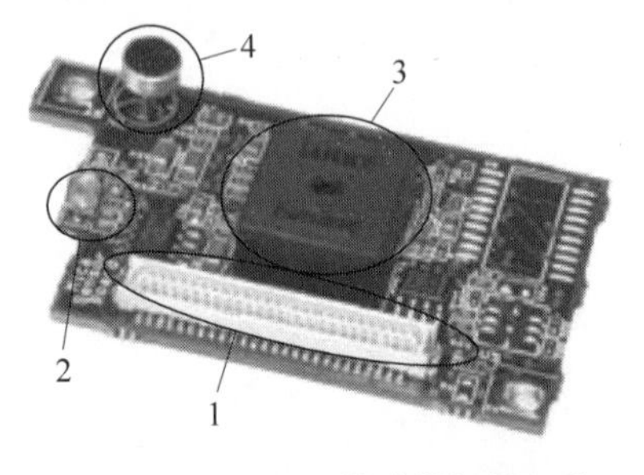

图 9.3　MTS300 传感器板的组成

6. 实验内容提纲

(1) 安装 TinyOS：下载与安装、软件与硬件验证。

(2) 事件驱动的传感器数据获取。

(3) 发送与接收消息。

(4) PC 显示数据。

7. 预习要求

(1) 复习本书第 5 章的内容“传感器网络的应用开发基础”。

(2) 熟悉 TinyOS 开发工具环境及其编程语言。

8. 注意事项

(1) 遵守实验纪律，爱护实验设备。

(2) 提交详细实验报告 1 份。

9.2　实验内容和步骤

1. 安装 TinyOS

1) 下载与安装

TinyOS 操作系统有两种安装方式，一种是使用安装向导自动安装，另一种是全手动安装。不管使用哪种方式，都需要安装相同的 RPM。RPM 就是 Reliability Performance Measure，是广泛使用的用于交付开源软件的工具，用户可以轻松有效地安装或升级 RPM 打包的产品。

这里介绍在 Windows 平台下自动安装 TinyOS。

TinyOS 自动安装程序的下载地址为 http://webs.cs.berkeley.edu/tos/dist-1.1.0/tinyos/windows/tinyos-1.1.0-lis.exe。

TinyOS 1.1.0 安装向导提供的软件包包括如下工具：TinyOS 1.1.0、TinyOS Tools 1.1.0、

NesC 1.1.0、Cygwin、Support Tools、Java 1.4 JDK & Java COMM 2.0、Graphviz、AVR Tools、avr-binutils 2.13.2.1、avr-libc 20030512cvs、avr-gcc 3.3-tinyos、avarice 2.0.20030825cvs 和 avr-insight cvs-pre6.0-tinyos。

用户可以选择“完全”安装和“自定义”安装两种类型之一。完全安装包括以上所有内容，而自定义安装允许用户选择自己需要的部分。

用户需要选择一个安装目录。所有选择的模块都会安装在这个目录下。以下称这个安装目录为 INSTALLDIR，通常默认目录为 C:\Program Files\UCB\，并假设这里选择完全自动安装的选项。

注意：TinyOS 自动安装向导虽然允许用户可以自己决定选择安装某些部分，也可选择不安装某些部分，但是除非使用者对 TinyOS 各个不同模块、工具之间的交互及其联合工作的版本完全清楚，建议选择完全安装。另外，必须以具有管理员权限的用户安装 TinyOS，否则安装不可能成功而且还会留下残损的文件。

2）软件与硬件验证

在使用嵌入式设备时，调试应用程序通常比较困难，因此在工作前一定要确保所使用的工具工作正常以及各硬件系统功能完好。一旦某个部件或工具中存在某些问题而未及时发现，将耗费大量的时间去调试。下面介绍如何检查各硬件设备和软件系统。

① PC 工具验证。如果在 Windows 平台下使用 TinyOS 开发环境，“toscheck”是一个专门用来检验这些软件是否正确安装以及相应的环境变量是否设置完好的工具。

在 cygwin shell 命令行的提示下，转到 tinyos-1.x/tools/scripts 目录，运行 toscheck，输出结果可能会报告环境变量设置不正确，TinyOS 运行检查不通过，如图 9.4 所示。

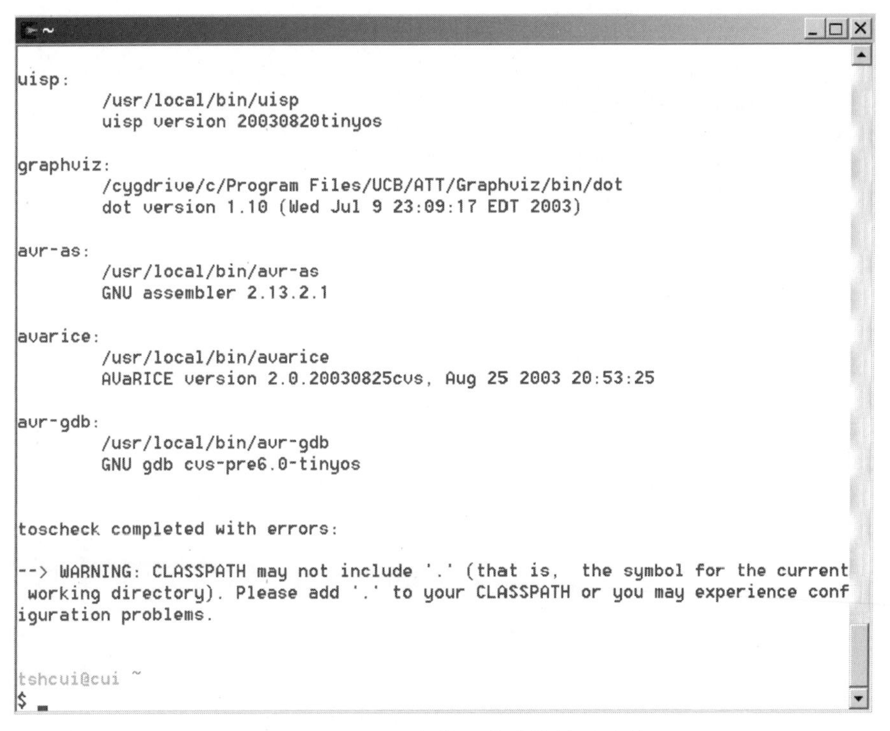

图 9.4　TinyOS 安装不成功的界面示例

根据系统的提示,需要自己设置一下环境变量。对于 TinyOS 1.x 的环境变量设置问题,可以修改 C:\Program Files\UCB\cygwin\etc\profile.d\tinyos.sh 文件,内容如下:

```
# 设置 TinyOS 根路径
export TOSROOT = '/opt/tinyos-1.x'
# 设置 TinyOS 核心组件所在的目录
export TOSDIR = '$TOSROOT/tos'
# classpath 的设置需要根据自己的安装路径进行设置
export CLASSPATH = '.; $CLASSPATH; C:\Program Files\UCB\cygwin\opt\tinyos-.x\tools\java\
javapath; C:\Program Files\UCB\cygwin\opt\tinyos-1.x\tools\java; '
# 设置 Make 入口点
export MAKERULES = '$TOSROOT/tools/make/Makerules'
```

重新启动 cygwin 之后,再运行 toscheck 进行验证,系统会报告安装成功,如图 9.5 所示。

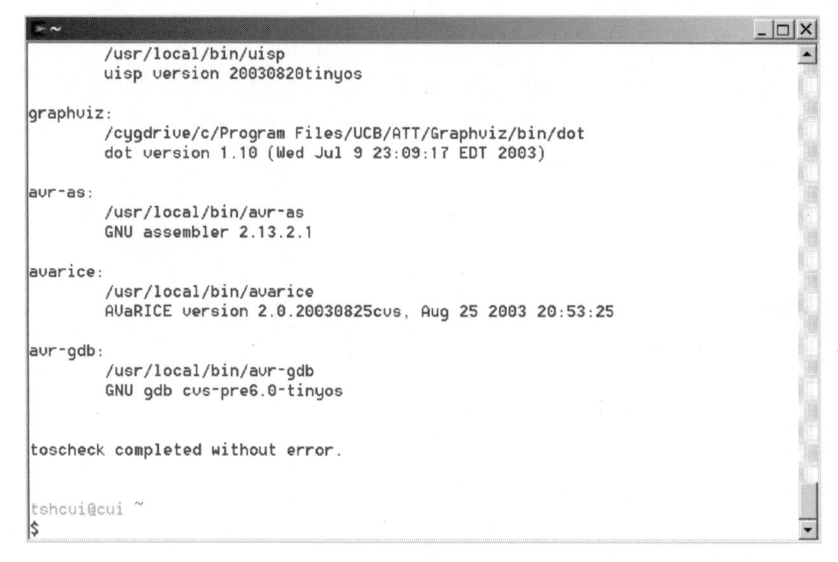

图 9.5　TinyOS 安装成功的界面

最后一行报告"toscheck completed without error.",这是十分重要的,只有显示了这一行才表示安装无误,否则如果报告存在什么错误或问题,一定要先修补好。

② 硬件验证。TinyOS 的 apps 目录下有一个应用程序"MicaHWVerify",是专门用来测试 mica/mica2/mica2dot 系列硬件设备是否功能完好的验证工具。若使用不同的硬件平台,则不适宜使用该程序。

对于传感器结点在硬件编程时须注意:若使用配套的电源给编程接口板供电,将传感器结点插到接口板前要保证结点上的电池已取出;若利用传感器结点上的电池给编程接口板供电,不需再接电源,并保证电池电量大于等于 3.0V 且结点上开关状态为 On。如果既外接电源,又采用电池供电,很可能会烧毁电路板。

以下步骤以 MICA2 结点为例,对 MICA2DOT 结点只需修改相应参数即可。

第 1 步：运行 cygwin 后，在 C:\Program Files\UCB\cygwin\opt\tinyos-1.x\apps 目录下，输入 make mica2 来编译 MicaHWVerify 程序。

在使用 MICA2/MICA2DOT 平台时，输入如下完整的命令：

```
PFLAGS = -DCC1K_MANUAL_FREQ = <freq> make <mica2|mica2dot>
```

其中，<freq>可以根据需要在 315MHz、433MHz 和 915MHz 中选择一个。针对 Mica2 系列的结点，手工设置频率为 916.7MHz。这里的命令格式如下：

```
PFLAGS = -DCC1K_MANUAL_FREQ = 916700000 make mica2
```

若编译没问题，将输出一个内存描述，显示如下的类似内容：

```
compiled MicaHWVerify to build/mica2/main.exe
10386 bytes in ROM
390 bytes in RAM
avr - objcopy - - output - target = srec build/mica2/main.exe build/mica2/main.srec
```

如果输出结果与上述描述类似，则说明应用程序已经编译好，下一步就将它加载到结点中。

第 2 步：将 MICA2 结点插到编程接口板上(MIB510)，用电池或电源供电，通电后编程接口板上的绿灯亮。

第 3 步：将编程接口板连到计算机，将程序装载到 MICA2 结点，输入命令：

```
MIB510 = COM# make reinstall mica2
```

其中，COM# 表示 MIB510 连接在计算机端口 COM# 上，# =1,2,3,…。这里假设取为 COM1。reinstall 是直接将已编译过的程序装载到指定结点，而不再重新编译程序，因此速度较快。如果使用命令 install 代替 reinstall，则先对目标平台编译，再将程序装载到结点。

MIB510 编程接口板的典型输出如下：

```
$ MIB510 make reinstall mica2
installing mica2 binary
uisp - dprog = MIB510 - dserial = COM1 - dpart = ATmega128 - -
wr_fuse_e = ff - - erase - - upload if = build/mica2/main.srec
Firmware Version: 2.1
Atmel AVR ATmega128 is found.
Uploading: flash
Fuse Extended Byte set to 0xff
```

这时可以知道编程接口板和计算机串口工作正常，然后验证传感器结点硬件。

第 4 步：输入命令：

```
make - f jmakefile
```

然后再输入命令：

```
MOTECOM=serial@COM1:57600 java hardware_check
```

这时计算机的输出会出现如下类似内容：

```
hardware_check started
hardware verification successful
Node Serial ID: 1 60 48 fb 6 0 0 1d
```

其中，Node Serial ID 是 MicaHWVerify 程序分配给 MICA2 结点的序列号。这个程序检查结点序列号、闪存连通性、UART 功能和外部时钟。当这些状态都正常时，屏幕打印出硬件检测成功的消息。由于 MICA2DOT 没有序列号，当编译 MicaHWVerify 时会提示警告信息“SerialID not supported on mica2dot platform”，最终运行结果 Serial ID 输出全为 0xFF。

第 5 步：验证传感器结点间的无线通信。通信时传感器结点间使用统一的频率，即 PFLAGS=-DCC1K_MANUAL_FREQ=916700000。

为了操作方便，我们可以在 apps/目录下建立一个 Makelocal 文件来设定参数的默认值，内容如下：

```
CFLAGS = -DCC1K_DEFAULT_FREQ = CC1K_915_998_MHz
MIB510 = COM1
```

这样以后就不必每次输入 MIB510=…PFLAGS=…之类的参数了。通信实验需要两个传感器结点，因此先对另一个传感器结点进行硬件检测，再按下述步骤操作，使它充当第一个结点的网关汇聚结点。

第 6 步：进入/apps/TOSBase 目录，输入 make mica2 编译 TOSBase 程序。

第 7 步：将 TOSBase 程序装载到插在 MIB510 编程接口板的传感器结点，并将另一个传感器结点放在附近，该结点装载的是 MicaHWVerify 程序。

第 8 步：输入命令：

```
MOTECOM=serial@COM1:57600TH java hardware_check
```

这是运行 hardware_check java 程序，输出结果类似如下内容：

```
Hardware_check started
Hardware verification successful.
Node Serial ID: 1 60 48 fb 6 0 0 1e
```

这里返回远端结点的序列号，表示传感器结点之间进行无线通信已经成功。如果远端传感器结点关闭或工作不正常，将返回提示信息“Node transmission failure”。

如果系统通过了上述测试，就可以进行 TinyOS 的开发工作了。

2. 事件驱动的传感器数据获取

为了演示事件驱动的传感器数据获取，这里选用简单的传感器应用示例程序 Sense，它

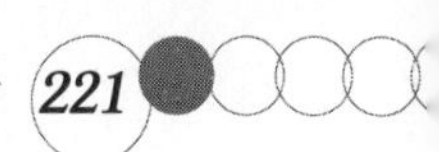

从传感器主板的光传感器获取光强度值,并将其低三位值显示在结点的发光二极管。该应用程序位于 apps/Sense 目录,配置文件为 Sense. nc,实现模块文件为 SenseM. nc。

跟前面的例子一样,在 C:\Program Files\UCB\cygwin\opt\tinyos-1. x\apps\Sense 目录下输入命令:

```
make mica install
```

这条命令完成编译应用程序,并安装到传感器结点。本实验中需要将一个带有光传感器的传感器板连接到结点。例如 Mica2 传感器主板使用 51 针的连接头。传感器主板的类型可以在 ncc 的命令行上使用“-board”选项来选择。在 Mica2 结点上,缺省的传感器类型为 micasb。

TinyOS 支持的所有传感器板都在 tos/sensorboards 目录下,每个目录对应一种型号,目录名称与主板名称相一致。

这里 ADC 将光传感器获取的大样本数据转化为 10 位的数字,表示当结点在光亮处时 LED 关掉,在黑暗中 LED 则发亮,因而将该数据的高三位求反。在 SenseM. nc 的函数 ADC. dataReady()中有如下语句:“display(7 -((data >> 7) & 0x7));”,就是为了实现这个用途。

3. 发送与接收消息

本实验是对传感器结点编写“CntToLedsAndRfm”程序,它通过无线方式传输计数器的数值,假设命名为“结点 1”。对另外一个传感器结点编写“RfmToLeds”程序,这个结点负责以 LED 显示所接收到的计数器数值,假设命名为“结点 2”。

实验步骤如下:

① 将网络结点 Mica2 通过串口与 MIB510 编程板相连。

② 打开 Cygwin 窗口,输入下面的命令:

```
cd /opt/tinyos-1.x/apps/CntToLedsAndRfm
```

③ 输入编译命令:

```
make mica2 install
```

这时我们可以看到结点 2 上的 LED 会显示 3 位的二进制计数器,当然这也是结点 1 通过无线发送的数据结果。

④ 关闭结点 1 的电源,将另外的其他一个结点与编程板相连,假设这个结点命名为“结点 3”。输入下面命令:

```
cd /opt/tinyos-1.x/apps/RfmToLeds
```

⑤ 输入下面命令:

```
make mica2 install.2
```

⑥ 打开结点 1 和结点 3,这时我们可以看到结点 1 通过无线发送计数器的数据,结点 3 在它的 LED 上显示所接收到的计数值。

4. PC 显示数据

本实验的目的是将传感器网络与 PC 集成起来,让传感器数据在 PC 上显示出来。

1）Oscilloscope 应用程序

这里使用的网络结点应用程序在 apps/Oscilloscope 目录下。该应用程序包含一个从光传感器读取数据的模块。每当读取到 10 个传感数据时，该模块就向串口发送一个包含这些数据的包。网络结点仅仅只用串口发送数据包。

先编译该应用程序，并安装到一个网络结点中。将传感器主板连接到网络结点上，以便可以获得光强数据。根据传感器主板类型在 apps/Oscilloscope/Makefile 中设置 SENSORBOARD 选项，要么是 micasb，要么是 basicsb。

将带有传感器的网络结点连接到与 PC 串口相连的编程器主板。Oscilloscope 应用程序运行时，如果传感数据超过某一阈值（在代码中设置，默认为 0x0300），红色的 LED 灯将发亮。每当一个数据包被传回给串口时，黄色的 LED 灯就发亮。

2）“侦听”工具

为了在 PC 和网络结点之间建立通信，首先将串口电缆连接到编程器主板上，并检查 JDK 以及 javax.comm 包是否安装完好。将 Oscilloscope 代码编译好安装到网络结点后，转到 tools/java 目录下，输入命令：

```
make
export MOTECOM = serial@ serialport：baudrate
```

环境变量 MOTECOM 在这里用于告诉 java Listen 工具要侦听哪些数据包。serial@ serialport：baudrate 的意思是侦听连接到串口的传感器网络结点，其中 serialport 是连接到编程器主板的串行端口，baudrate 是波特率。mica 和 mica2dot 的波特率是 19200，mica2 是 57600 波特。

设置好 MOTECOM 参数后，运行如下命令：

```
java net.tinyos.tools.Listen
```

将得到类似于如下的输出信息：

```
serial@COM1：19200：resynchronising
7e 00 0a 7d 1a 01 00 0a 00 01 00 46 03 8e 03 96 03 96 03 96 03 97 03 97 03 97 03 97 03 97 03 7e 00
0a 7d 1a 01 00 14 00 01 00 96 03 97 03 97 03 98 03 97 03 96 03 97 03 96 03 96 03 96 03 7e 00 0a 7d
1a 01 00 1e 00 01 00 98 03 98 03 96 03 97 03 97 03 98 03 96 03 97 03 97 03 97 03
```

该程序只是简单地将从串口接收到的每个数据包的原始数据打印出来。接下来执行 unset MOTECOM 命令，以免导致其他所有 Java 应用程序都使用该串口获取数据包。

如果没有正确地安装 javax.comm 包，那么程序将会提示不能找到串口。如果屏幕上没有类似上面的数据输出，原因可能是使用的 COM 端口不对，或者网络结点到 PC 之间的连接线路有问题。

3）SerialForwarder 程序

侦听程序是与网络结点进行通信的最基本方式。这种方式只是打开串口并将数据包“堆”到屏幕上而已。很明显，使用这种方式不易于将传感数据可视化地展现在用户面前。

SerialForwarder 程序用来从串口读取数据包的数据，并在互联网上转发，这样可以写一些其他程序通过互联网来与传感器网络进行通信。如果要运行串口转发器程序，转到

tools/java 目录，运行如下命令：

```
java net.tinyos.sf.SerialForwarder - comm serial@COM1: <baud rate>
```

参数-comm 告诉 SerialForwarder 使用串口 COM1 进行通信；该参数用于指定 SerialForwarder 将要进行转发的数据包来自于何处，使用语法与前面用到过的 MOTECOM 环境变量类似。SerialForwarder 与大多数程序不一样，并不考虑 MOTECOM 环境变量，必须使用-comm 参数来指明数据包的来源。原理是通过设置 MOTECOM 参数来指定一个串口转发器，串口转发器将与串口通信。参数<baud rate>用于指定 SerialForwarder 通信时的波特率。

SerialForwarder 程序的 GUI 窗口打开之后，如图 9.6 所示。

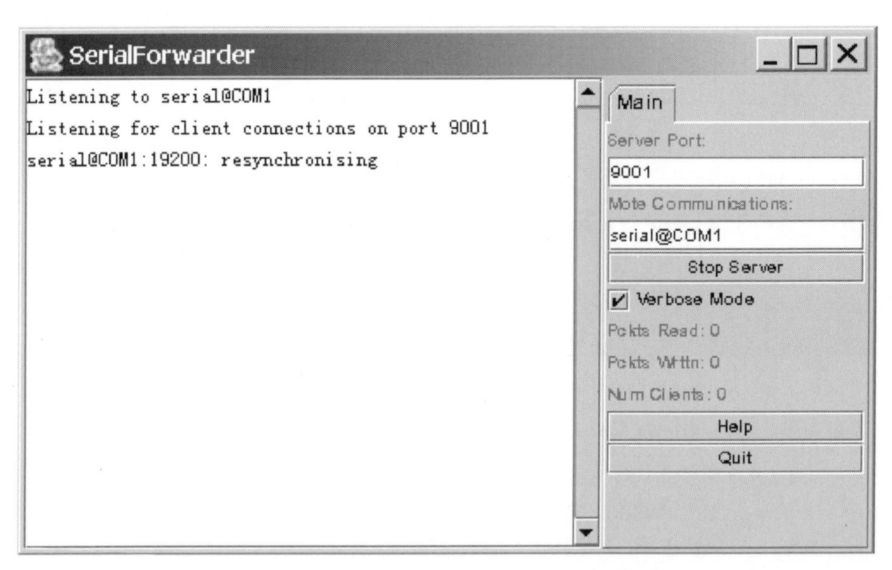

图 9.6　SerialForwarder 程序的运行界面

4）启动 Oscilloscope 图形用户界面

串口转发器保持运行状态，执行命令：

```
java net.tinyos.oscope.oscilloscope
```

这时弹出一个图形窗口显示来自网络结点的数据窗口。如果提示错误信息“端口 COM1 正忙”，则可能是因为 Listen 程序执行完后没有重置 MOTECOM 环境变量。该程序将通过网络连接到串口转发器并获取数据，解析每个数据包的探测数值。

附录A 英汉对照术语表

3rd Generation Partnership Project(3GPP)　第三代合作伙伴计划

5th Generation Mobile Networks(5G)　第五代移动网络

Access Point(AP)　接入点

Additive White Gaussian Noise(AWGN)　加性高斯白噪声

Ad Hoc Network　自组网

Amplitude Modulation(AM)　幅度调制

Amplitude Shift Keying(ASK)　幅移键控

Android　安卓移动操作系统

Angle of Arrival(AoA)　到达角度

Anisotropic(AMR)　各向异性磁阻

Application Dependent Data Aggregation(ADDA)　依赖于应用的数据融合

Application Independent Data Aggregation(AIDA)　独立于应用的数据融合

Application Program Interface(API)　应用程序接口

Battlefield Awareness(BA)　战场感知

Beamforming　波束赋形

Carrier Sense Multiple Access(CSMA)　载波侦听多路访问

Channel State Information(CSI)　信道状态信息

chirp Spread Spectrum(chirp SS)　宽带线性调频扩频

Cluster Head　簇头

Cluster Member　簇成员

Cooperative Engagement Capability(CEC)　协同交战能力系统

Command, Control, Communication, Computing, Intelligence, Surveillance, Reconnaissance and Targeting(C^4ISRT)　命令、控制、通信、计算、智能、监视、侦察和定位

CSMA with Collision Avoidance(CSMA/CA)　带冲突避免的载波侦听多路访问

Data Circuit Terminating Equipment(DCTE)　数据电路终端设备

Data Fusion(DF)　数据融合

Data Terminal Equipment(DTE)　数据终端设备

Dedicate Short Range Communication(DSRC)　专用短程通信

Defense Advanced Research Projects Agency(DARPA)　(美国)国防部高级研究计划局

Diagonal-Bell Labs Layered Space Time(D-BLAST)　对角的贝尔实验室分层空时

Direct Sequence Spread Spectrum(DSSS)　直接序列扩频

Directed Diffusion(DD) 定向扩散
Direction of Arrival(DOA) 波达方向
Discrete Event Simulation System(DESS) 离散事件模拟系统
Distributed Coordination Function(DCF) 分布式协调功能
Distributed Control System(DCS) 分布式控制系统
Distributed Sensor Networks(DSN) 分布式传感器网络项目
Dynamic Power Management(DPM) 动态电源管理
Dynamic Voltage Scaling(DVS) 动态电压调节
Energy Management(EM) 能量管理
enhanced Mobile Broadband(eMBB) 增强移动宽带
Fieldbus Control System(FCS) 现场总线控制系统
Frequency Modulation(FM) 频率调制
Frequency Shift Keying(FSK) 频移键控
Frequency Hopping Spread Spectrum(FHSS) 跳频扩频
First In First Out(FIFO) 先进先出
Full Function Device(FFD) 功能完备型设备
International Standardization Organization(ISO) 国际标准化组织
Industrial,Scientific and Medical(ISM) 工业、科学和医疗(频段)
In System Processor(ISP) 在系统处理器
InterFrame Space(IFS) 帧间间隔
Internet of Things 物联网
Information Fusion(IF) 信息融合
Long Term Evolution(LTE) 长期演进
Low Rate Wireless Personal Area Network(LR WPAN) 低速无线个域网
Line of Sight(LoS) 视距关系
massive Machine Type of Communication(mMTC) 海量机器类通信
Micro Electro Mechanism System(MEMS) 微机电系统
Mobile Ad Hoc Network(MANET) 移动自组织网络
Manager Node 管理结点
Medium Access Control(MAC) 介质访问控制
Minimum Mean Square Error(MMSE) 最小均方误差
Message Authentication Code(MAC) 消息认证码
Multiple Input Multiple Output(MIMO) 多进多出
Network Capable Application Processor(NCAP) 支持网络的应用处理器
Network Allocation Vector(NAV) 网络分配矢量
Network Time Protocol(NTP) 网络时间协议
Open System Interconnection(OSI) 开放系统互联
Object Oriented Modeling(OOM) 面向对象建模
Operating System(OS) 操作系统

Printed Circuit Board(PCB)　印制电路板
Phase Modulation(PM)　相位调制
Phase Shift Keying(PSK)　相移键控
Point Coordination Function(PCF)　点协调功能
Power Management(PM)　电源管理
PHY Data Service Access Point(PD SAP)　物理层数据服务接入点
Physical Layer Management Entity(PLME)　物理层管理实体
PHY Service Data Unite(PSDU)　物理服务数据单元
Personal Operating Space(POS)　个人操作空间
Remote Battlefield Sensor System(REMBASS)　远程战场传感器系统
Received Signal Strength Indicator(RSSI)　接收信号强度指示
Reduced Function Device(RFD)　功能简化型设备
Sensor Node　传感器结点
Sensor Fusion(SF)　传感器融合
Service Specific Convergence Sublayer(SSCS)　业务相关的汇聚子层
Sink Node　汇聚结点
Smart Dust　智能尘埃
Smart Sensor　智能传感器
Spatial Multiplexing　空间复用
Start Frame Delimiter(SFD)　帧起始定界符
Structured Query Language(SQL)　结构化查询语言
System on Chip(SoC)　片上系统
Task Group(TG)　任务组
Telematics Service Provider(TSP)　远程信息服务提供商
The Institute of Electrical and Electronics Engineers(IEEE)　国际电气电子工程师学会
Time Division Duplex(TDD)　时分双工
Time Hopping Spread Spectrum(THSS)　跳时扩频
Time Division Multiple Access(TDMA)　时分复用
Time of Arrival(ToA)　到达时间
Time Difference of Arrival(TDoA)　到达时间差
Ultra-reliable & Low-latency Communication(URLLC)　超可靠低时延通信
Ultra Wideband(UWB)　超宽带
Vehicular Ad-hoc Network(VANET)　车辆自组网
Vehicle to Everything(V2X)　车路协同系统
Virtual Machine(VM)　虚拟机
Watch Dog　看门狗
Wireless Access in the Vehicular Environment(WAVE)　车辆环境中的无线接入
Wireless Personal Area Network(WPAN)　无线个域网
Wireless Sensor Network(WSN)　无线传感器网络

附录B 传感器网络结点部署的概率特性

通常无线传感器网络的结点部署具有概率特性，本附录从数学理论方面出发，证明了传感器网络任意配置区域内的结点数目和连接度服从泊松分布。

如图B.1所示的传感器网络配置区域，假设整个区域A的面积为S_A，传感器结点呈随机均匀分布、密度为Φ、总数为n，传感器网络结点的无线通信半径为R，现有面积为S_D的子区域D(斜线阴影部分)，分析位于D内的结点数目。

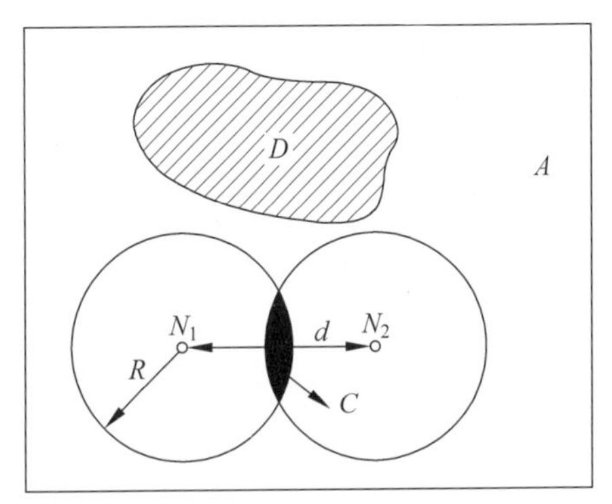

图B.1　网络配置区域示例

在一些文献中人们将传感器网络在某区域内结点数目的分布近似默认为服从泊松分布。这里将此作为定理，给出它的严格证明过程。

定理1：如果传感器网络结点呈密度为Φ的均匀分布，对于面积为S_D的任一配置区域，具有结点个数X的概率服从泊松分布律：

$$P\{X=m\}=\frac{(\Phi\cdot S_D)^m\cdot \mathrm{e}^{-\Phi\cdot S_D}}{m!} \tag{B.1}$$

证明：任一结点位于区域D的概率为$p=S_D/S_A$，m个结点位于D的概率为二项分布：

$$P\{X=m\}=C_n^m\cdot p^m(1-p)^{n-m} \tag{B.2}$$

将结点密度$\Phi=n/S_A$和p代入式(B.2)，得

$$P\{X=m\}=C_n^m\cdot\left(\frac{\Phi\cdot S_D}{n}\right)^m\left(1-\frac{\Phi\cdot S_D}{n}\right)^{n-m} \tag{B.3}$$

$$\begin{aligned}P\{X=m\}&=C_n^m\cdot\left(\frac{\Phi\cdot S_D}{n}\right)^m\left(1-\frac{\Phi\cdot S_D}{n}\right)^{n-m}\\&=\frac{n!}{(n-m)!\ m!}\cdot\frac{(\Phi\cdot S_D)^m}{n^m}\cdot\frac{\left(1-\frac{\Phi\cdot S_D}{n}\right)^n}{\left(1-\frac{\Phi\cdot S_D}{n}\right)^m}\\&=\left(1-\frac{\Phi\cdot S_D}{n}\right)^n\cdot\frac{(\Phi\cdot S_D)^m}{m!}\cdot\frac{n!}{(n-m)!\ (n-\Phi\cdot S_D)^m}\end{aligned} \tag{B.4}$$

当$n\rightarrow+\infty$时，式(B.4)的最后三个子项分别独立求解如下：

① 由指数分布定义可知

$$\lim_{n\to+\infty}\left(1-\frac{\Phi\cdot S_D}{n}\right)^n=\mathrm{e}^{-\Phi\cdot S_D} \tag{B.5}$$

② 第二子项与 n 无关：

$$\lim_{n\to+\infty}\frac{(\Phi\cdot S_D)^m}{m!}=\frac{(\Phi\cdot S_D)^m}{m!} \tag{B.6}$$

③ $$\lim_{n\to+\infty}\frac{n!}{(n-m)!\ (n-\Phi\cdot S_D)^m}=\lim_{n\to+\infty}\frac{n}{n-\Phi\cdot S_D}\cdot\frac{n-1}{n-\Phi\cdot S_D}\cdot\cdots\cdot\frac{n-m+1}{n-\Phi\cdot S_D}=1 \tag{B.7}$$

综合式(B.5)、式(B.6)、式(B.7)的三个子项乘积可得

$$P\{X=m\}=\mathrm{e}^{-\Phi\cdot S_D}\cdot\frac{(\Phi\cdot S_D)^m}{m!}$$

此即为泊松分布，证毕。

推论 1：任一传感器结点的连接度即邻居数目服从泊松分布。

证明：结点的连接度是该结点通信范围内的邻居结点个数，理想情况下如图 B.1 所示的通信半径为 R 的圆范围，如果在此区域的结点总数为 m，则连接度为 $m-1$(除去结点自身)，由定理 1 可知，连接度仍服从泊松分布律，证毕。

推论 2：若两个传感器结点的通信半径为 R，相互之间距离为 $d(0\leqslant d\leqslant 2R)$，则两结点通信范围的交叉覆盖区域内存在的其他结点个数 X 服从如下泊松分布律：

$$P\{X=m\}=\mathrm{e}^{-\Phi\cdot S_C}\cdot\frac{(\Phi\cdot S_C)^m}{m!} \tag{B.8}$$

其中

$$S_C=2R^2\arccos\left(\frac{d}{2R}\right)-\frac{d}{2}\sqrt{4R^2-d^2} \tag{B.9}$$

证明：如图 B.1 所示的两结点 N_1 和 N_2，理想情况下它们具有相同通信半径 R，若 $0\leqslant d\leqslant 2R$，则交叉区域如图 B.1 黑色阴影部分所示。根据初等几何学知识可推算出该区域的面积 S_C 如式(B.9)所示(这里简略)，结合定理 1 的结果，可得结论。证毕。

以上定理和推论及其证明过程，是本书作者在参考文献[92]中的研究结果。它们对传感器网络定位算法的设计和性能检验具有指导意义，另外对传感器网络的其他问题，如网络拓扑结构控制、值守结点的调度优化问题也具有参考价值。

参考文献

[1] 刘云浩. 物联网导论[M]. 3版. 北京：科学出版社，2017.

[2] 崔逊学，左从菊，高浩珉. 物联网技术案例教程[M]. 北京：北京大学出版社，2013.

[3] 李建中. 无线传感器网络专刊前言[J]. 软件学报，2007，18(5)：1077-1079.

[4] 崔莉，鞠海玲，苗勇，等. 无线传感器网络研究进展[J]. 计算机研究与发展，2005，42(1)：163-174.

[5] Mobile Ad Hoc Networks：https://www.ietf.org.

[6] 任丰原，黄海宁，林闯. 无线传感器网络[J]. 软件学报，2003，14(7)：1282-1291.

[7] 王殊，阎毓杰，胡富平，等. 无线传感器网络的理论及应用[M]. 北京：北京航空航天大学出版社，2007.

[8] 金鑫，熊焰，李旻，等. 基于可连Cell的无线传感器网络拓扑控制算法[J]. 计算机研究与发展，2008，45(2)：217-226.

[9] 陈利虎. 无线传感器网络试验平台的研究[D]. 长沙：国防科技大学硕士论文，2004.

[10] Holger Karl，Andreas Willing. 无线传感器网络协议与体系结构[M]. 邱天爽，唐洪，李婷，等译. 北京：电子工业出版社，2007.

[11] 孙利民，李建中，陈渝，等. 无线传感器网络[M]. 北京：清华大学出版社，2005.

[12] 张学，陆桑璐，陈贵海，等. 无线传感器网络的拓扑控制[J]. 软件学报，2007，18(4)：943-954.

[13] 崔逊学，赵湛，王成. 无线传感器网络的领域应用与设计技术[M]. 北京：国防工业出版社，2009.

[14] 国家传感网工程技术研究中心：http://www.wsn.cn/.

[15] 传感技术国家重点实验室(北方基地)：http://www.ie.ac.cn/jgsz/kybm/sysmk/cgjs/.

[16] 中国科学院计算技术研究所传感器网络实验室：http://www.easinet.cn/.

[17] 宋文，王兵，周应宾. 无线传感器网络技术与应用[M]. 北京：电子工业出版社，2007.

[18] 于海斌，曾鹏. 智能无线传感器网络系统[M]. 北京：科学出版社，2006.

[19] 徐勇军，安竹林，蒋文丰，等. 无线传感器网络实验教程[M]. 北京：北京理工大学出版社，2007.

[20] 浙江省物联网产业协会：http://zaii.org/index.aspx.

[21] 浙江大学网络传感与控制研究组：http://www.sensornet.cn/cn_index.html.

[22] 于宏毅，李鸥，张效义. 无线传感器网络理论、技术与实现[M]. 北京：国防工业出版社，2008.

[23] 程虎. 对计算教育的七大挑战[J]. 中国计算机学会通讯，2008，4(12)：48-65.

[24] 中国电子学会敏感技术分会. 2006/2007传感器与执行器大全(年卷)：传感器·变送器·执行器[M]. 北京：机械工业出版社，2008.

[25] 中国传感器网：http://www.sooroo.com/.

[26] 方震. 位置数据库已知的无线传感器网络研究[D]. 北京：中国科学院电子学研究所，2007.

[27] 谢希仁. 计算机网络[M]. 7版. 北京：电子工业出版社，2017.

[28] 李军怀，张璟，张翔，等. 计算机网络实用教程[M]. 北京：电子工业出版社，2007.

[29] 吴功宜，吴英. 计算机网络[M]. 4版. 北京：清华大学出版社，2017.

[30] 清华大学智能与网络化系统研究中心：http://cfins.au.tsinghua.edu.cn/.

[31] 汪涛，汪双顶. 无线网络技术导论[M]. 3版. 北京：清华大学出版社，2018.

[32] Ye W，Heidemann J，Estrin D. Anenergy-efficient MAC protocol for wireless sensor networks. In：Proc21-st International Annual Joint Conf IEEE Computer and Communications Societies(INFOCOM2002)，New York，June 2002.

[33] 林亚平，王雷，陈宇，等. 传感器网络中一种分布式数据汇聚层次路由算法[J]. 电子学报，2004，32

(11):1801-1805.

[34] Intanagonwiwat C,Govindan R,Estrin D. Directed diffusion:Ascalable and robust communication paradigm for sensor networks. In:Proceedings 6th Annual International Conference on Mobile Computing and Networks(MobiCOM 2000),Boston,MA. August 2000.

[35] 黄美根,黄一才,郁滨,等. 软件定义无线传感器网络研究综述[J]. 软件学报,2018,29(9):273-275.

[36] Ledeczi A,Volgyesi P,Metal M. Multiple simultaneous acoustic source localization in urban terrain. IPSN2005,Fourth International Symposium on Information Processing in Sensor Networks,April 2005:491-496.

[37] 崔逊学,赵湛,方震,等. 智能交通传感网技术的研究进展. 第二届中国传感器网络学术会议论文集[M]. 重庆:重庆大学出版社,2008.

[38] 李晓维,徐勇军,任丰原. 无线传感器网络技术[M]. 北京:北京理工大学出版社,2007.

[39] Langendoen K,Reijers N. Distributed localization in wireless sensor networks:a quantitative comparison. Computer Networks,2003,43(4):499-518.

[40] Youssef M,Agrawala A. Handling Samples Correlation in the Horus System. Proceedings of the 23rd Conference of the IEEE Communications Society(Infocom 2004),Hong Kong,2004.

[41] Priyantha N B,Chakraborty A,Balakrishnan H. The cricket location support system. In:Proceedings of the 6th Annual International Conference on Mobile Computing and Networking. Boston:ACM Press,2000:32-43.

[42] Niculescu D,Nath B. AdHoc positioning system(APS). IEEE Global Telecommunications Conference,Vol. 5,Nov. 2001:2926-2931.

[43] Savvides A,Park H,Srivastava M B. The Bits and flops of the N-hop multilateration primitive for node localization problems. Networked and Embedded Systems Lab,Electrical Engineering Department,University of California,Los Angeles NESL technical report,March 2002.

[44] Niculescu D,Nath B. DV Based Positioning in Ad Hoc Networks. Journal of Telecommunication Systems. 2003,22(1/4):267-280.

[45] 杨万海. 多传感器数据融合及其应用[M]. 西安:西安电子科技大学出版社,2004.

[46] 韩崇昭,朱洪艳,段战胜. 多源信息融合[M]. 2版. 北京:清华大学出版社,2010.

[47] 崔逊学. 多目标进化算法及其应用[M]. 北京:国防工业出版社,2006.

[48] Deborah Estrin. Wireless Sensor Networks Tutorial,Part Ⅳ:Sensor Network Protocols. MobiCom,Sep. 2002. Westin Peach tree Plaza,Atlanta,Georgia,USA.

[49] ASinha,A Chandrakasan,C Mit. Dynamic power management in wireless sensor network. IEEE Design & Test of Computers,2001,18(2):62-74.

[50] Pering T,Burd T,Brodersen R. Dynamic voltage scaling and the design of a low-power microprocess or system. In Proceeding of Power Driven Microarchitecture Workshop at ISCA 98,Barcelona,Spain,1998.

[51] Perrig A,Szewczyk R,et al. SPINS:Security protocols for sensor networks. Wireless Networks,2002,8(5):521-534.

[52] TOSSIM 工具的使用介绍:http://www.cs.berkeley.edu/~pal/research/tossim.html.

[53] OMNeT++网络仿真工具软件组织:http://www.omnetpp.org.

[54] Hengstler S,Aghajan H. WiSNAP:A Wireless Image Sensor Network Application Platform. 2nd Int. Conference on Test beds and Research Infrastructures for the Development of Networks and Communities(Trident Com),March 2006.

[55] 陈敏. OPNET 网络仿真[M]. 北京:清华大学出版社,2004.

[56] OPNET 软件公司:http://www.opnet.com.

[57] NS2 网络仿真工具软件:http://isi.edu/nsnam/ns.

[58] 王辉. NS2 网络模拟器的原理和应用[M]. 西安：西北工业大学出版社，2008.

[59] Werne Allen G, Swieskowski P, Welsh M. Mote Lab: a wireless sensor network testbed. Fourth International Symposium on Information Processing in Sensor Networks(IPSN) 2005, April 2005: 483-488.

[60] 佐治亚州技术学院宽带无线网络实验室：https://ianakyildiz.com/bwn/index.html.

[61] Furrer S, Schott W, Truong H L, et al. The IBM Wireless Sensor Networking Testbed. Proceedings of the 2nd International Conference on Testbeds and Research Infrastructure for the Development of Networks and Communities, 2006.

[62] Crossbow 公司：http://www.xbow.com.

[63] 北京诺耕公司：http://www.nuogeng.com.

[64] University of California at Berkeley, Tiny OS: http://webs.cs.berkeley.edu/tos.

[65] 宁波中科集成电路设计中心：http://www.nbicc.com.

[66] Callaway E H. 无线传感器网络：体系结构与协议[M]. 王永斌，屈晓旭，译. 北京：电子工业出版社，2007.

[67] 徐勇军，朱红松，崔莉. 无线传感器网络标准化工作进展[J]. 信息技术快报，2008，6(3)：5-12.

[68] 中国无线个域网标准工作组：http://www.nits.gov.cn/sc6/wxgyw/default.asp.

[69] IEEE 无线个域网标准工作组：http://www.ieee802.org/15.

[70] 郑霖，曾志民，万济萍，等. 基于 802.15.4 标准的无线传感器网络[J]. 传感器技术，2005，24(7)：86-88.

[71] 上讯科技公司：http://www.shxuntech.com.

[72] 李文仲，段朝玉. ZigBee 无线网络技术入门与实战[M]. 北京：北京航空航天大学出版社，2007.

[73] 王东，张金荣，等. 利用 ZigBee 技术构建无线传感器网络[J]. 重庆大学学报，2006，29(8)：95-110.

[74] 张传福，赵立英，张宇. 5G 移动通信系统及关键技术[M]. 北京：电子工业出版社，2018.

[75] 张宁，杨经纬，王毅，等. 面向泛在电力物联网的 5G 通信：技术原理与典型应用[J]. 中国电机工程学报，2019，39(14)：4015-4025.

[76] 尤肖虎，潘志文，高西奇，等. 5G 移动通信发展趋势与若干关键技术[J]. 中国科学：信息科学. 2014，44(5)：551-563.

[77] 杨学志. 通信之道：从微积分到 5G[M]. 北京：电子工业出版社，2016.

[78] Alamouti S M. A simple transmit diversity technique for wireless communications, IEEE Journal on Selected Areas in Communications, vol. 16, No. 8: 1451-1458, Oct. 1998.

[79] 屈正庚，牛少清. MIMO 无线通信系统中 V-BLAST 性能分析[J]. 合肥工业大学学报(自然科学版)，2020，43(8)：1059-1063.

[80] 张平，陶运铮，张治. 5G 若干关键技术评述[J]. 通信学报，2016，37(7)：15-29.

[81] 张贤达. 矩阵分析与应用[M]. 2 版. 北京：清华大学出版社，2013.

[82] 卢安安，高西奇. 大规模 MIMO 传输技术研究与展望[J]. 中国科学基金，2020，34(2)：186-192.

[83] 窦中兆，王公仆，冯穗力. TD-LTE 系统原理与无线网络优化[M]. 北京：清华大学出版社，2019.

[84] 王东明，张余，魏浩，等. 面向 5G 的大规模天线无线传输理论与技术[J]. 中国科学：信息科学，2016，46(1)：3-21.

[85] 缪立新，王发平. V2X 车联网关键技术研究及应用综述[J]. 汽车工程学报，2020，10(1)：1-12.

[86] 周立伟，刘玉岩. 目标探测与识别[M]. 北京：北京理工大学出版社，2004.

[87] Arora A, Dutta P, Bapat S, et al. A line in the sand: A wireless sensor network for target detection, classification, and tracking. Computer Networks, 2004, 46(5): 605-634.

[88] 美军沙地直线项目试验：http://cast.cse.ohio-state.edu/exscal.

[89] Dutta P K. On Random Event Detection with Wireless Sensor Networks. Master Thesis, the Ohio State University, 2004.

[90] Hollar S. Cots dust. M S. thesis, U C Berkeley, 2000.

[91] 胡耀东,申兴发,戴国骏. 基于 SunSPOT 无线传感器网络实验教程[M]. 北京:电子工业出版社,2008.

[92] 崔逊学,方红雨,朱徐来. 传感器网络定位问题的概率特征[J]. 计算机研究与发展,2007,44(4):630-635.

图书资源支持

感谢您一直以来对清华大学出版社图书的支持和爱护。为了配合本书的使用，本书提供配套的资源，有需求的读者请扫描下方的“书圈”微信公众号二维码，在图书专区下载，也可以拨打电话或发送电子邮件咨询。

如果您在使用本书的过程中遇到了什么问题，或者有相关图书出版计划，也请您发邮件告诉我们，以便我们更好地为您服务。

我们的联系方式：

地　　址：北京市海淀区双清路学研大厦 A 座 714

邮　　编：100084

电　　话：010-83470236　010-83470237

资源下载：http://www.tup.com.cn

客服邮箱：tupjsj@vip.163.com

QQ：2301891038（请写明您的单位和姓名）

教学资源 · 教学样书 · 新书信息

人工智能科学与技术
人工智能|电子通信|自动控制

资料下载 · 样书申请

书圈

用微信扫一扫右边的二维码，即可关注清华大学出版社公众号。